生物质 炭 添加

对亚热带主要树种的生理生态影响

葛晓改　周本智　著

中国林业出版社
China Forestry Publishing House

图书在版编目（CIP）数据

生物质炭添加对亚热带主要树种的生理生态影响 /
葛晓改，周本智著 . — 北京：中国林业出版社，2023.9

ISBN 978-7-5219-2327-8

Ⅰ. ①生… Ⅱ. ①葛… ②周… Ⅲ. ①生物质－炭－
影响－亚热带－主要树种－生态特性－研究 Ⅳ. ①S79

中国国家版本馆 CIP 数据核字（2023）第 168446 号

责任编辑：刘香瑞

出版发行：中国林业出版社
            （100009，北京市西城区刘海胡同 7 号，电话 010-83143545）
电子邮箱：36132881@qq.com
网址：https://www.cfph.net
印刷：中林科印文化发展（北京）有限公司
版次：2023 年 9 月第 1 版
印次：2023 年 9 月第 1 次
开本：710 mm×1000 mm 1/16
印张：17
字数：343 千字
定价：80.00 元

前　言

　　生物质炭（biochar）是由植物生物质在完全或部分缺氧的情况下裂解产生的一类含碳量高达 60%~85% 的高度芳香化物质，由于其特殊的理化性质及其在全球碳循环、气候变化和环境系统中的重要作用，近年来已成为研究热点。生物质炭含有较高比例的浓缩芳香碳和较低的氧含量，难以进行化学和生物降解，已被认为是潜在的碳封存介质，是缓解气候变化的有效途径。生物质炭的分解包括生物和非生物过程，新鲜生物质炭的分解由生物过程主导，老化生物质炭的分解由非生物过程主导；生物质炭的易分解碳和难分解碳分别需要 108 天和 556 年。总之，生物质炭与土壤相互作用过程复杂，通过调节土壤物理化学性质、微生物活性和水分吸收等过程，可促进土壤有效养分吸附，但生物质炭在人为输入情况下的变化规律、稳定机理以及对土壤养分迁移、转化等方面的影响机制尚不清晰。因此，亟须在森林生态系统中深入开展生物质炭—土壤互作研究。

　　竹子、马尾松和杉木是我国重要的森林资源，也是亚热带区域主要树种。根据第九次全国森林资源清查（2014—2018 年）结果，中国竹林面积为 $641.16 \times 10^4 \, hm^2$，占森林总面积的 2.94%；杉木人工林面积高达 $1.4 \times 10^8 \, hm^2$，占全国人工林面积的 5.32%；马尾松林面积 $1001.00 \times 10^4 \, hm^2$，占全国森林总面积的 6.08%。与第一次全国森林资源清查（1973—1976 年）结果相比，42 年间竹林面积增加了 $341.39 \times 10^4 \, hm^2$，平均每年增加 $8.13 \times 10^4 \, hm^2$，平均增长率为 2.7%。据不完全统计，在 16 个主要产竹省份的现有竹林中，低产竹林面积为 $308.20 \times 10^4 \, hm^2$，占区域竹林总面积的 45.8%；其中低产毛竹林面积最大（$144.32 \times 10^4 \, hm^2$），约占毛竹林总面积的三分之一（32.2%）。近年来，杉木造林面积不断增大，多代连栽导致产量下降日趋明显；马尾松人工林面积逐年增加，但随着松材线虫病感染面积的增多，部分低效马尾松纯林逐步被改造成混交林。

　　毛竹不仅可以生产竹材、竹笋等经济产品，也可以作为园林观赏植

1

物，还具有保持水土、调节气候、降低噪声及净化空气等生态服务功能；尤其毛竹具有生长速度快、易萌发、用途广等特性，因而具有较高的经济效益。毛竹材性极好，广泛用于竹地板、竹家具生产，因其自然更新快，是"以竹代木"、"以竹代塑"的首选材料，对于减少阔叶树砍伐，增加生态环境效益具有重要意义。目前，毛竹林生态系统碳汇能力提升主要集中于常规的施肥经营来提高毛竹林植被和土壤碳储量，但集约经营会导致毛竹林土壤酸化、土壤肥力下降、土壤结构改变、温室气体排放增加等，不利于毛竹林生态系统长期的碳汇能力提升和可持续发展。因此，亟须寻求常规肥料以外的外源物质来缓解化肥带来的负效应，同时仍能调控毛竹林生态系统碳储量及整个生态系统可持续的碳汇能力。随着杉木人工林造林面积不断增加，连栽导致的问题日益严峻，存在地力衰退和生产力下降等现象。马尾松林面积虽广，因过度采伐、粗放经营致森林生态系统功能弱化，林分生产力及质量下降，近四分之一衰退形成低效林。因此，开展生物质炭添加对毛竹、杉木、马尾松生理生态的研究，以期为新时期亚热带主要树种可持续经营提供参考，为亚热带森林生产力和生态功能提升奠定基础。

本书是浙江钱江源森林生态系统国家定位观测研究站（简称"钱江源生态站"）系列成果之一。钱江源生态站是国家陆地生态系统定位观测研究站成员，竹林、马尾松和杉木是区域典型森林生态系统，开展松杉竹林生态系统经营管理过程的研究，是本站重点工作内容和研究任务，所取得的观测数据和研究成果将为国家和区域林业产业发展和生态建设提供重要理论参考和技术支撑。本书的研究成果得到以下研究项目资助：十四五重点研发子课题"经营方式对短周期竹林生态系统碳储量及其组成的影响机制"（2021YFS220040205）、"十四五"国家重点研发计划"人工林生产力形成及功能提升机制"（2023YFD2200404）子课题"人工林物质循环过程及其对生态系统多功能性的协同调节机理"、浙江省基础公益研究项目"基于生物质炭和氮肥配施的雷竹笋品质提升关键技术研究"（LGN21C030002）、国家自然科学基金面上项目"干旱驱动毛竹新碳分配的"押注对冲"策略及新竹死亡机制研究"（32071756）、中央级公益性科研院所基本科研业务费专项项目"毛竹碳素生理整合及其对干旱的响应"（CAFYBB2020ZE001）、"十三五"国家重点研发计划项目子课题"养分回收与利用的生态化学计量特征"（2016YFD0600202-4）、国家自然科学基金青年项目"生物质炭—根系互作驱动土壤碳矿化激发效应 C 源敏感性"（31600492）、中央级公益性科研院所基本科研业务费专项项目"生物质竹炭添加对竹林土壤碳矿化激发效应的微生物机制研究"（CAFYBB2016SY006）。

本书共分 6 章。第 1 章概述了生物质炭添加的生态效应；第 2 章论述了生物质炭添加对毛竹幼苗生理生态的影响；第 3 章论述了生物质炭配施氮肥对马尾松和杉木幼苗的生理生态的影响；第 4 章论述了生物质炭配施氮肥对雷竹林的生长和生态效应影响研究；第 5 章论述了生物质炭添加对土壤碳排放的激发效应；第 6 章为总结及展望。

本书由葛晓改主持编写，负责全书的总体设计、各章节内容拟定、内容撰写、统稿定稿。感谢周本智研究员对书稿撰写及整个试验设计的指导和建议；感谢高歌、徐耀文参与雷竹林生物质炭添加试验样品采集；感谢毛忆莲、胡煜涛参与雷竹林生物质炭添加试验部分数据整理；感谢郑楚和胡煜涛对参考文献的整理。

土壤—生物质炭—根系—微生物互作过程复杂，通过对土壤环境的影响作用于林木地上生长；尤其竹类植物地下系统类型多样、结构复杂，研究生物质炭原位添加的土壤激发效应给研究工作带来很大困难。鉴于作者知识水平有限，书中疏漏和不足之处在所难免，敬请读者批评指正！

葛晓改

2023 年 6 月于浙江杭州

缩写与中英文对照

中文名称 Full names in Chinese	英文名称 Full names in English	缩写 Abbreviation
生物质炭	biochar	B
碳	carbon	C
氢	hydrogen	H
氧	oxygen	O
氮	nitrogen	N
钙	calcium	Ca
钾	potassium	K
钠	sodium	Na
磷	phosphorus	P
硅	silicon	Si
电导率	electrical conductivity	C
阳离子交换量	cation exchange capacity	CEC
比表面积	specific surface area	SSA
可溶性糖	soluble sugar	SS
淀粉	starch	ST
非结构性碳水化合物	non-structural carbohydrate	NSC
总有机碳	total organic carbon	TOC
总氮	total nitrogen	TN
总磷	total phosphorus	TP
总钾	total potassium	TK
有效磷	avaliable phosphorus	AP
有效钾	avaliable potassium	AK
土壤有机碳	soil organic carbon	SOC

中文名称 Full names in Chinese	英文名称 Full names in English	缩写 Abbreviation
土壤总氮	soil total nitrogen	STN
土壤总磷	soil total phosphorus	STP
土壤总钾	total potassium	STK
土壤有效磷	soil available phosphorus	SAP
土壤有效钾	soil available potassium	SAK
硝态氮	nitrate nitrogen	NO_3^--N
铵态氮	ammonium nitrogen	NH_4^+-N
微生物量碳	microbial biomass carbon	MBC
微生物量氮	microbial biomass nitrogen	MBN
纤维二糖水解酶	cellobiohydrolase	CB
β-葡萄糖苷酶	β-glucosidase	BG
β-N-乙酰氨基葡萄糖苷酶	β-N-acetylglucosaminidase	NAG
亮氨酸氨基肽酶	leucine aminopeptidase	LAP
多酚氧化酶	polyphenol oxidase	PPO
过氧化物酶	peroxidase	PER
革兰氏阳性细菌	gram positive bacteria	$Gram^+$
革兰氏阴性细菌	gram negative bacteria	$Gram^-$
细菌	bacteria	B
真菌	fungus	F
放线菌	actinomycetes	ACT
丛枝菌根真菌	arbuscular mycorrhizal fungi	AMF
总细菌	total bacteria	TB

目 录

第1章 生物质炭添加的生态效应研究概述

第2章 生物质炭添加对毛竹幼苗生理生态的影响

第 3 章　生物质炭配施氮肥对马尾松和杉木幼苗生理生态的影响

第4章 生物质炭配施氮肥对雷竹林生理生态的影响

第5章　生物质炭添加对毛竹林土壤碳排放的激发效应

第6章 总结及展望

第1章

生物质炭添加的生态效应研究概述

1.1 亚热带主要树种分布情况

1.1.1 中国竹资源现状、分布及发展趋势

竹资源是重要的森林资源，具有生长快，成材周期短、一次种植长期利用等特点，具有较高的生态、经济和社会价值（郑世慧等，2022）。中国竹资源最丰富、分布最广，种类约占世界的二分之一，面积约占世界的三分之一。根据第九次全国森林资源清查结果，中国竹林面积为 $641.16 \times 10^4 \, hm^2$，占森林总面积的 2.94%；与第一次全国森林资源清查（1973—1976 年）（竹林面积 $299.77 \times 10^4 \, hm^2$）相比，42 年间竹林面积增加了 $341.39 \times 10^4 \, hm^2$，平均每年增加 $8.13 \times 10^4 \, hm^2$，平均增长率为 2.7%。当前全球共有竹类资源 130 属 1700 种；据统计，截至 2022 年 6 月底，中国竹类资源共有 47 属 770 种 55 变种 251 栽培品种（史军义等，2022）。

中国竹资源利用历史悠久，现代竹产业发展迅速（图 1-1），2020 年竹产业产值超过 3000 亿元，是林业领域极具发展潜力的产业，对竹产区群众脱贫致富和乡村振兴具有独特的作用（郑世慧等，2022）。

中国竹林集中分布在福建、江西、四川、湖南、浙江、广东、广西、安徽、湖北、云南、陕西、重庆、贵州、江苏、海南、河南等

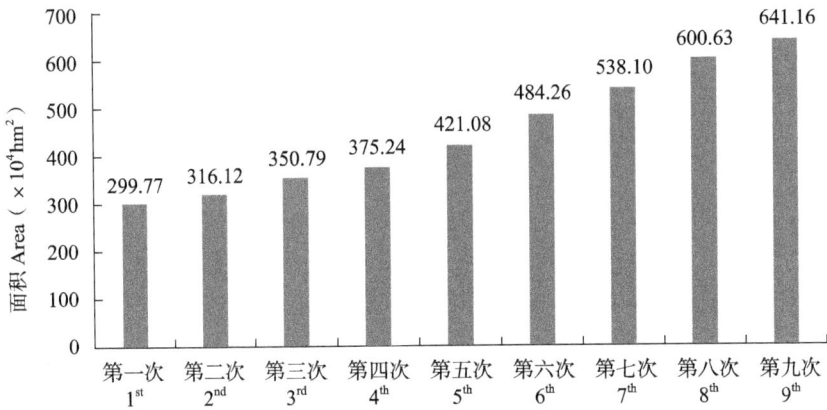

图1-1 中国竹林面积变化（李玉敏和冯鹏飞，2019）

Fig. 1-1 The dynamic change of bamboo plantation area in China

地（李玉敏和冯鹏飞，2019）；其中竹林面积在 $30 \times 10^4 \, hm^2$ 以上的有福建、江西、浙江、湖南、四川、广东、安徽、广西，8个省份面积合计为 $570.70 \times 10^4 \, hm^2$，占全国竹林面积的 89.0%（图1-2）。据不完全统计，在16个主要产竹省份的现有竹林中，低产竹林面积为 $308.20 \times 10^4 \, hm^2$，占区域竹林总面积的 45.8%；其中低产毛竹（*Phyllostachys edulis*）林面积最大（ $144.32 \times 10^4 \, hm^2$ ），约占毛竹林总面积的三分之一（32.2%）；其他散生竹林总面积为 $74.59 \times 10^4 \, hm^2$，其中低产竹林面积占一半以上（59.0%）；丛生竹和混生竹林总面积为 $149.93 \times 10^4 \, hm^2$，其中低产林面积占 80.0%。

目前中国已开展研究的竹种低于竹种总数的 10%，已开发利用的竹种比例更低（表1-1），其中毛竹、雷竹（*Phyllostachys violascens* 'Prevernalis'）、寿竹（*Phyllostachys bambusoides* f. *shouzhu*）、绿竹（*Dendrocalamopsis oldhami*）、麻竹（*Dendrocalamus latiflorus*）、龙竹（*Dendrocalamus giganteus*）、甜龙竹（*Dendrocalamus hamiltonii*）、黄竹（*Dendrocalamus membramaceus*）、硬头黄竹（*Bambusa rigida*）、慈竹（*Bambusa emeiensis*）、木竹（*Bambusa rutile*）、车筒竹（*Bambusa sinospinosa*）等20个竹种研究或利用相对较多。

竹资源发展呈现如下趋势（史军义等，2022）：①竹种数量呈增加趋势。由于野生竹类资源数量多、分布广，新的物种类群会逐渐被发现；现有竹类植物因环境的变化会发生自然变异，从而产生新的变种；此外，随着科技进步，研究人员可利用分子技术培育出符合人类期望的新

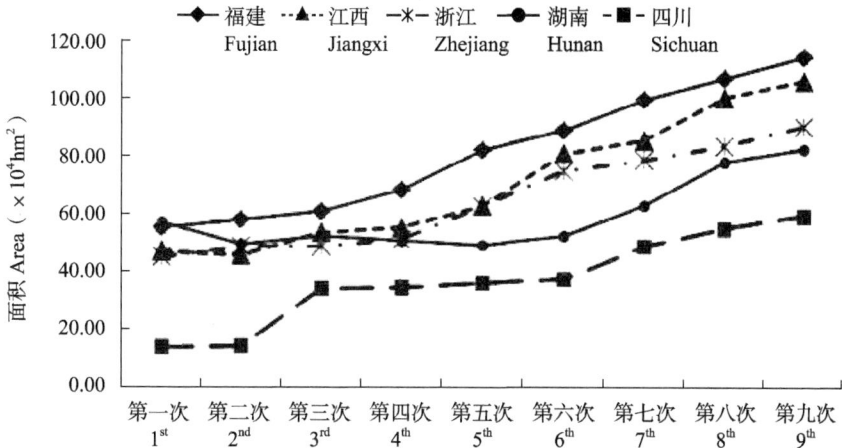

图 1-2　主要产竹省份竹林面积变化（李玉敏和冯鹏飞，2019）
Fig. 1-2 Changes of bamboo plantation area in major bamboo producing provinces

竹种类群。②竹品种数量增加较快。③竹林面积呈增加趋势。根据《全国竹产业发展规划（2021—2030 年）》，到 2025 年，全国竹林面积将达到 $660 \times 10^4 \ hm^2$，竹林面积增加 $18.84 \times 10^4 \ hm^2$；到 2030 年，全国竹林面积将达到 $710 \times 10^4 \ hm^2$，竹林面积新增 $68.84 \times 10^4 \ hm^2$。④野生竹种将受到更好的保护。⑤人工林竹种面积将有序增加。⑥竹资源利用将更加科学高效。

1.1.2　我国毛竹林分布及经营现状

　　毛竹属于禾本科竹亚科刚竹属，株型较大，是亚热带地区重要的森林资源之一。我国竹林资源丰富，其中毛竹是我国分布最广泛的竹种。毛竹林分布在 13 个省份，其中毛竹林面积在 $70 \times 10^4 \ hm^2$ 以上的省份有福建、江西、湖南、浙江，4 个省份面积合计 $370.62 \times 10^4 \ hm^2$、占全国毛竹林面积的 79.23%（李玉敏和冯鹏飞，2019）。第九次全国森林资源清查结果显示：我国毛竹林面积为 $467.78 \times 10^4 \ hm^2$，占竹林总面积的 72.96%。我国毛竹株数 141.25 亿株，胸径在 7cm 以下的有 23.57 亿株，占 16.7%；7~11cm 的有 87.46 亿株，占 61.9%；11cm 以上的有 30.22 亿株，占 21.4%（李玉敏和冯鹏飞，2019）。在全国的毛竹林中，平均高为 10.0~15.0m 的面积为 $263.63 \times 10^4 \ hm^2$，占 56.36%。毛竹林多数属于异龄林，其生长分大小年。毛竹在大年出笋数量大、成竹数量多，在小年毛竹主要换叶生鞭。大小年交替进行，每两年为一个周期（方慧云，2019）。毛竹林每年固碳量

表 1-1 中国各省份竹林面积与株数（李玉敏和冯鹏飞，2019）

Tab. 1-1 Bamboo forest area and numbers of bamboos by province (city or region) in China

省份 Province	竹林总面积 Total area of bamboo ($\times 10^4\,hm^2$)	毛竹 P. edulis				杂竹 Other bamboo	
		面积 Area ($\times 10^4\,hm^2$)	总株数 Total numbers (万株)	竹林株数 Numbers (万株)	散生竹株数 Numbers of scattered bamboo (万株)	面积 Area ($\times 10^4\,hm^2$)	株数 Numbers (万株)
全国 Nationwide	641.16	467.78	1412521	1136034	276487	173.38	9524852
北京 Beijing	—	—	—	—	—	—	114
山西 Shanxi	—	—	—	—	—	—	320
上海 Shanghai	0.31	—	232	—	232	0.31	9373
苏州 Suzhou	3.13	2.64	10093	9282	811	0.49	28611
浙江 Zhejiang	90.06	78.55	257364	214134	43230	11.51	274500
安徽 Anhui	38.8	31.24	92780	78391	14389	7.56	199016
福建 Fujian	113.96	107.95	329663	268927	60736	6.01	558480
江西 Jiangxi	105.65	103.73	323050	255780	67270	1.92	161081
山东 Shandong	—	—	—	—	—	—	2023
河南 Henan	2.26	0.65	2857	1722	1135	1.61	80629
湖北 Hubei	17.92	14.4	35158	28653	6505	3.52	130692

续表

省份 Province	竹林总面积 Total area of bamboo (×10⁴hm²)	毛竹 P. edulis				杂竹 Other bamboo	
		面积 Area (×10⁴hm²)	总株数 Total numbers (万株)	竹林株数 Numbers (万株)	散生竹株数 Numbers of scattered bamboo (万株)	面积 Area (×10⁴hm²)	株数 Numbers (万株)
湖南 Hunan	82.31	80.39	204811	156891	47920	1.92	297151
广东 Guangdong	44.62	17.27	50954	40382	10572	27.35	708358
广西 Guangxi	36.02	16.33	51006	43112	7894	19.69	574147
海南 Hainan	1.68	—	—	—	—	1.68	37224
重庆 Chongqing	15.39	1.29	5971	3421	2550	14.1	582688
四川 Sichuan	59.28	7.26	32713	21918	10795	52.02	4086373
贵州 Guizhou	16.01	6.08	15353	13403	1950	9.93	319641
云南 Yunan	11.52	—	516	18	498	11.52	1028433
西藏 Xizang	—	—	—	—	—	—	35942
陕西 Shanxi	2.24	—	—	—	—	2.24	399524
甘肃 Gansu	—	—	—	—	—	—	532

高达 $5.097t \cdot hm^{-2} \cdot a^{-1}$，是热带雨林年固碳量的 1.33 倍，是速生杉木林年固碳量的 1.46 倍，是南亚热带 27 年生杉木林年固碳量的 2.16 倍（方慧云，2019；楼一平等，1997），因此，毛竹林是固碳潜力大、生长快、收益高的碳汇造林树种。

毛竹属于散生竹，分株间有竹鞭相连，竹鞭的延伸靠鞭梢不停地分生，一节一节向前生长来完成；竹鞭上成熟的侧芽可萌发长出新鞭，新鞭在土中横向蔓延可达几十厘米到几米不等（萧江华，2010）。竹鞭属于无性繁殖，竹鞭侧芽分化萌发长成竹笋，竹笋再生长成为新竹（分株），而分株又孕育了地下鞭的生长，从而形成地上植株和地下竹鞭紧密相连的有机整体（周本智，2006）。毛竹通过竹鞭迅速占据和拓展土壤空间，从而获取更多的水分和养分。通常，竹鞭鞭鞘一般在春季开始生长，笋芽成竹后鞭鞘在 7—9 月生长量增大，冬季停止生长。毛竹具有不同于大多数植物的独特生长模式，在萌发后的生长高峰期，每天可以生长 30~100cm（周本智，2006）。同时，毛竹分株的生长取决于良好的地下竹鞭结构，地下竹鞭的长度、数量和鞭龄结构，及壮芽的数量，对笋、竹材的产量和质量影响较大。与其他木本植物相比，毛竹还具有高生产力以及较短的轮伐期等优势。毛竹不仅可以生产竹材、竹笋等直接经济产品，也可以作为园林观赏植物，还具有水土保持、调节气候、降低噪声及净化空气等生态服务功能（周国模，2006）；尤其毛竹因生长速度快、易萌发、用途广等特性而具有较高的经济效益。毛竹材性极好，广泛用于竹地板、竹家具生产，因其自然更新快，是"以竹代木"、"以竹代塑"的首选材料，对于减少阔叶树砍伐、增加生态环境效益具有重要意义（顾琪等，2016）。同时，毛竹竹笋含多种营养成分，是南方山区农民的重要经济来源之一。

随着毛竹林经济效益的提高，我国毛竹林经营区域的竹农为了追求更高的经济效益，将大量的毛竹林由粗放经营模式转变为集约经营模式，大量施肥、土壤翻耕、林地除草、复垦、施肥、覆盖和灌溉等已经成为毛竹产区的普遍经营方式（李正才等，2010）。顾琪等（2016）研究表明，毛竹作为克隆植物，在小尺度上老竹与新竹存在资源相互传输与共享功能；毛竹植株间关于土壤水分等环境资源的竞争、种群的个体扩散等，可能集中发生在几米到二三十米的距离，因此竹林经营对毛竹的生产力和效应影响较大。漆良华等（2009）研究发现，集约经营下毛竹林植被层每公顷碳储量是粗放经营的 1.69 倍，是中度集约经营的 1.28 倍。李正才等（2010）研究表明，长期集约经营的毛竹林分植被层碳储量较粗放经营林显著高 12.1%，集约经营的毛竹林和粗放经营的毛竹林植被层年固定碳量分别为 4.03t·hm^{-2} 和 3.21t·hm^{-2}。然而，近年来，因竹材价格持续走低，劳动力成本不断攀升，毛竹林经济效益降低，竹农经营积极性受挫，竹林经营强度不断下降。此外，人口流动导致劳动力短缺，使得毛竹弃管现象加剧，废弃、荒芜竹林逐年增多（何玉友等，2021）。

目前，毛竹林生态系统碳汇能力的提升主要是通过常规的施肥经营来提高毛竹林植被和土壤碳储量，但集约经营会导致毛竹林土壤酸化（pH 值降低）（楼一平等，1997）、土壤肥力下降（有效养分流失严重）（刘广路，2009）、土壤结构改变（板结）（萧江华，2010）、温室气体排放增加等，不利于毛竹林生态系统长期的碳汇能力提升和可持续发展。因此，亟须寻求常规肥料以外的外源物质来缓解化肥带来的负效应，同时仍能调控毛竹林生态系统碳储量及整个生态系统可持续的碳汇能力（方慧云，2019）。

1.1.3 我国雷竹分布及发展现状

雷竹是禾本科竹亚科刚竹属竹种，是早竹的一个变种，为我国特产优良散生笋用竹种（林海萍等，2004）。目前，雷竹有十多个地方栽培品种，它们在外观形态、发笋期及笋产量等方面存在很大差异。雷竹的栽培品种主要有细叶乌头雷竹、阔叶红头雷竹、阔叶青壳雷竹、阔叶花壳雷竹、安徽雷竹、弯杆雷竹、黄条早竹、花秆雷竹、花叶雷竹及雷山乌等，其中细叶乌头雷竹种植较多（陈明亮，2013）。雷竹喜湿润、怕积水、喜光、怕风，在年均温 15~17℃、年降水量 1200mm 以上的地方生长良好；喜微酸性或中性（pH 4.5~7.0）且深厚肥沃的砂壤土、红壤土等（张小国，2018）。雷竹具有出笋早、笋期长、产量高、成本低、管理方便、没有大小年之分、笋味鲜美等特点，被誉为"江南第一笋"（郭益昌，2019）。雷竹原产于浙江临安、余杭等地，因其笋体粗壮洁白、甘甜可口和营养品质优良等特点，深受大众喜爱（黄思远等，2020）。雷竹的成年竹竿比较高，为 6~10m，直径 3~6m，地下茎属单轴散开型二分枝（叶合英，2016）。通常，雷竹一般在 3 月初开始出笋，4 月底结束，5 月新竹生长，6 月地下鞭根生长，8 月笋芽分化，8~11 月有部分秋笋出土，以 1 年为周期，年年出笋（叶合英，2016）。雷竹的主鞭在其生长期具有趋湿趋温等特点，地下竹鞭在土壤深厚、疏松、肥沃且蓄水保肥性好的地方分布较多，而且地下鞭根结构的空间分布复杂。通常通过人为施肥、抚育和垦复等措施来促进地下竹鞭系统持续生长发育和维持高产（张小国，2018）。在浙江地区，雷竹竹鞭在11~40cm 土层中分布总量占 80% 以上（黄思远等，2020）。

自 20 世纪 90 年代以来，我国雷竹林栽培面积不断增长，仅浙江省人工栽培竹林面积达 $13 \times 10^4 hm^2$（刘丽，2009）。近年来，由于经济利益的推动和市场需求，雷竹种植面积不断扩大，栽培面积年增已超过 $4 \times 10^4 hm^2$；被长江以南的多个省市大量引种栽培后，其全国栽培面积已达到 $262 \times 10^4 hm^2$（陈闻，2011）。随着雷竹产业的迅速发展，长期集约经营措施多样，如过量使用除草剂、化肥，覆盖栽培，等等（张玮，2019）。生产上通过采取地表覆盖增温的集约经营技术，使雷竹笋萌发时间提至春节前，这时因市场上的鲜笋产量特别少，价格相对较高，经济效益得到了极大的提升（朱令，2022）。然而，随着集约栽培技术的大面积推行，雷竹林地逐渐暴露出竹林提前退化、竹笋产量及品质下降、生长发育不良、根鞭上浮等问题，同时也出现了诸多生态环境方面的问题，如土壤养分富集、土壤酸化、林分老化衰败、经济效益下降、水肥管理不合理、重金属含量显著增加、土壤微生物功能下降等，造成土壤板结、持水力下降（周菊敏等，2017）。

据陈裴裴（2014）调查，在雷竹林经营过程中，施用化肥高达 $3375kg \cdot hm^{-2}$，而我国的平均化肥施用量是 $400kg \cdot hm^{-2}$，雷竹林经营过程中施用的化肥量是我国平均施用量的 8.5 倍（周蓉，2021）。如主产区浙江省临安区的雷竹林每年施用化肥量达 $5 \times 10^4 t$，覆盖雷竹林每年化肥施用量 6000~7200kg $\cdot hm^{-2}$，最高可达 15000kg $\cdot hm^{-2}$。已有学者开展集约经营模式下雷竹林土壤理化状况研究，发现土壤微生物量、有机质等含量明显增加，但长期覆盖稻草会影响土壤表面正常的气体交换，进而降低土壤通透性，导致雷竹根系呼吸困难，影响根系功能和生长（郭益昌，2019；朱令，2022）。也有研究表明，铵态氮、硝态氮和总氮淋失量均随着施肥量的增加而增加，颗粒态磷和总磷的淋失量也随施肥量的增加而增加，但施肥对可溶性磷淋失量的影响不显著（陈闻，2011）。何传龙等（2010）研究表明，减量施肥较常规施肥能降低硝态氮淋失量的 26.3%~65.7%，铵态氮淋失量的 10.7%~56.0%，有效磷淋失量的 10.5%~20.9%。陈裴裴（2014）研究表明，大量施用化肥，土壤有效磷含量高达 700mg $\cdot kg^{-1}$，超过标准 10 倍，有效钾含量高达 2800mg $\cdot kg^{-1}$，超过标准 20 倍，氮素大量流失造成水体污染严重,竹笋品质下降(所含亚硝酸盐已接近或超过标准值)。林海萍等(2004)研究表明,有机肥与化肥混施有利于雷竹总糖、脂肪、淀粉的积累,减少对灰分、粗蛋白的积累。

近年来,对雷竹林大量施用无机氮肥可能会导致盈余氮在土壤中转化而大量流失。有学者提出改变土壤耕作方式或配施生物质炭、硝化抑制剂等方式降低土壤氮素淋失。在雷竹林中配施生物质炭改良土壤,提高土壤肥力且抑制氮素淋失已经成为研究热点;生物质炭可以减缓土壤酸化,提高土壤养分含量,并提高土壤养分有效性及肥料利用率(靳泽文,2019)。利用生物质炭和氮肥配施,既可以提升土壤肥力以提高作物产量,又可以缓解雷竹林单施氮肥所带来的弊端。

1.1.4 我国马尾松和杉木分布及经营现状

杉木(*Cunninghamia lanceolata*)属于柏科杉木属。幼年杉木呈现尖塔状树冠,而大龄杉木则呈现圆锥状树冠;杉木大枝通常较为平展,小枝近对生或轮生,呈二列状,幼枝通常为翠绿色,表面平滑无毛。杉木是我国重要的速生丰产树种,最适合生长的年均气温为 16~19℃,水平分布范围是 100°—120°E、20°—34°N,垂直分布范围为海拔 300~700m,也是南部山区较普遍的造林树种。第九次全国森林资源清查数据显示,杉木有 211.72 亿株,蓄积量为 $10.79 \times 10^8 \, m^3$,主要分布在福建、湖南、江西、广西。我国杉木人工林造林面积不断增加,连栽导致的问题日益严峻,主要表现为地力衰退和生产力下降。因此,研究生物质炭添加对杉木生理生态的影响,对于解决杉木生产中存在的地力维护问题具有重要意义,并可为产业发展技术水平的提高提供理论依据(赵铭,2022)。

马尾松(*Pinus massoniana*)在分类学上属于松科(Pinaceae)松属(*Pinus*)常绿乔木,是我国特有的乡土树种。马尾松树高可达 45m,胸径可达 1.5m。马尾松为强阳性树种,不耐阴,喜温暖湿润气候,生长在年均温 14~22℃、年均降水量 800mm 以上的区域。通常,马尾松在前 5 年生长相对缓慢,5 年后生长加剧,在 10~25 年达到高峰(秦国峰和周志春,2012)。马尾松的天然更新能力很强,常飞籽成林,并因极度耐干旱瘠薄、适应性强等特征,成为优良的荒山绿化先锋树种。此外,马尾松还具有较高的经济价值,其木材是我国重要的建筑用材、造纸原料和松脂原料(秦国峰和周志春,2012)。

马尾松主要水平分布范围是 102°10′—123°14′E、21°41′—33°56′N，垂直分布范围为海拔 600~1650m，在我国的 17 个省份有分布。第九次全国森林资源清查数据显示，马尾松有 100.33 亿株，占全国乔木数量的 6.78%；蓄积量为 $9.08 \times 10^8 \, m^3$，占全国乔木蓄积量的 5.32%；主要分布在福建、广西、贵州、湖北。作为我国南方主要造林树种，马尾松林面积虽广，但森林质量不高，主要因过度采伐、粗放经营或从未进行抚育管理所致。因此，开展生物质炭添加对马尾松生理生态的影响研究，以期为新时期马尾松可持续经营提供参考，并为马尾松的生产力和生态功能提升奠定基础。

1.2 生物质炭的概念及理化性质

1.2.1 生物质炭的定义和结构

生物质炭（biochar）是由植物生物质在完全或部分缺氧的情况下裂解产生的一类含碳量高达 60%~85% 的高度芳香化物质，由于其特殊的理化性质及其在全球碳循环、气候变化和环境系统中的重要作用，近年来已成为研究热点（Lehmann et al., 2006）。生物质炭自身的理化性质因制备材料和裂解温度的不同有着较大差异，生物质炭的原料主要来源于农林废弃物、禽畜粪便等（耿慧丽等，2022）。

生物质炭作为高密度芳香烃类组成的多孔类物质材料，其比表面积大，孔隙度高度发达（彭文龙，2014）。生物质炭含有较高比例的浓缩芳香碳和较低的氧含量，难以进行化学和生物降解，已被认为是潜在的碳封存介质，缓解气候变化的有效途径（Sohi et al., 2010; Atkinson et al., 2010）。通常情况下，生物质炭为碱性，吸附性强，阳离子交换量（CEC）大，化学结构相对稳定（黄凯平，2021）。生物质炭的分解包括生物和非生物过程，新鲜生物质炭的分解由生物过程主导，老化生物质炭的分解由非生物过程主导；生物质炭的易分解碳和难分解碳分别需要 108 天和 556 年（Wang et al., 2016）。

1.2.2 生物质炭的基本理化性质

生物质炭主要元素为碳（C，60% 以上）、氢（H）、氧（O）、氮（N）等，其次为钙（Ca）、钾（K）、钠（Na）、镁（Mg）、磷（P）、硅（Si）等

（表 1-2、表 1-3）。生物质炭制备中温度的影响较大，温度越高，生物质炭中所含的碳元素越多（汪振国 2021）。在生物质炭的制备过程中，生物质炭的元素组成与制备原材料和制备温度密切相关，碳元素含量与热解温度呈正相关，氧、氢等含量与热解温度呈负相关。生物质炭元素组成的（C+H）：O、（N+O）：C 和 H：C 分别代表了生物质炭的还原性、极性和芳香性（彭文龙，2014）。

生物质炭表面包含了大量的碱性和酸性官能团，其在土壤中阳离子和阴离子的交换能力取决于生物质炭制备原材料类型和制备温度。生物质炭表面的含氧官能团主要包含酸酐、羧基、羟基和羰基，其中磷酸盐基团、羧基和羟基对生物质炭吸附性能和离子交换贡献比较大（彭文龙，2014）。生物质炭一般呈碱性，其灰分和官能团对 pH 值起着决定性的作用，尤其是灰分中含矿物质元素（Ca、Na、Mg、K）的碳酸盐和氧化物溶于水后呈碱性，致使生物质炭呈碱性。生物质炭的 pH 值为 4~12，随着热解温度的升高，大多数生物质炭呈碱性（李莹，2018）。通常，生物质炭中热解残留物中灰分含量越高，生物质炭溶于水后的 pH 值就越高（Yuan et al., 2018）。生物质炭的持水性能取决于表面的极性官能团且与其呈正比，即生物质炭表面的极性官能团越少，持水量越少（Singh et al., 2010）。生物质炭的阳离子（K^+、Na^+、Ca^{2+}、Mg^{2+}、H^+）交换量通常与生物质炭中的灰分含量和 O：C 有关，生物质炭的含氧官能团数量越多，离子交换量越高（Lee et al., 2010）。生物质炭孔隙结构比较发达，通常内部微孔数目越多，微孔孔径越小，比表面积就越大（彭文龙，2014）。生物质炭理化性质受制备原料的影响大于裂解温度的影响，制备原料是影响生物质炭灰分、总有机碳和固定碳含量的重要因素，裂解温度是影响生物质炭的 pH 值、可溶性有机碳、总氮、铵态氮和硝态氮的重要因素（耿慧丽等，2022）。

生物质炭孔隙结构和炭化温度的变化影响生物质炭与土壤中的水分、养分相互作用，一定程度上影响生物质炭自身的稳定性和生态功能（易倩倩，2020）。Wu 等（2012）研究结果表明，生物质炭的芳香化程度随温度升高呈上升趋势，与炭化时间相比，炭化温度对水稻秸秆炭性质的影响较大。Bruun 等（2011）研究发现随着制备过程中热解温度升高，矿化速率也逐渐减小，稳定性提高。安艳（2016）研究表明随着热解温度的升高，生物质炭含碳量增加（50.27%~65.68%），而 H、O、N 及酸性官能团

表1-2 国内不同来源生物质炭的基本理化性状（李莹，2018；赵闪闪，2017）
Tab.1-2 Basic physicochemical properties of biomass carbon from different sources in China

指标 Indicators	毛竹生物质炭（炭化温度 500℃）[a]	毛竹生物质炭（炭化温度 700℃）[b]	杉木生物质炭（炭化温度 500℃）[c]	杉木生物质炭（炭化温度 700℃）[d]	松木生物质炭 [e]	玉米秸秆生物质炭 [f]	稻壳生物质炭 [g]
灰分 Ash content（%）	23.21±1.95	24.64±1.92	3.49±0.27	8.02±0.50	11.60±1.0	41.61±1.2	38.62±2.1
pH	9.76±0.32	9.81±0.23	7.78±0.14	8.47±0.24	8.08±0.8	9.82±0.6	8.48±0.5
电导率 Electrical conductivity（mS·cm^{-1}）	0.077±0.2	0.077±0.3	2.81±1.1	2.81±1.3	0.12±0.9	2.81±1.1	1.66±0.4
阳离子交换量 Cation exchange capacity（mmol·kg^{-1}）	7.62±1.77	6.45±1.68	5.43±1.31	2.09±0.87	2.31±1.2	21.01±1.1	18.27±1.2
比表面积 Specific surface area（m^2·g^{-1}）	2.54	254.77	112.56	266.11	97.20	4.05	8.20
总有机碳 TOC（g·kg^{-1}）	478.20±2.06	572.4±2.55	737.80±0.46	814.60±0.24	210.20±1.4	463.54±1.6	708.50±2.5
总磷 TP（g·kg^{-1}）	1.60±0.09	2.20±0.11	0.22±0.03	0.31±0.02	11.07±1.7	16.20±1.1	13.16±1.4
有效磷 AP（mg·kg^{-1}）	—	—	—	—	5.01±1.8	219.97±2.2	385.28±2.1
C（%）	69.88±1.28	71.86±1.54	75.88±1.06	84.12±0.87	80.04	49.62	44.88
H（%）	2.67±0.18	2.03±0.05	2.84±0.06	2.76±0.13	1.72	4.68	2.04
N（%）	0.84±0.02	0.80±0.02	0.52±0.005	0.38±0.002	0.39	1.37	1.33
O（%）	3.19±0.12	0.47±0.003	17.18±0.24	4.61±0.06	17.63	43.80	51.40
S（%）	—	—	—	—	0.22	0.53	0.35

续表

指标 Indicators	毛竹生物质炭 （炭化温度 500℃）[a]	毛竹生物质炭 （炭化温度 700℃）[b]	杉木生物质炭 （炭化温度 500℃）[c]	杉木生物质炭 （炭化温度 700℃）[d]	松木 生物质炭[e]	玉米秸秆 生物质炭[f]	稻壳 生物质炭[g]
H：C	0.46±0.02	0.34±0.01	0.45±0.004	0.39±0.01	0.02	0.09	0.04
O：C	0.035±0.00	0.005±0.00	0.175±0.002	0.045±0.001	0.22	0.88	1.14
（O+N）：C	0.045±0.001	0.015±0.001	0.185±0.01	0.045±0.001	0.23	0.91	1.17

注：数据均以平均值±标准差表示。

Note: All values were expressed as mean ± standard deviation. a, biochar from *P. edulis* at 500℃; b, biochar from *P. edulis* at 700℃; c, biochar from *C. lanceolata* at 500℃; d, biochar from *C. lanceolata* at 700℃; e, biochar from *Pine*; f, biochar from corn stem; g, biochar from rise husk.

表 1-3　国外常见不同来源生物质炭的基本理化性状（Rockwood et al. 2020）

Tab.1-3 Basic physicochemical properties of biochar from different sources in foreign

指标 Indicators	北美洲树木 Trees of North America					欧洲树木 Trees of Europe
	巨桉 *E.grandis* cultivar	托里桉 *C. torelliana*	巨尾桉 *E.grandis* × *E.* *Urophylla*	广叶桉 *E. amplifolia*	弗吉尼亚栎 *Q.virginiana*	欧洲栓皮栎 European *Q.suber* L.
易挥发物质 Volatile substance（%）	83.3	85.0	85.9	82.5	83.3	41.61±1.2
固定碳 Fixed carbon（%）	15.7	14.4	13.7	17.0	15.5	9.82±0.6
灰分 Ash content（%）	1.00	0.54	0.37	0.50	1.15	2.81±1.1

续表

指标 Indicators	北美洲树木 Trees of North America					欧洲树木 Trees of Europe
	巨桉 E.grandis cultivar	托里桉 C. torelliana	巨尾桉 E.grandis × E. Urophylla	广叶桉 E. amplifolia	弗吉尼亚栎 Q.virginiana	欧洲栓皮栎 European Q.suber L.
水分含量 Water content (%)	36.4	48.0	43.1	30.1	33.1	21.01 ± 1.1
C (%)	49.2	49.7	49.8	50.8	49.1	4.05
O (%)	43.0	43.1	43.1	42.0	43.1	463.54 ± 1.6
H (%)	6.5	6.5	6.5	6.5	6.4	16.20 ± 1.1
N (%)	0.21	0.17	0.17	0.26	0.29	219.97 ± 2.2
Cl (%)	0.07	0.02	0.02	0.02	0.00	49.62
S (%)	0.01	0.00	0.00	0.01	0.00	
顽固碳 *Stubborn carbon (%)	76.0	71.6	74.0	70.8	71.8	67.6
pH	10.6	10.4	10.5	11.1	11.9	8.2
电导率 Electrical conductivity (ms·cm^{-1})	0.57	1.76	1.56	3.88	1.14	3.33
吸水量 Water absorption (ml·100g^{-1})	75.9	78.8	79.8	69.0	68.5	43.4
碳酸盐含量 Carbonate content (%)	2.6	2.5	5.6	16.7	2.5	—

注：* 表示干燥无灰基状态下固定碳参数按80%估计。

Note: Estimated at 80% of fixed carbon on a dry ash-free basis.

含量不断降低，热稳定性增强；碱性官能团含量与热解温度变化略不同，随热解温度先升高后降低。李莹（2018）研究表明随着热解温度的升高（300~700℃），生物质炭的产率逐渐下降，但 pH 提高，灰分含量增加，生物质炭的碳含量升高，而 H 含量和 O 含量降低，H∶C、O∶C 等原子比降低，表面含氧官能团数量降低，方向性和稳定性增强。易倩倩（2020）研究表明，添加到土壤中的生物质炭发生了明显的物理破碎和剥离现象（图1–3），入土 9 年后，秸秆炭的微孔率从 27.01% 增加到 58.70%，竹炭从 9.78% 增加到 84.86%，秸秆炭和生物质炭的比表面积分别提高了 4.5 倍和 1.4 倍，平均孔径分别为初始样品的 0.61 倍和 0.42 倍；生物质炭中碳含量

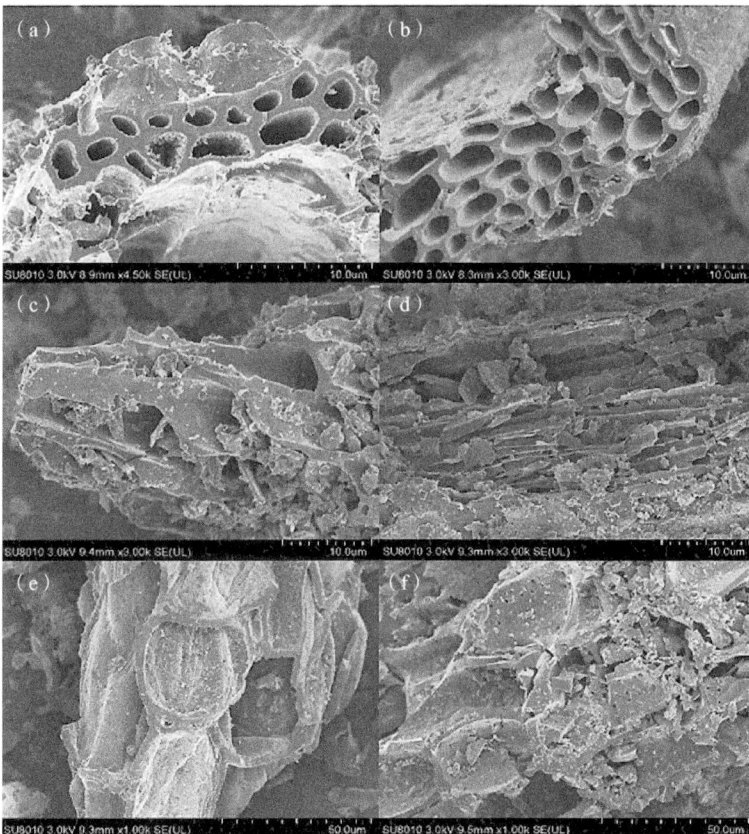

图 1-3 不同入土年限生物质炭电镜扫描变化（易倩倩，2020）

Fig. 1–3 Changes in electron microscopy scans of biochar at different years

注：a~d. 水稻秸秆炭入土 1 年、2 年、6 年、9 年；e~f. 竹炭入土 6 年、9 年。

Note: a~d means rice straw biochar at 1, 2, 6 and 9 years after biochar addition; e~f means bamboo biochar at 6 and 9 years after biochar addition.

在 9 年内下降了 10.3%~11.8%，芳香碳含量在 9 年内下降 5.0%~8.7%。

2019 年，IPCC（2019）首次新增生物质炭添加到农林及草地矿质土壤中有机碳储量年变化量的核算方法，意味着生物质炭在农林土壤生态系统的固碳减排作用尤其重要；生物质炭在百年尺度上有碳封存优势。目前，生物质炭作为有效的土壤改良剂，对改善土壤质量、缓解气候变化具有重要作用；在环境方面，生物质炭具有减缓气体排放、改良土质、提高土壤肥力和减少环境污染等特点，因此，在林业上被广泛应用（方慧云，2019）。

1.2.3 生物质炭自身碳矿化及稳定性

生物质炭在自然土壤生态系统中具有高度稳定性，能够存在上百年甚至上千年。有研究表明生物质炭输入后对土壤的激发效应大小、方向与生物质炭中易溶组分的共代谢及生物质炭自身的孔隙结构密切相关（Fang et al., 2015）。查全智（2022）利用 ^{13}C 稳定同位素技术，通过 182 天的野外原位试验表明，300℃和 500℃炭化的榉树（*Zelkova serrata*）生物质炭的累积分解量分别为 10.5g·m^{-2} 和 3.65g·m^{-2}，难分解碳库的平均停留时间分别为 99.8 年和 302 年。短期生物质炭矿化可能会低估生物质炭衰解期，而长期的生物质炭自身碳矿化研究有助于准确理解土壤中生物质炭的稳定性。因此，生物质炭自身理化结构的变化对研究原位土壤微生物活性和养分吸收过程有重要意义。

生物质炭添加到土壤后自身结构和稳定性均发生变化。Liu 等（2013）模拟生物质炭分解研究表明生物质炭在修复土壤过程中自身结构发生明显改变，有氧分解条件下（模拟短期分解）生物质炭表面积和孔隙结构明显降低；在硝酸作用下（模拟长期分解）生物质炭表面化学性质、表面积、孔隙结构和吸收力明显发生改变。Luo 等（2011）在英国洛桑研究中心用同位素 ^{13}C 示踪法对添加生物质炭土壤培养 87 天后，生物质炭在炭化温度为 350℃时，低 pH 值和高 pH 值土壤中其自身碳矿化率分别为 0.61% 和 0.84%，生物质炭在炭化温度为 700℃时，则分别为 0.14% 和 0.18%。Major 等（2010）在哥伦比亚用同位素技术对生物质炭稳定性研究表明，添加生物质炭 2 年后生物质炭自身矿化率为 2.2%，小于 1% 的碳被渗透水吸收，溶解性碳含量较颗粒性碳含量高。Fang 等（2015）在澳大利亚通过生物质炭添加对土壤激发效应和稳定性研究表明，培养 2 年后生物质炭自身碳矿化占添加生物质炭后土壤碳矿化的 0.43%~10.58%，且生物质炭自身碳矿化明显受土壤、生物质炭类型和处理温度的影响。Hilscher 和 Knicker（2011）在瑞士用核磁共振法（^{13}C 和 ^{15}N NMR）从微观水平对生物质炭自身分解研究表明，生物质炭在添加培养过程中自身化学结构发生明显变化，培养 20 个月后其芳基碳（aryl-C）释放量达到初始时的 40%。Singh 等（2012）在澳大利亚结合 $\delta^{13}C$ 法研究表明，生物质炭 5 年矿化率为 0.5%~8.9%，低温碳化生物质炭比高温碳化生物质炭矿化速率快，生物质炭残基分解时间在 90~1600 年。

总之，生物质炭与土壤相互作用过程复杂。通过调节土壤物理化学性质、微生物活性和水分吸附等过程，可促进生物质炭在土壤中的吸存，但生物质炭人为输入的变化规律、稳定机理以及对土壤养分迁移转化和土壤生态系统温室气体排放等的影响仍然不清楚，在森林生态系统中关于添加的生物质炭和土壤相互作用的研究工作尚不完善且亟须深入开展。

1.3 生物质炭添加对林木生长的影响

许多研究表明，生物质炭在影响植物光合作用过程、林木径向生长、根系生长等方面发挥着重要作用。这与生物质炭自身结构和理化性质密切相关，在改良土壤酸性环境、增加土壤肥力、改善质地、吸收土壤中对微生物繁殖有害的物质等方面作用显著。通常，生物质炭添加早期阶段对林木生长的影响比较明显，北方森林和热带雨林中土壤生物质炭添加较温带森林系统显著，阔叶树种较针叶树种显著（Thomas and Gale, 2015; Kelly et al., 2015）。

1.3.1 生物质炭添加对林木地上部分生长的影响

良好的土壤环境和健康发育的根系是林木生长的重要基础。生物质炭添加对土壤性质产生的影响不同，对植物生长的影响也有积极与消极之分，但就目前的研究成果看多为积极影响。目前关于生物质炭对植物生长影响的研究多集中于农作物，对林木生长影响的研究还相对较少（Zhang et al., 2022）。生物质炭添加可以减少沙地土壤水分胁迫，有助于植物正常发育（Jeffery et al., 2011; Kammann et al., 2011）。生物质炭的添加可以显著降低根皮苷含量，促进苹果树幼苗生长，生物质炭的有效性取决于热解温度（Liu, 2022）。另外，高浓度生物质炭添加可能会对植物生长产生抑制作用（黄超等，2011；Kammann et al., 2011）。因此，生物质炭对植物生长的促进作用取决于土壤肥力和性质、植物种类以及生物质炭的特性和添加量等因素。

生物质炭添加使热带、亚热带或温带农作物（如大米、玉米、小麦、土豆、大豆等）产量明显增加 10%~25%（Eyles et al., 2015），然而关于生物质炭添加对多年生木本植物生长的影响研究相对较少。Thomas 和 Gale（2015）研究分析表明，生物质炭添加使多数树木生物量平均增加 41%，包括短期（<1 年）的盆栽试验；树木生长受气候、土壤类型、树种、生物质炭类型和添加剂量的影响较大。Fox 等（2014）研究表明，生物质炭添加 1% 和 2% 可明显增加黑麦草（*Lolium perenne*）生物量和茎高度。Palviainen（2020）试验表明，生物质炭改良剂可显著增加优势树直径生长，平均每年增加 1mm，在 3 年研究期间与对照组相比增加了 25%，证明生物质炭增加了苏格兰松（*Pinus sylvestris*）的高度和直径。吴志庄等（2015）研究表明，黄连木（*Pistacia Chinensis*）添加生物质炭 1 年后，地径、树高、冠幅、比叶面积分别高于对照 30.09%、55.08%、23.07% 和 25.03%。潘陆荣等（2021）研究表明，生物质炭添加可增加观光木（*Tsoongiodendron odorum*）幼苗株高和地径，且增加量与生物质炭添加量呈正比。Mwadalu 等（2021）研究表明，木麻黄（*Casuarina equisetifolia*）添加 7.5t·hm^{-2} 生物质炭，与对照相比，树高增加 20.2%；添加 2.5t·hm^{-2} 生物质炭，树高较对照增加 30.2%。Palviainen 等（2020）在芬兰开展 3 年的研究表明，与对照相比，土壤中添加 10t·hm^{-2} 生物质炭，可使欧洲赤松（*Pinus sylvestris*）直径生长明显增加，增加量平均 1mm·a^{-1}，对树高生长影响不太明显；5t·hm^{-2} 生物质炭添加处理，树高增加约 0.16m。总之，森林土壤添加木本来源的生物质炭 5~10t·hm^{-2}，可明显增加树木的径向生长。

生物质炭添加对植物光合作用及其他方面也有影响。He 等（2020）研究表明，生物质炭添加使光合作用、气孔导度、蒸腾作用和水分利用效率分别增加了 27.1%、19.7%、27.1% 和 27.1%。Eyles 等（2015）研究表明，生物质炭＋混合肥料处理第一年和第四年，苹果树干的周长增加明显，光合能力和叶片的养分浓度不受影响。Vannini 等（2022）研究表明，生物质炭添加（10% 和 20% 添加量）使土耳其栎（*Quercus cerris*）叶片数量增加30%，叶长度增加 14%，且 10% 生物质炭添加处理使树高增长 48%。吴志庄等（2015）研究表明，生物质炭添加处理 1 年后黄连木光合速率平均高于对照 14.25%，光合系统 II 的活性高于对照 14.73%，其他叶绿素荧光参数差异不显著，说明适量的生物质炭添加可有效改善黄连木的光合生理特性。

总之，生物质炭添加可能是通过改善土壤物理性状（容重、水分含量），使微生物活性和有效养分增加（Mwadalu et al., 2021），对林木地上地下生长起到了显著的促进作用。生物质炭添加促进林木生长的可能机制（Thomas and Gale, 2015）：①生物质炭中的可溶性养分物质吸附抑制生长的物质（如酚类物质），增加土壤有效水分，改良土壤酸碱度；②生物质炭中含有较高的可溶性钾、磷和一些交换性阳离子，尤其是有效磷，对植物生长有持久的正激发作用；③低分子量有机物包括各种多芳烃，通常在热解过程中被吸附随后释放到土壤，对一些微生物产生毒害作用，这些化合物被淋溶或者被微生物降解后，生物质炭的添加（前几年）可能会影响这些化合物的反应模式。

1.3.2 生物质炭添加对根系生长的影响

根系是植物生长的重要器官，植物通过根系吸收土壤养分，根系生长状态直接决定植物的生长状况。施用生物质炭可能对植物根系形态和功能产生显著影响（Prendergast-Miller et al., 2014）。

1.3.2.1 生物质炭对根系生物量的影响

根系生物量是单位面积内植物所有根系的总干重量，是衡量根系生长发育的重要指标。一些研究表明，生物质炭添加可以显著增加根长、根系生物量和特定根部长度（Lehmann et al., 2003）。Xiang 等（2017）通过收集 136 篇文章中的实验数据，得出生物质炭添加能显著增加根系生物量（32%），且生物质炭对根系生物量的影响与许多因素有关。张明发等（2022）关于生物质炭添加量对烤烟根系影响的研究表明，添加生物质炭不能改变烟草根系的总体分布，但可以有效促进垂直方向 0~30cm 和水平方向 0~20cm 根系生长发育。陆人方等（2020）研究表明，生物质炭对根系生物量的影响与生物质炭添加量有关，低、中、高量生物质炭添加均能增加马尾松根系生物量，而中、高量生物质炭添加会降低杉木根系生物量。Olmo 等（2016）指出根系生长也与生物质炭的种类有关，添加小麦生物质炭显著降低了油橄榄根系生物量，而对其枝生长没有明显影响。

1.3.2.2 生物质炭对根系化学性质的影响

生物质炭同样明显影响根系化学元素。生物质炭能够通过土壤环境（如 pH 值、养分和离子交换能力）的变化来促进根系生长（Prendergast-Miller et al., 2014; Tammeorg et al., 2014）。Xiang 等（2017）的分析结果显示，施用生物质炭后，根系氮浓度（+5.5%；95% 置信区间：−5.1%，+17%）无显著变化，但根系磷浓度（+22%；95% 置信区间：+14%，+30%）显著增加。土壤 pH 值与土壤养分有效性紧密相关。张赛等（2020）研究显示，添加生物质炭后，根际土壤 pH 值与对照组相比显著增加，可交换性阳离子含量显著下降。陈佳欣等（2022）试验得出相同结论：添加生物质炭后根际土壤 pH、土壤有机质含量和土壤硝态氮含量均明显增加。目前，关于在有植物条件下研究生物质炭添加对土壤有机碳矿化的影响还不多见。冯雷（2021）通过 8 年的生物质炭定位实验得出，生物质炭能够促进土壤腐殖化进程，促进土壤碳矿化。而 Whitman 等（2014）研究表明，添加生物质炭会抑制有机碳矿化。孟李群（2014）比较不同生物质炭处理对不同林龄杉木人工林土壤化学性质影响发现，木炭生物质炭对各龄林表层土壤全碳、全磷、全钾及有效养分的影响更显著。李明等（2016）的研究发现，在黄瓜结果期的根际土壤碱解氮、有效磷、有效钾、有机碳含量和全氮质量比对 5~60t·hm⁻² 生物质炭添加的响应最为强烈；而结果盛期黄瓜根际土壤碱解氮、有效磷、有效钾质量比对 20~60t·hm⁻² 生物质炭添加的响应最为强烈。王大庆等（2016）研究得出，添加生物质炭后根际土壤氮素转化强度明显提高，大豆根际土壤的硝化作用在苗期、开花期和结果期均与对照组产生明显差异，添加生物质炭可提高根际土壤铵态氮含量。

1.3.2.3 生物质炭对根系构型的影响

生物质炭添加也会对植物根系的构型和性状产生影响。根据 Xiang 等（2017）的研究分析，土壤中添加生物质炭能使根体积增加 29%，根表面积增加 39%，根直径、根长和根尖数平均分别增长 9.9%、52% 和 17%；但是在此整合分析中发现生物质炭并未改变根冠比，而比根长增加 17%。朱自洋等（2022）关于生物质炭促进黑麦草的试验结果虽然也显示当添加生物质炭为 1%、2% 时根冠比与未添加生物质炭基本一致，但较高的生物质炭添加会导致根冠比大幅上升。王欢欢等（2017）在烤烟土壤中添加生物质炭（2.4t·hm⁻²）的研究表明，与对照相比，生物质炭添加可增加根系活力 177.8%、根系总面积 91.35%、总根尖数 100.9%，说明生物质炭能够促进烤烟根系形态的生长发育，优化根系生理指标。Jabborova 等（2021）关于生物质炭对草本植物罗勒（*Ocimum basilicum*）根系形态性状影响的研究结果表明，与对照组相比，2% 和 3% 生物质炭添加处理分别使总根长增加 46% 和 61%；3% 生物质炭添加处理使根系表面积显著增加 47%，根系直径增加 37%，根系体积增加 45%。陆人方等（2020）研究表明，高剂量生物质炭添加明显增加马尾松根系直径、延长细根寿命和促进 1.0~2.0mm 细根根长；低剂量生物质炭添加明显增加杉木 0~0.5mm 细根根长，但会抑制杉木根系直径增长，说明不同树种不同径级细根对生物质炭响应不同（王祖华等，2013）。Olmo 等（2016）研究表明，相较于对照组，2.5% 的橄榄枝生物质炭添加增加了小麦（*Triticum durum*）比根长，降低了小麦根系直径和根系组织密度；添加 0.5% 的生物质炭可降低小麦比根长，增加小麦根系直径和根系组织密度。此外，研究还发现，生物质炭添加使植物根尖的数量增加后，植物吸收土壤养分的能力也相应增加（Makoto et al.，2009）。Amendola 等（2017）研究发现，添加 10t·hm^{-2} 的生物质炭可使葡萄（*Vitis vinifera*）细根生物量明显增加，但对细根长度没有影响。贾明方等（2018）关于生物质炭添加对葡萄植株生长的影响研究表明，生物质炭的添加可提高植株根冠比、根系体积、根表面积、根直径和根尖数。

总之，生物质炭的添加通常能改善植物根系构型，但植物对生物质炭的响应与生物质炭特性、添加量和植物类型有关。

1.3.2.4　生物质炭对根际微生物的影响

根际微生物是紧密附着于根际土壤颗粒中的微生物，主要为真菌（fungus, F）和细菌（bacteria, B），与植物根系共生互作。根际微生物能将有机物转化成无机物，帮助植物更好地吸收和利用矿物质，为植物提供养料。根际微生物还可以通过分泌植物激素促进植物根系发育从而影响植物根系构型，调节植物根系生长。

通过对无土培养基生产的辣椒和番茄发育的研究发现，生物质炭可刺激微生物种群，形成利于植物生长的根际微生物群落（Graber et al.，2010）。生物质炭由于自身偏碱性会使根际土壤 pH 值提高，从而降低偏好酸性环境的真菌活性，增加偏好中性环境的根际细菌丰度（Rillig et al.，2010）。真菌作为植物间土传病害的主要原因，添加使用生物质炭后能减少真菌数量，还能提高植物抗病性。Van Zwieten 等（2010）研究表明，生物质炭添加可使大豆的微生物活性提高，但使小麦的微生物活性显著下降，对其他作物无显著影响；且生物质炭倾向于抑制富铁土中微生物活性。凋落物来源的生物质炭提取物已被证明能促进微生物的生长，而来自松木的生物质炭提取物则倾向于抑制微生物的生长。上述研究表明：生物质炭可以对生物土壤的微生物数量产生影响（正面或负面影响），并且生物质炭对根际微生物活性的影响与生物质炭原料有关。

生物质炭添加影响根际微生物数量和质量。通常根际微生物以细菌为主，常见的有假单胞、黄杆菌、产碱杆菌和色杆菌等；根际微生物种类繁多、功能各异，细菌中的根瘤菌属、沙雷氏菌属、单价孢菌属和真菌中的丛枝菌根真菌（arbuscular mycorrhizal fungi, AMF）、外生菌根真菌均被证明是有益微生物，可以溶解难溶矿物质，增加植物对矿物质的吸收，还能分泌生物刺激素类物质促进植物生长。徐民民等（2021）通过研究生物质炭对小麦根际和根内微生物群落组成的影响，发现添加生物质炭后疣微菌门、厚壁菌门和芽单胞菌门成为小麦根际优势菌。Pietikäinen 等（2000）发现生物质炭能诱导微生物群落变化，但不会减少微生物数量。研究还发现连续使用生物质炭能不同程度提高根际微生物群落多样性，且影响随着添加年份的增加而增大（Pietikäinen et al., 2000）。

1.3.2.5　不同粒径生物质炭对根系生长和微生物的影响

目前关于生物质炭添加对根系生长的影响大多数立足于添加量的不同。关于不同粒径生物质炭添加对根系生长影响的研究相对较少，其结论也不尽相同。李佳轶（2019）在试验中添加 20~250μm、250~500μm 和 500~2000μm 生物质炭，均可提高根系总吸收面积和活跃吸收面积，提高根系活力。徐德福等（2018）的试验结论却得出大粒径（2mm）的生物质炭会降低湿地植物的根长和根体积。但赵艳泽（2018）和张伟明等（2013）的试验同样添加 2mm 的生物质炭，试验结果均表明生物质炭的添加能增加根长、根体积和根鲜重，增加根系总吸收面积和总表面积。总体来看，生物质炭的粒径或许不能成为影响根系生长发育的决定性因素。

已知掺入土壤中的生物质炭会影响土壤养分的利用并充当微生物的栖息地，这两者都可能与其粒径有关。然而，粒径对土壤微生物群落丰度、结构和功能的影响知之甚少。Jaafar 等（2015）将 3 种生物质炭分别分成 3 种颗粒大小，对土壤微生物进行为期 56 天的观察，试验结果表明，较小粒径组分的生物质炭可以通过微生物表面吸附和栖息地作用容纳更多的微生物生物量，但观察到的都是一些短期内增强的瞬时效应，即生物质炭粒径可能不会强烈影响土壤中微生物生物量。然而 Chen 等（2017）和 Sarfraz 等（2020）研究结果表明，生物质炭的添加会影响微生物种群丰度、群落结构和酶活性，这些影响与粒径和速率有关，并且与其他粒径相比，细颗粒生物质炭还可以为微生物提供更好的栖息地。细粒径生物质炭相对于其他粒径具有较大的比表面积和多孔微观结构，这可能增加了其与土壤基质的相互作用（Zimmerman et al., 2005）。这种效应可能导致微生物生长所需营养物质的可用性增强，从而提高微生物丰度积活性，改变土壤微生物群落结构。

1.4 生物质炭添加对土壤物理性质的影响

土壤物理性状是土壤功能的基础，主要通过土壤容重、孔隙度、团聚体组成、水分特征等体现，不同土壤物理特征参数并不是相互独立的，彼此存在复杂的关系（董心亮和林启美，2018）。由于生物质炭多微孔，使生物质炭密度较小（0.08~0.5g·cm^{-3}），远小于土壤密度（Demisie，2014）。生物质炭添加对土壤的影响分为直接影响和间接影响，生物质炭自身的孔隙结构和吸附性能可直接降低土壤容重、提高孔隙度、增加土壤水分等；生物质炭通过促进植物生长、与土壤微生物相互作用影响土壤团聚体、离子交换等物理性质（董心亮和林启美，2018）。

1.4.1 生物质炭添加对土壤水分含量的影响

生物质炭添加通过增加土壤有效水含量、提高土壤饱和导水率等明显影响土壤持水性能。简秀梅等（2020）研究表明，添加 1%~5% 的高灰分稻壳炭和低灰分油茶壳炭土壤含水率由 15.54% 增加至 17.47%~28.28%；10% 的高灰分稻壳炭处理土壤的含水率显著增加至 81.98%。Prober 等（2014）研究表明，将园林废弃物生物质炭添加于不同林地土壤中发现，生物质炭添加 20t·hm^{-2} 使不同林地土壤的含水量增加了 6.0%~25.0%。卢焱焱（2015）在红壤中添加小麦秸秆生物质炭研究表明，随着生物质炭剂量的增加，土壤含水量呈先上升后下降的趋势。Ge 等（2019）在毛竹林中添加生物质竹炭为期 2 年的研究表明，生物质竹炭添加第一年可显著增加土壤水分含量，且与添加剂量呈正比。高海英等（2011）在陕西用试验室土柱入渗法研究表明，随着生物质炭量增加，土柱水分入渗率逐渐减小，在水势相同情况下，与对照相比，混入量越大，土壤可保持的水分越多，但这种增加效应有限度，超过一定混入量（80t·hm^{-2}）反而会降低土壤持水量。Glaser 等（2002）研究表明，生物质炭影响土壤水分固持和聚合，仅砂土中加入生物质炭可增加有效水分含量，肥沃土壤中加入没有明显变化，但在黏土中有效水分含量变化显著。Lu 等（2014）向黏土中添加 2%、4% 和 6% 生物质炭，培育 180 天后田间持水量分别增加 12%、20% 和 31%。总之，生物质炭对土壤持水量的影响与土壤质地、添加量均有关，生物质炭具有较大的亲水表面积和孔隙度，水分吸附在生物质炭表面，并储存在生物质炭孔隙内。

生物质炭通过调节土壤水分含量影响土壤物理性状。Glaser 等（2002）研究表明，将生物质炭作为土壤改良剂施入土壤，可吸附更多的水分离子，提高土壤养分吸持量，改善土壤持水能力。此外，生物质炭通过土壤水分状况对土壤有效养分也有调节作用。Warnock 等（2007）研究表明，生物质炭影响氮循环中硝化和反硝化作用前期的氧化和厌氧状况，如果土壤太干，硝化速率下降，生物质炭优先持水，其持水强度主要取决于土壤质地和生物质炭孔隙。这些研究均表明土壤中添加生物质炭可增加水分吸附能力和稳定性，但生物质炭提高水分固持、促进大团聚体形成和增加土壤碳稳定性的机制还不清楚，这种机制在气候变化应用中（如缓解干旱、养分流失和侵蚀等）尤其重要（Sohi et al., 2010）。Brockhoff 等（2010）研究表明，在田间持水量下，含 25%（v/v）生物质炭的沙基介质比含 5% 生物质炭的介质和纯沙对照分别多保留 260% 和 370% 的水分。Major 等（2012）同样指出生物质炭的物理特性可以改变土壤的孔径分布，并可能改变土壤溶液的渗流模式、停留时间和流动路径。Oguntunde 等（2008）研究同样表明，生物质炭可能会影响土壤持水能力和团聚体稳定性，导致作物水分有效性增强，并减少土壤侵蚀。

总之，生物质炭对土壤水分的影响与生物质炭特性和土壤性质有关，尤其是生物质炭表面的亲水和疏水特性、官能团、孔隙结构、粒径大小等是引起有效水分增加的关键。

1.4.2　生物质炭添加对土壤容重和孔隙度的影响

土壤容重反映了土壤的松紧状况，直接影响土壤通气度和植物根系的发育。生物质炭是多孔材料，生物质炭对土壤容重影响显著。越来越多的研究表明，生物质炭添加可以降低土壤容重，且与生物质炭类型和添加量有关（董心亮和林启美，2018）。葛顺峰等（2014）研究表明，添加生物质炭后，土壤容重较对照降低了 0.06~0.11g·cm^{-3}，可能因为生物质炭密度低，添加土壤后起到稀释作用，从而降低了单位体积内土壤质量。王丹丹等（2013）研究发现，生物质炭添加可以有效降低土壤容重，并且随着生物质炭添加量的增大，土壤容重呈现相应的下降趋势。吴崇书等（2014）在浙江开展生物质炭添加对不同类型土壤容重、>0.25mm 水稳定性团聚体和土壤保水性研究表明，与对照相比，生物质炭输入处理中土壤容重明显降低，田间持水量增加，且随生物质炭输入量的增加而增加。生物质炭可降低土壤容重的原因是其自身密度较小，微小颗粒与土壤颗粒混合后使土壤密度降低，从而引起土壤容重降低（黄凯平，2021）。此外，生物质炭输入土壤后，上层土壤的容重比下层土壤低，土壤容重随土壤剖面深度的增加而增加；生物质炭的多孔结构使表层土壤孔隙度增加，容重减小（Oguntunde et al.，2004；袁金华和徐仁扣，2011）。生物质炭对土壤物理结构影响的可能原因是生物质炭具有巨大的比表面积，结构孔隙发达，能够吸附土壤中的水和无机离子，吸附土壤颗粒，特别是小粒径的生物质炭能够与土壤颗粒形成一定的微小团粒结构，进而影响土壤容重（文曼和郑纪勇，2012）。也有研究表明，生物质炭降低土壤容重的直接作用是稀释效应，即生物质炭容重远低于土壤，生物质炭容重越低、添加量越大，土壤容重越低（Blanco-Canque，2017）。此外，生物质炭对土壤容重的影响与土壤质地、生物质炭粒径、添加时间等有关，通常土壤砂砾含量越高，容重越大，生物质炭对其影响也越明显，这与生物质炭和土壤容重的差异也有很大关系（董心亮和林启美，2018）。

土壤孔隙是由固相土粒、土团与土团、土团与土粒之间相互支撑，构成粗细不同、形状各异的各种孔隙，是土壤结构的反映。土壤孔隙结构受土壤质地、土粒排列方式、结构、有机质含量、土壤耕作方式等因素影响。生物质炭添加后因其孔隙结构较大，不同孔隙大小的土壤受生物质炭的影响效果不同（Glaser et al.，2002）。Githinji（2014）在砂壤土中添加生物质炭（0%，25%，50%，75%，100% v/v）研究表明，土壤孔隙度与生物质炭添加量呈正相关，孔隙度从 0.500cm^3·cm^{-3} 增加到 0.773cm^3·cm^{-3}。岑睿等（2016）在黏壤土中添加玉米秆生物质炭（10t·hm^{-2}、20t·hm^{-2}、30t·hm^{-2}、50t·hm^{-2}），孔隙率随生物质炭添加量的增加均增加，增幅先增加后降低，说明 1.5~2.0mm 粒径的生物质炭能改善黏壤土的性状，增加土壤的孔隙率及导水能力。涂超（2020）在广东省茂名市蔬菜种植基地开展水稻壳炭和棕榈丝炭（93t·hm⁻² 和 186t·hm⁻²）添加土壤室内培养法研究表明，生物质炭添加可显著增加土壤总孔隙度且与添加剂量呈正比，水稻壳炭优于棕榈壳炭。总之，生物质炭添加是改善土壤孔隙度和团聚体结构的有效途径，通过调节孔隙内的水分、空气流通等，为易板结土壤的改良提供新途径，但改良效果与生物质炭来源、添加剂量及土壤质地均有很大关系。

1.4.3 生物质炭添加对土壤结构、土壤表面积、团聚体的影响

生物质炭富含有机大分子和多孔结构，通过稳定力作用，生物质炭表面的有机结构与土壤中的矿物形成有机和无机复合体，即促使形成大的团聚体。研究表明生物质炭添加可显著影响土壤结构和土壤表面积，土壤表面积的增加反过来又会影响土壤微生物群落的生长和土壤的整体吸附性能（卢焱焱，2015; Demisie，2014）。文曼和郑纪勇（2012）在陕西杨凌研究表明，土壤中添加生物炭能有效降低土壤干燥过程中的收缩程度，改善土壤结构，提高土壤持水性能。Gao 等（2012）在安徽东南部开展添加生物质竹炭研究表明，添加 0.5%、1.0%、2.5% 和 5.0% 生物质竹炭处理中土壤表面积分别从 30.65%、44.57%、63.74% 和 73.32% 下降到 25.4%、38.98%、57.35% 和 62.94%。郑聚锋（2019）研究表明，与对照相比，生物质炭添加显著促进大团聚体形成，而粉、黏粒组分的比例显著降低；生物质炭添加分别显著增加大、微团聚体有机碳含量 50.14% 和 41.89%。

生物质炭添加对土壤团聚体影响显著，通常生物质炭促进土壤矿物质颗粒团聚作用，尤其促进大团聚体的形成，增强团聚体的稳定性（董心亮和林启美，2018）；另外，团聚体会对生物质炭产生保护作用，使其不被土壤中的微生物分解，从而在土壤中长期固持（安艳，2016）。汪振国（2021）研究表明，枸杞林（*Lycium barbarum*）土壤中添加生物质炭可以有效提高土壤的团聚体稳定性，增加土壤大团聚体的比例；土壤中输入生物质炭后，<0.25mm 粒级较对照处理呈下降趋势，>0.25mm 粒级的土壤团聚体随生物质炭添加量的增加比对照处理显著提高。安艳（2016）开展苹果枝生物质炭添加试验表明，生物质炭添加减少黑垆土 5~8mm、<0.25mm 团聚体含量，增加 1~2mm、2~5mm 团聚体含量，其中 1~2mm 团聚体含量增加幅度最大，且与生物质炭添加量变化一致。朱孟涛（2019）研究表明，玉米秸秆生物质炭添加（15t·hm⁻²）导致土壤团聚体发生明显变

化，主要表现在粉、黏粒组分的减少和大团聚体组分的明显增加。李秋霞
（2015）在旱地红壤中添加生物质炭研究表明：>0.5mm 粒级的水稳性团聚
体含量均随生物质炭添加量的增加而增加，<0.25mm 的水稳性团聚体含量
降低；团聚体平均质量和几何直径随添加量增加，团聚体破坏率和土壤分
形维数呈相反趋势。代文才等（2016）在重庆市现代果树生态示范园的研
究表明，由于生物质炭具有偏碱性和疏松多孔的特征，使用生物质炭能提
高土壤大团聚体的数量和各粒级团聚体有机碳含量。

　　总之，生物质炭添加对土壤物理性质改良较显著，且不同的因子间相
互调节。孟李群（2014）开展生物质炭输入对杉木人工林生态系统的影响
研究，发现不同龄级杉木人工林添加生物质炭 1 年后土壤物理性质均得到
改善，土壤容重下降，土壤毛管孔隙度、非毛管孔隙度、总孔隙度增大，
土壤的自然含水量、最大含水量、田间持水量及毛管持水量增加。文曼和
郑纪勇（2012）推测生物质炭能影响土壤物理性质的原因可能是生物质炭
的孔隙结构具有很大的表面积，能增加土壤持水性、吸附土壤颗粒，特别
是小粒径的生物质炭能够与土壤颗粒形成一定的微小团粒结构，形成大量
细小的封闭孔隙，进而影响土壤团聚体和容重。但也有学者认为生物质炭
对土壤团聚体的分布影响并不显著，推测其作用效果会受到材料来源、土
壤类型和添加量等多种因素的影响（陈雪冬等，2022）。生物质炭影响土
壤团聚体的形成与土壤有机质含量、强大的离子交换力、表面的羟基和羧
基官能团等有很大关系，直接或间接影响土壤微生物活性、微生物代谢物
和植物根系活动（董心亮和林启美，2018）。生物质炭本身存在空间结构，
尤其是大规模添加生物质炭，存在着从纳米到厘米的尺寸转化，导致部分
小粒径生物质炭能够进入团聚体内部甚至结合到矿物结合态有机碳中；而
大粒径生物质炭游离在团聚体结构之外（Solomon et al., 2012；朱孟涛，
2019）。有研究表明生物质炭因吸附功能形成以生物质炭为"核心"、土壤
颗粒为"包衣"的大团聚体，说明生物质炭具有黏结剂作用，充分发挥其
巨大的比表面积和各类官能团的吸附性能，从而促使 <53μm 的粉、黏粒组
分重新组合成大团聚体（Gul et al., 2015）。

1.5　生物质炭添加对土壤化学性质的影响

　　土壤化学性质直接和间接影响土壤微生物活性、土壤养分固持和利用。

有研究报道土壤中添加生物质炭可以改变土壤化学性质，能改良因林木集约经营或撂荒经营导致的土壤板结、土壤酸化等质量下降或退化问题（方慧云，2019）。

1.5.1 生物质炭添加对土壤 pH 值的影响

目前，已普遍认为土壤中添加生物质炭可改变土壤重要的化学性质，例如 pH 值（引起增加或减少），增加离子交换吸附能力（CEC）和离子交换力，可能导致土壤有效养分增加；通常，添加生物质炭可增加植物大量元素，对微量元素有较小的作用。土壤中添加生物质炭可提高土壤 pH 值归因于以下几点：①生物质炭自身呈碱性特征（McElligott, 2011; Yuan et al., 2011）。生物质炭在热解过程中拥有丰富的碱性基团和碳酸盐矿物质，因此能中和土壤中的酸。②生物质炭离子交换特性（Yuan et al., 2011）。生物质炭表面的含氧官能团与土壤中交换的铝离子（Al^{3+}）相结合，土壤中交换性碱性阳离子增加，从而提高了土壤盐基饱和度。生物质炭多呈碱性（侯建伟等，2015），pH 值大部分在 8~13 范围内（张千丰和王光华，2012），施入土壤后必然会对土壤的酸碱性产生影响。有大量研究表明在土壤中添加生物质炭可以提高土壤 pH 值，且随着添加量的增加而增加。Gao 等（2012）研究表明，随着生物质炭和竹炭输入量的增加，土壤 pH 值明显增加，且生物质炭对 pH 值的作用明显比竹炭大。张雪红等（2022）研究表明，与对照相比，添加烟秆生物质炭后，土壤 pH 值显著提高了 12.98%。Hoshi（2001）在日本静冈辖区东部开展竹炭对茶树生长影响研究表明，竹炭易于保持适宜茶叶生长的土壤 pH 值。周加顺等（2020）研究表明，与对照相比，生物质炭显著增加土壤 pH 值 6.03%~17.19%。Noval 等（2009）在美国东南部海岸平原添加美洲山核桃生物质炭对土壤肥力和水分淋溶化学性质的影响研究表明，67 天 2 次淋溶后，土壤中添加生物质炭土壤 pH 值、土壤有机碳、Ca、K、Mn 和 P 增加，交换性酸、S、Zn 降低。赵牧秋等（2014）的研究均证明随着制备温度的升高，生物质炭施入土壤后（尤其是酸性土壤中），可以在短期内提高土壤的 pH 值，但是部分长期野外试验表明，生物质炭在 2 年后对土壤 pH 影响较小（Nelissen et al., 2015）。孟李群（2014）添加木炭和竹炭 1 年后，分析各林地土壤 pH 值，发现与对照组相比，杉木幼龄林、中龄林和成熟林林分下木炭处理、竹炭处理后 0~20cm 表层土壤 pH 值均得到提高，且各生物质炭处理之间 pH 值达到显著性差异。简秀梅等（2020）研究表明，添加 1%~5% 的高灰分稻壳炭和低灰分油茶壳炭，土壤 pH 值显著提高 43.52%。陶朋闯（2017）研究表明，生物质炭对土壤 pH 值的提升效果随添加年限逐渐减弱。

1.5.2 生物质炭添加对土壤离子交换的影响

土壤阳离子交换量（CEC）是指土壤胶体所能吸附各种阳离子的总量，直接反映了土壤的保肥、供肥性能和缓冲能力（葛顺峰等，2014）。一般来说，生物质炭的表面有大量负电荷，理论上能够与土壤中的正电荷结合，具有较大的阳离子交换量进而保持土壤中的养分，促进植物的生长（Lehmann，2007）。生物质炭的阳离子交换量可反映生物质炭表面负电荷数量（李莹，2018），与生物质炭原料、生物质炭表面含氧官能团、热解温度及土壤类型等有关（Gaskin et al.，2008; Yuan et al.，2011）。

研究表明，生物质炭添加对土壤离子交换量的影响与土壤质地有关。葛顺峰等（2014）研究表明，生物质炭添加使苹果园阳离子交换量增加 38.4%，说明生物质炭经过热解后其比表面积增大，显著增加了表面的含氧官能团，从而提高了阳离子交换能力。Laird 等（2010）发现土壤添加生物质炭后，离子交换量提高了 20%，且与添加量正相关。Cheng 等（2008）研究表明，橡树来源的生物质炭加入土壤 1 年后，离子交换量从 1.7mmol·kg^{-1} 增加到 71.0mmol·kg^{-1}，可能是因为生物质炭表面离子吸附有机酸。Glaser 等（2002）研究表明，生物质炭添加可提高土壤的阳离子交换量，且随着添加量的增加，提高量增大，最高可达 50%。Oguntunde 等（2004）在加纳开展生物质炭对玉米土壤化学性质和质地的野外研究表明，与相邻对照土壤相比，土壤交换钙（Ca）、镁（Mg）、钾（K）、钠（Na）和有效磷明显增加。然而，Schulz 和 Glaser（2012）的研究中将生物质炭添加到高有机质含量的土壤中并没有增加土壤离子交换量，推测其原因，可能有机质含量高的土壤本身已具有较高的离子交换量。Novak 等（2009）研究表明，土壤中加入花生壳生物质炭（炭化温度 700℃）对酸性土壤离子交换量没有显著影响。赵牧秋等（2014）研究证明，随着制备温度的升高，生物质炭的酸性官能团会减少，碱性官能团逐渐增加。

总之，生物质炭添加使土壤阳离子交换量增加，表明土壤对阳离子的吸附性能增强，进而提高了土壤的保肥能力；其使阳离子交换量增加的机制在于生物质炭吸收土壤有机质和其他物质，随着生物质炭吸附，电荷密度增加，并因此提高了土壤的离子交换量（Li et al., 2018）。另外，生物质炭添加至土壤后逐渐被氧化，其表面的芳香环被羧酸官能团所取代，使生物质炭表面负电荷增加，从而提高了土壤的阳离子交换量。

1.5.3 生物质炭添加对土壤养分的影响

氮是植物生长的必需元素，通常以有机态的形式存在，需要通过矿化作用转化为无机氮后才能被植物吸收利用。通常生物质炭添加到土壤后能够增强生物固氮能力。较多研究均表明，不同类型生物质炭对铵态氮（NH_4^+-N）和硝态氮（NO_3^--N）这两种氮素形态均有吸附作用。氮素经过固氮、氨化、水解等过程产生的铵态氮除了被植物吸收，挥发到大气中也是土壤氮的损失途径之一。大量研究表明生物质炭对氨挥发有抑制作用。Chen 等（2013）研究发现，添加生物质炭能明显减少土壤氨的挥发，且土壤氨的减排量与生物质炭的施用量成正比。Mandal 等（2016）研究发现，2 种生物质炭（家禽粪便、坚果壳）均显著减缓酸性土和碱性土的氨挥发；生物质炭能够通过调节硝化过程来避免氮素流失。在铵态氮含量高的土壤环境中，铵态氮会被快速硝化成为硝态氮（Gul and Whalen，2016）。生物质炭能通过吸附作用去除土壤中抑制剂，通过解除抑制作用而促进硝化作用（DeLuca et al., 2006; Mukherjee and Lal，2013），且通过限制土壤中部分硝酸盐转化为可溶性的亚硝酸盐，进而减少土壤中 N_2O 的排放。王翰琨等（2022）研究表明，添加生物质炭对各地区的土壤硝化均起促进作用。Prommer 等（2014）在欧洲野外土壤观测研究中同样发现生物质炭促进了土壤亚硝化细菌种群（细菌和古菌硝化细菌）和总硝化速率 2 倍以上。通常土壤硝化速率随施用量增加先增加后减小，所以添加生物质炭不宜过量。添加生物质炭还能改善土壤通气状况，通过降低厌氧程度来抑制反硝化作用，进而影响土壤有机碳矿化过程（Mukherjee and Lal, 2013）。还有研究表明（Lehmann et al., 2003），添加生物质炭对农田土壤氮素矿化作用影响较小。Ding 等（2010）根据土壤中添加生物质炭 70 天的观测研究表明，土壤表层增加 0.5% 竹炭阻止 NH_4^+-N 向深层垂直方向移动，0~20cm层土壤生物质炭处理中 NH_4^+-N 淋溶降低 15.2%。李莹（2018）研究表明，土壤中添加杉木生物质炭（1% 或 3%）未对 NH_4^+-N 和 NO_3^--N 含量产生显著的影响，但是生物质炭添加显著降低了 NO_3^--N 和净氮矿化率。刘远等

（2017）研究表明，小麦秆生物质炭添加（0.5%、1%、2%、4%）可显著提高土壤 NH_4^+-N、全氮、有效磷和有效钾含量。

磷作为植物生长要素，在土壤中多以难溶态存在，所以即使土壤中全磷含量较高，有效磷含量仍然不足。生物质炭的添加能降低土壤中固定的磷素，影响磷素形态，活化难溶态磷，提高磷素利用率。生物质炭能通过对土壤中磷素的吸附、解吸附及其循环、有效性产生影响。研究表明生物质炭对磷素的吸附能力随生物质炭原料、炭化温度、粒径、pH 等特性不同而不同。Yao 等（2012）通过比较 2 种生物质炭对砂土中可溶性磷的持留作用发现：花生壳生物质炭（peanut hull）使淋滤液中磷酸盐总量减少约 20.6%，而巴西胡椒木（Brazilian pepperwood）生物质炭添加使土柱中磷酸盐淋出量增加约 39.1%。郎印海等（2015）提出在一定温度范围内土壤对磷素的吸附能力与炭化温度及生物质炭添加量呈正相关。马锋锋等（2015）发现中性偏酸环境中 pH 值越高生物质炭对磷的吸附能力越强，pH 值 7~10 时作用相反，而 pH 大于 10 时磷素的吸附量又缓慢增长。然而代银分等（2016）发现碱性环境中生物质炭对磷素的吸附率与 pH 变化趋势相同。Mukherjee 等（2011）推测，生物质炭可通过静电吸引或配体结合的二价阳离子或其他金属的残余电荷吸附磷酸盐和硝酸盐。此外，生物质炭可以作为外源添加物提高土壤有效态磷素含量，也能够促进酸性土壤中外源磷的有效性（才吉卓玛，2013）。

简秀梅等（2020）研究表明，在酸性红壤中添加 1%~5% 的高灰分稻壳炭和低灰分油茶壳炭后，营养元素随高灰分稻壳炭添加量的增加而提高，10% 高灰分稻壳炭处理土壤的碱解氮、有效磷、有效钾含量分别显著增加 84.83%、70.47% 和 595.57%，低灰分油茶壳炭添加则对土壤碱解氮含量呈负效应，使其降低 14.65%~29.27%。张哲（2019）研究表明，生物质炭添加增加了土壤 pH、全氮，降低了土壤溶解有机氮、硝态氮和无机氮含量。周加顺等（2020）研究表明，与对照相比，添加 3% 的生物质炭可显著增加小白菜和大蒜生长季土壤全氮的 11.33% 和 23.09%；生物质炭添加能够显著增加土壤有效磷含量 18.77%~80.04% 和有效钾含量 80.19%~396.18%；生物质炭添加可显著增加土壤 pH 值 6.03%~17.19%。Noval 等（2009）在美国东南部海岸平原添加生物质炭的研究表明，生物质炭添加可明显增加一些重要的植物大量元素；提取的 Ca、K、P 含量随着生物质炭的增加而增加；提取的 S、Zn 含量随着生物质炭的增加而降低，而这个趋势仅在培养的 67

天明显。

生物质炭同样明显影响根系化学元素。生物质炭能够通过土壤环境的变化来促进根系生长，如 pH 值、养分和离子交换能力（Prendergast-Miller et al., 2014）。Xiang 等（2017）的 Meta 分析结果显示，添加生物质炭对根系氮浓度（+5.5%；95% 置信区间：−5.1%，+17%）无显著影响，但显著增加根系磷浓度（+22%；95% 置信区间：+14%，+30%）。张赛（2020）在研究中将添加生物质炭处理与常规对照组比较发现，可交换性 Al 离子含量显著下降。目前关于在有植物条件下研究生物质炭添加对土壤有机碳矿化的影响还不多见。冯雷（2021）通过 8 年的生物质炭定位实验结论得出，生物质炭能够促进土壤腐殖化进程，促进土壤碳矿化。而 Whitman 等（2014）研究表明，添加生物质炭会抑制有机碳矿化。

孟李群（2014）比较不同生物质炭处理对不同林龄杉木人工林土壤化学性质影响发现，生物质炭对各龄林表层土壤有机碳、全磷、全钾及有效养分的影响更显著。陈佳欣等（2022）研究表明，添加生物质炭后根际土壤有机质含量和土壤硝态氮含量均明显增加。李明等（2016）的研究发现，黄瓜结果期的根际土壤碱解氮、有效磷、有效钾、有机碳含量和全氮质量比对 $5\sim60\mathrm{t}\cdot\mathrm{hm}^{-2}$ 生物质炭添加的响应最为强烈；而结果盛期黄瓜根际土壤碱解氮、有效磷、有效钾质量比对 $20\sim60\mathrm{t}\cdot\mathrm{hm}^{-2}$ 生物质炭添加的响应最为强烈。王大庆等（2016）研究表明，添加生物质炭后根际土壤氮素转化率明显提高，大豆根际土壤的硝化作用在苗期、开花期和结果期均与对照组产生明显差异，因此得出，添加生物质炭可提高根际土壤铵态氮含量。生物质炭灰分中的矿质元素如 K、Na、Ca、Mg 等，多以氧化物、碳酸盐形式存在。生物质炭对土壤中养分的固持作用取决于生物质炭性质、添加量及土壤质地等因素。具高孔隙结构特性的生物质炭可以吸附土壤中的养分，减少土壤中营养元素的流失（Lehmann et al., 2003）。

1.6 生物质炭添加对土壤微生物活性的影响

土壤微生物是生态系统中最为活跃的部分，其对环境的变化极为敏感，因此微生物对于生物质炭的添加响应迅速（李莹，2018）。土壤中生物质炭输入可改变土壤 pH 值、土壤离子交换力和土壤有效态养分等，且这种效果直接为土壤微生物刺激产生。土壤中生物质炭输入不但可促进生物量残体中的营养循环，而且通过土壤物理化学参数改变而间接影响植物生长和菌根真菌数量。也有研究认为，由于生物质炭较大的比表面积增加了微生物的生长空间，同时为微生物提供入侵、生长和繁殖的栖息环境，从而减少了微生物间的生存竞争，保护了土壤有益微生物，特别是菌根真菌的繁殖和活动（Lehmann et al., 2011）。Liu 等（2022）研究表明，微生物对生物质炭自身易溶性碳的响应是对生物质炭芳香性顽固碳响应的 3.3 倍，说明微生物更喜欢利用生物质炭易溶性有机碳，而对惰性碳呈现持久利用策略。生物质炭与土壤微生物之间存在复杂的相互作用：一方面，生物质炭可通过改善土壤理化性质，间接增加微生物活性（Ameloot et al., 2013; Gul et al., 2015）；另一方面，生物质炭具有的易分解有机碳组分、良好的孔隙结构、较强的吸持养分和水分的能力，使生物质炭成为微生物优良的栖息地（Peake et al., 2014）。这些相互作用使得生物质炭添加后极有可能对土壤微生物生物量、微生物群落结构、酶活性等土壤微生物活性产生调控作用，导致微生物养分利用策略发生改变（Liu et al., 2022），从而影响微生物驱动的养分循环和养分形态转化过程，最终改变土壤肥力质量和功能（Luo et al., 2013）。

1.6.1 生物质炭添加对土壤微生物生物量的影响

通常，易分解有机碳含量较高的生物质炭对土壤微生物生物量的直接影响（微生物直接利用生物质炭含有的易分解有机碳和营养元素）和间接影响（生物质炭通过改变土壤性质间接影响微生物）均较大。易分解有机碳含量较高的生物质炭能在短期内有效增加微生物生物量；而易分解有机碳含量较低的生物质炭则主要通过间接作用影响微生物生物量，在短期内增加微生物生物量的效果不明显（Want et al., 2014；李飞跃等，2019；Domene et al., 2014）。若生物质炭能消减土壤障碍因子，提升地力，往往可增加微生物生物量（Mitchell et al., 2015）。生物质炭可增加革兰氏阳性细菌（gram positive bacteria, Gram+）、革兰氏阴性细菌（gram negative bacteria, Gram−）、真菌、放线菌（actinomycetes, ACT）的生物量。

不同微生物类群适宜生长的生境有所不同，在特定土壤环境中添加生物质炭往往优先增加某一类或几类微生物生物量（Steinbeiss et al., 2009；李明等，2015）。张哲（2019）研究表明，与对照相比，生物质炭添加降低了土壤微生物生物量 6.3%~7.9%。Warnock 等（2007）研究表明，土壤中输入生物质炭改变了有益或有害微生物数量。Steinbeiss 等（2009）在德国海尼希国家公园将用 ^{13}C 标记葡萄糖（0% N）和酵母（5% N）的两种来源的生物质炭输入土壤研究表明，酵母来源的生物质炭使土壤真菌数量增加，而葡萄糖来源的生物质炭则使革兰氏阴性细菌数量增加。Li 等（2011）对生物质竹炭修复功能的研究表明，添加生物质竹炭处理的细菌和真菌数目分别是对照处理的 1.1~17.2 倍和 3.4~46.1 倍，微生物数量的增加表明生物质炭添加可促进微生物生长和繁殖。Wardle 等（2008）对瑞士北方森林土壤腐殖质为期 10 年的分解研究表明，黑炭和腐殖质混合处理提高了土壤微生物活性和生物量。吕伟波（2012）研究表明，培养环境本身会改变土壤微生物群落结构，随着生物质炭输入浓度的增加，微生物群落结构出现了相应的改变。Steinbeiss 等（2009）对德国海尼希森林公园土壤中添加生物质炭研究表明，生物质炭输入提高了土壤肥力和增加农田产量，这种施肥的效果因土壤微生物刺激产生。匡崇婷（2011）对江西鹰潭红壤水稻土有机碳分解的影响研究表明，生物质炭添加显著提高了土壤微生物量碳，添加 0.5% 生物质炭处理的土壤微生物量碳、氮含量分别比对照高 111.5%~250.6% 和 11.6%~97.6%，添加 1.0% 生物质炭处理的土壤微生物量碳、氮含量分别比对照高 58.9%~243.6% 和 55.9%~110.4%。Mitchell 等（2015）对加拿大安大略省温带森林土壤中添加生物质炭对微生物群落结构影响的研究表明，在 $10t \cdot hm^{-2}$、$20t \cdot hm^{-2}$ 生物质炭添加处理中，在培养的前 16 周中磷酸脂肪酸中的革兰氏阳性细菌、革兰氏阴性细菌、放线菌含量较对照低，在 16~24 周，三种微生物含量逐渐增加，表明微生物逐渐适应改变的土壤环境。Wardle 等（2008）研究表明，生物质炭在进入土壤后吸附的土壤有机质为土壤微生物提供了必要的碳源，从而提高了细菌和真菌群落的微生物生物量和活性。李莹（2018）研究表明，添加杉木生物质炭后，3% 生物质炭添加处理的总微生物量较 1% 生物质炭添加处理和对照高。

1.6.2 生物质炭添加对微生物养分迁移的影响

关于生物质炭添加对土壤养分迁移的影响受土壤类型、生物质炭原材料、炭化温度、土壤养分条件影响的研究均有报道（Lehmann et al., 2011）。

生物质炭通过土壤微生物对土壤养分迁移产生影响。在森林土壤中，生物质炭因吸收酚醛和增加氨氧化菌而增强硝化作用，在农田和草地土壤中，生物质炭通过吸附易溶氮矿化而增加 N 固持（Warnock et al., 2007; Gao et al., 2019）。同时，植物生长吸收 N 和 P，如细根生长刺激有机 N 和

P 矿化酶产量增加，生物质炭输入后，土壤中碱性磷酸酶活性增加 615%，氨肽酶活性增加 15%（Hongyan，2010）。靳泽文（2019）研究表明，生物质炭添加可显著降低旱地红壤土壤硝酸盐的淋失，显著提高硝态氮水平和垂直运移速率。Zhang 等（2015）研究表明，不同炭化温度的生物质炭对土壤氮素的矿化能力不同，400℃和 600℃下制备的生物质炭可以有效吸附土壤中的铵态氮，显著降低土壤中无机氮的淋失。涂超（2020）研究表明，生物质炭添加可有效缓解土壤中氮、磷淋溶速率，均降低了土壤总磷、有效磷的累积淋溶量，且随添加量的增加，降低效果越显著。Makoto 等（2010）研究表明，落叶松（*Larix gmelinii*）枝、白桦（*Betula platyphylla*）枝和矮竹（*Shibataea chinensis*）在森林火中烧制的木炭不仅使根生物量明显增加（47%），而且使根数量增加（64%），生物质炭添加促进了根的生长和养分迁移。陶朋闯（2017）研究也表明，生物质炭添加量 <30t·hm^{-2} 时，可增加土壤硝态氮的水平运移速率和运移浓度，当生物质炭的添加量 >30t·hm^{-2} 时，随着生物质炭添加量的增加，硝态氮的水平运移速率和运移浓度呈降低趋势。Marks 等（2016）研究表明，松树枝生物质炭通过表面羧基官能团吸附显著降低土壤氮素的硝化作用，提高氮素在土壤中的滞留，可能是因为生物质炭表面的羧基官能团与营养元素存在耦合作用（Glaser et al., 2002; Lu et al., 2015）。

总之，生物质炭输入对土壤微生物数量和群落结构的调节作用显著，土壤微生物随着生物质炭输入的养分和比表面积的增加快速繁殖，间接影响土壤物理化学性质发生改变，这可能因为土壤有效养分（从土壤样品和植物组织中测定）和菌根真菌均增加。生物质炭对土壤养分迁移的影响机制主要为：一方面，生物质炭可作为一种缓慢释放养分元素的载体，另一方面，生物质炭添加后显著影响土壤吸附性能（Lehmann et al., 2006; El-Naggar et al., 2020）。

1.6.3 生物质炭添加对土壤微生物量碳的影响

生物质炭虽然含有大量惰性物质，但其比表面积大、多孔性和吸附可溶性营养物质的能力可以为微生物的生存和繁殖提供场所和能源物质（简秀梅，2020）。简秀梅等（2020）研究发现，土壤微生物量碳含量和微生物活性均随高灰分稻壳炭和低灰分油茶壳炭添加量的增加呈先升高后降低的趋势，5% 低灰分油茶壳炭处理土壤微生物生物量碳含量较对照组增长

11 倍，5% 高灰分稻壳炭处理使微生物活性增加 60.5%。张哲（2019）研究表明，水稻秸秆和小麦秸秆生物质炭添加均显著增加了土壤微生物量碳含量，但仅小麦秸秆生物质炭添加显著降低了土壤微生物量氮含量。黄凯平（2021）研究表明，与对照相比，生物质炭添加增加了毛竹林土壤微生物量碳 5.59%。张雪红等（2022）研究表明，在盆栽土壤中添加烟秆生物质炭对土壤微生物量碳影响不显著。孙娇等（2021）在土壤中添加玉米秸秆生物质炭，发现土壤微生物量碳随生物质炭添加量的增加显著降低，与对照相比，添加低剂量生物质炭（3.4t·hm^{-2}）土壤微生物量碳增加39.3%。卢焱焱（2015）在红壤中添加小麦秸秆生物质炭研究表明，低生物质炭添加（10t·hm^{-2}）对微生物生物量碳有刺激作用，而高生物质炭添加（>30t·hm^{-2}）对其有抑制作用。黄剑（2012）研究发现，生物质炭能显著提高土壤微生物量碳水平，且二者成正比。此外，生物质炭也能在一定程度提高土壤微生物量氮水平。与之相反，Dempster 等（2012）研究结果表明，生物质炭降低了土壤微生物量碳含量。

1.6.4 生物质炭添加对土壤微生物群落结构的影响

研究表明，生物质炭的添加可能会改变土壤微生物群落组成，影响土壤微生物呼吸速率（Yao et al., 2012）。生物质炭对土壤微生物类群的影响与土壤环境条件有关，各研究结论不一致。有研究表明土壤中添加生物质炭后细菌群落结构的变化较真菌明显，生物质炭可降低真菌与细菌生物量比值（Steinbeiss et al., 2009）。李莹（2018）研究表明，单独添加杉木生物质炭（1% 或 3%）后第 30 天，革兰氏阳性细菌和放线菌的比例显著增加，第60 天革兰氏阳性细菌和真菌的比例显著降低，90 天后 1% 或 3% 的生物质炭均显著增加了真菌、革兰氏阳性细菌和革兰氏阴性细菌的比例，但降低了细菌的比例。原因在于：①生物质炭调节土壤 pH 值向更有利于细菌生长的环境转变（Ameloot et al., 2013; Elzobair et al., 2016）。②相对于细菌，真菌更难以在生物质炭繁殖（Warnock et al., 2007; Fierer et al., 2009）。对于养分贫瘠的土壤，相对于革兰氏阴性菌，生物质炭促进革兰氏阳性菌生长的效果更好。原因在于：生物质炭中细菌可利用的易分解有机碳含量相对较少，无法满足革兰氏阴性菌生长所需，来源于生物质炭的有机碳优先被革兰氏阳性菌利用（Farrell et al., 2013）。生物质炭对微生物群落结构的影响还与时间尺度有关。有学者认为微生物需要时间适应生物质炭（尤其是易分解有机碳含量较低的生物质炭）添加后变化的土壤环境（Mitchell et al., 2015）。添加生物质炭后较短时间内，革兰氏阳性细菌和革兰氏阴性细菌、真菌、放线菌生物量均低于对照；而在后期添加生物质炭较对照增加了这些微生物类群的生物量（Mitchell et al., 2015; Frostegård et al., 1996）。随着生物质炭在土壤中老化，生物质炭 pH 下降，从而逐渐成为有利于真菌生长的环境（Muhammad et al., 2014）。此外，微生物群落结构对生物质炭的响应具有"浓度依赖型"特征，即随生物质炭添加量的增加，土壤微生物群落结构与对照的差异越明显（Gomez et al., 2014）。

此外，李明等（2015）研究发现随着生物质炭热解温度的升高，对土壤微生物群落结构的影响增强。添加生物质炭可以提高微生物碳源利用能力（高文翠等，2020）。生物质炭添加后，会提高土壤 pH 值，提高土壤微生物群落的呼吸代谢速率。高含量可溶性碳、氮的生物质炭会提高土壤养分有效性，从而增强土壤微生物的呼吸作用（Gui et al., 2018），增强微生物的代谢功能。微生物代谢功能的强弱与生物质炭自身性质相关（Purakayastha et al., 2015）。高温热解的生物质中易矿化碳含量较少。生物质炭中含有的易矿化碳组分容易被微生物吸收利用，含量越高，微生物代谢作用越强，释放的 CO_2 越多，微生物呼吸速率越强（Saifullah et al., 2018）。Zhang 等（2015）研究发现，同一材料制备的生物质炭热解温度较低时，微生物呼吸产生的 CO_2 累积量明显增多，这表明此时的微生物代谢功能较强。生物质炭多孔隙结构可以储存微生物所需养分，有助于增强土壤微生物生长代谢能力。

1.6.5 生物质炭添加对土壤微生物多样性的影响

研究表明，生物质炭添加对土壤微生物多样性影响明显。简秀梅等（2020）研究表明，土壤微生物群落数量随高灰分稻壳炭和低灰分油茶壳炭剂量的增加呈现先增大、后减小的趋势；5% 高灰分稻壳炭处理下细菌、真菌、放线菌数量分别增加 1040.05%、715.00% 和 713.59%，5% 低灰分油茶壳炭处理下真菌数量显著增加 1265.00%。张红雪等（2022）用盆栽法在土壤中添加烟秆生物质炭研究表明，生物质炭添加提高了土壤绿弯菌门相对丰度 16.79%，但显著降低了土壤细菌 α、β 多样性。张哲（2019）研究表明，生物质炭 + 有机肥堆肥处理显著降低了旱地红壤丛枝菌根真菌和真菌的相对丰度（$p<0.05$），显著提高了土壤革兰氏阳性菌与革兰氏阴性菌

的相对丰度（$p<0.05$）。其中水稻秸秆生物质炭＋有机堆肥处理显著降低了旱地红壤真核微生物的相对丰度（$p<0.05$），玉米秸秆生物质炭＋有机堆肥处理和小麦秸秆生物质炭＋有机堆肥处理显著提升了土壤放线菌的相对丰度（$p<0.05$）。刘远等（2017）研究表明，小麦秆生物质炭添加（0.5%、1%、2%和4%）与对照相比氨氧化细菌（AOB）基因丰度显著提高29.1%、57.8%、48.7%和90.2%，对氨氧化古菌（AOA）没有显著影响。O'Neill（2010）在亚马孙热带雨林流域富碳土壤微生物群落研究发现，与相邻的土壤相比，富碳土壤中细菌数量和土壤微生物多样性显著增加。朱孟涛（2019）研究表明，生物质炭添加改变了土壤的微生物多样性，与对照相比，细菌和真菌的OUT数目分别显著升高12.39%和27.605，Chao1指数分别升高13.89%和15.47%，香农指数分别升高2.84%和12.32%。王丽等（2022）研究表明，小麦秸秆生物质炭（350℃）添加对细菌丰富度和多样性无显著影响，但降低了真菌Chao1、Ace指数，培养118天时，生物质炭添加提高了放线菌门的相对丰度，降低了子囊菌门的相对丰度。

1.6.6　生物质炭添加对土壤酶活性的影响

微生物是土壤不可缺少的活性构成，参与土壤物质转化的过程，对外界环境的变化极为敏感。因此土壤微生物对生物质炭添加的响应比其他物质更为迅速。土壤酶参与催化土壤中所有的生物化学过程，是土壤生态系统物质循环的关键因子。生物质炭对土壤微生物的影响是复杂的、多面的，作用机理目前尚不明了。生物质炭添加后为土壤微生物提供有机质，同时改善了土壤环境，从而影响土壤微生物的生长及酶的合成和分泌，改变了酶的活性，最终影响土壤养分循环（李莹，2018）。许多科学研究已经证实，生物质炭能提高土壤微生物量，能影响土壤微生物群落结构，能增加土壤酶活性（Ameloot et al., 2013; Lehmann et al., 2011）。

添加生物质炭可以提高土壤酶活性，但对土壤酶活性的影响程度与生物质炭的性质相关（Khadem, 2017）。添加生物质炭影响土壤养分有效性以及土壤微生物对土壤养分的需求，从而进一步影响土壤酶活性（卢伟伟等，2020）。Bailey等（2011）曾提出通过添加生物质炭影响土壤养分有效性，从而增加土壤中与氮、磷循环相关的土壤酶活性。生物质炭的吸附作用会导致土壤酶活性受到影响（袁琴琴，2016），但对胞外酶和胞内酶的影响不同。有研究发现，添加生物质炭会使土壤脱氢酶（胞内酶）显著变化，而 β- 葡萄糖苷酶（BG）（胞外酶）无显著变化（Ameloot et al.，2013）。黄凯平（2021）研究表明：与对照相比，生物质炭添加处理降低了毛竹林土壤蔗糖酶和 β- 葡萄糖苷酶活性，降幅分别为 9.46% 和 12.27%。李莹（2018）研究表明，杉木生物质炭添加处理培养 30 天和 60 天，均降低 β- 葡糖苷酶、土壤脱氢酶和脲酶活性，且随着生物质炭添加量的增加而降低。王丽等（2022）研究表明，小麦秸秆生物质炭（350℃）添加处理提高了土壤 β-1, 4- 葡萄糖苷酶活性，生物质炭配施木灰较对照降低 38.4%，蔗糖酶活性提高 61.4%。Chen 等（2017）在土壤中添加 3 种颗粒大小（<0.05mm、0.05~1.0mm、1.0~2.0mm）生物质炭，并分别以 0%、3% 和 9%（w/w）添加量添加到毛竹林土壤中，研究发现，<0.05mm 生物质炭添加处理微生物总生物量（total PLFAs, TPs）较 0.05~1.0mm、1.0~2.0mm 处理分别高 60.28% 和 88.94%。

不同材料制备的生物质炭对土壤酶活性影响不同。部分研究表明，水稻土中添加小麦秸秆生物质炭可以提高土壤脱氢酶的活性，而添加竹炭则会降低土壤脱氢酶的活性（Chen et al., 2016）。玉米秸秆炭和小麦秸秆炭都会降低微生物活性，而水稻秸秆炭却可以提高土壤微生物活性（Purakayastha et al., 2015）。350℃ 热解温度制备的生物质炭添加处理提高了土壤脱氢酶活性，而 700℃ 热解温度制备的生物质炭添加处理却降低了土壤脱氢酶活性（Ameloot et al., 2013）。热解温度也可影响土壤酶活性。高温热解制备的生物质炭比低温热解制备的生物质炭对土壤 C 转化相关酶活性影响程度高（卢伟伟等，2020）。侯建伟等（2020）研究发现，生物质炭添加会显著提高土壤磷酸酶活性。冯爱青等（2015）通过小麦盆栽试验发现，生物质炭可以显著提高土壤脱氢酶活性，但抑制磷酸酶活性。陈心想等（2014）以小麦、玉米轮作作为研究对象进行试验，发现生物质炭可以显著提高玉米收获后的磷酸酶活性。添加适量的生物质炭可以提高土壤磷酸酶活性，过多或过少都会抑制土壤磷酸酶活性（顾美英等，2016）。卢伟伟等（2020）通过研究生物质炭对杨树人工林土壤酶活性的影响发现，添加生物质炭会影响 β- 葡萄糖苷酶（β-glucosidase, BG）、纤维二糖水解酶（cellobiohydrolase, CB）等土壤酶活性。在酸性红壤茶园土壤中添加生物质炭后，土壤 β- 葡萄糖苷酶活性增强（郑慧芬等，2019）。在杉木人工林土壤中添加生物质炭后，土壤 α- 葡萄糖苷酶、β- 葡萄糖苷酶活性均有所提高（胡华英等，2019）。吴涛等（2017）通过黑麦草盆栽试验对太湖地区农田土壤施用生物质炭进行研究，发现添加生物质炭可以提高 β-葡萄糖苷酶、纤维二糖水解酶、β-木糖苷酶、β-N-乙酰氨基葡萄糖苷酶（β-N-acetylglucosaminidase, NAG）以及磷酸酶的活性。张哲（2019）研究表明，生物质炭添加显著提高了土壤过氧化氢酶和脱氢酶活性，与对照相比，分别提高了 15.7%~25.8% 和 12.7%~34.7%，其中小麦秸秆生物质炭处理对于土壤过氧化氢酶活性的提高最多，玉米秸秆生物质炭处理对于土壤脱氢酶的活性提高最多。包骏瑶等（2018）通过盆栽试验研究不同农林废弃物生物质炭的改良效应，发现添加生物质炭可以提高土壤纤维二糖水解酶、脱氢酶、β-葡萄糖苷酶以及磷酸酶活性，但其具体效果根据生物质炭原料而异。张哲（2019）研究表明，玉米秸秆生物质炭和小麦秸秆生物质炭添加处理显著提高了脲酶活性，但两者无显著差异；水稻秸秆生物质炭显著提高了土壤蔗糖酶活性，较对照提高了 6.1%，而玉米秸秆生物质炭和小麦秸秆生物质炭对于蔗糖酶的影响不明显。有研究发现，添加生物质炭通过影响土壤理化性质，直接或间接地影响土壤微生物群落结构，导致土壤微生物量碳氮含量发生变化，引起土壤酶生态化学计量改变（王国兵等，2019）。使用老化生物质炭和新鲜生物质炭产生的影响也不一致，但目前对土壤微生物和酶活性的作用机制存在研究盲区，因此，学者们应针对生物质炭固碳减排的效果开展长期定位观察。

生物质炭对土壤中酶活性的影响是高度可变的，生物质炭与目标底物之间产生的不同反应或许是造成这些变化的原因（Bailey et al., 2011; Jeffery et al., 2015）。生物质炭对土壤酶活性的影响主要集中在对各类酶的影响和对土壤酶活性机理的影响。生物质炭的添加虽然提高了 N、P 等元素的土壤酶活性，但会降低参与土壤中碳矿化等生态学过程的土壤酶活性（Lehmann, 2007）。姬强等（2019）研究表明，生物质炭通过增加 >0.25mm 大颗粒团聚体的形成及土壤转化酶的活性来优化土壤结构并促进植物生长。陆人方等（2020）研究表明，生物质炭添加对土壤水解酶活性、土壤氧化还原酶的影响效果显著，高量生物质炭（20t·hm^{-2}）能明显增加马尾松土壤多酚氧化酶（polyphenol oxidase, PPO）活性；能明显降低马尾松和杉木过氧化酶活性。此外，土壤酶活性和土壤微生物繁殖均与生物质炭的孔隙和表面积密切相关。

总之，生物质炭加入土壤后对土壤微生物的影响是一个非常复杂的过程，不同类型的微生物生态位不同，生物质炭改良后的土壤可促进部分微生物繁殖但也对部分微生物繁殖起到抑制作用，即导致土壤中不同类型微生物活性有不同的响应。生物质炭对土壤酶影响的复杂性是由其吸附性引起，一方面，生物质炭因为其吸附性促进了酶促反应，提高了土壤酶活性；另一方面，生物质炭的吸附性对酶促反应结合位点起保护作用，从而对酶促反应进行抑制（Verheijen et al., 2014）。

1.7 生物质炭—根系互作对土壤碳循环的影响

土壤微生物通过分解土壤中活性有机碳来维持自身代谢过程是有机碳的矿化，矿化后的可溶性有机碳被植物吸收利用并促进土壤碳循环（Weng et al., 2015）。土壤有机碳的循环与微生物活性、土壤有机质自身的稳定性和有机质的生物有效性密切相关。生物质炭添加至土壤后，可提高土壤肥力，促进植物根系生长，但关于生物质炭—根系互作对土壤碳循环的影响有不同的观点。

1.7.1 生物质炭—根系互作对土壤碳吸存的影响

土壤有机碳是土壤重要的养分资源，对土壤生态功能的维持起到重要作用（Archontoulis et al., 2016）。由于生物质炭较高的碳含量，通过生物质炭—土壤—根系相互作用可提高土壤有机碳含量。生物质炭添加可提高土壤有机碳吸存（Woldetsadik et al., 2018）。Steinbeiss 等（2009）在耕地和林地土壤中添加生物质炭处理的研究表明，土壤有机碳含量分别比对照提高 27% 和 23%；Gao 等（2012）开展土壤中添加槲栎（*Quercus aliena*）炭和竹炭（0.5%、1.0% 和 2.5% 和 5.0%，*w/w*）的研究表明，两种添加处理土壤有机质分别增加 1.7%~3.9%、2.2%~4.2%，且添加槲栎炭和竹炭相同剂量没有明显不同。孙娇等（2021）研究表明，与对照相比，土壤中添加玉米秸秆生物质炭（$3.4t \cdot hm^{-2}$ 和 $6.8t \cdot hm^{-2}$）显著增加土壤有机碳含量（7.7% 和 7.3%），且与添加剂量呈正比。章明奎等（2012）通过 2 年室内盆栽试验研究表明，添加生物质炭可明显提高土壤有机碳的积累，增加土壤有机碳的氧化稳定性。按照目前的生物质竹炭生产工艺，有 24%~30% 的碳被保持在生物质竹炭中（钟哲科等，2009）。Zhang 等（2015）研究表明，与对照相比，添加高生物质炭处理（$9.0t \cdot hm^{-2} \cdot a^{-1}$）下 ≥5mm 和 2~5mm 团聚体中有机碳含量在 0~10cm 和 10~20cm 土壤层中分别增加 13.1% 和 19.5%，20.5% 和 3.9%。

Amendola 等（2017）研究表明，生物质炭—根系互作可明显增加土壤有机碳含量 20.7%，并促进大团聚体（>2mm）比例增加（2.4%）。尹显宝（2017）研究表明，生物质炭添加可显著提高土壤有机碳含量，当施加量为 24t·hm^{-2} 时，有机碳含量最高；与对照相比，生物质炭添加 12t·hm^{-2} 和 24t·hm^{-2} 时，土壤有机碳含量分别增加 0.66t·hm^{-2} 和 0.74t·hm^{-2}。周加顺等（2020）研究表明，1%、2% 和 3% 的生物质炭添加较对照显著提高小白菜和大蒜土壤有机碳含量 23.86%~93.54%。

生物质炭—根系互作提高土壤有机碳储存的潜在机制如下（Lehmann et al., 2011; Zhang et al., 2015; Du et al., 2017；李莹，2018）：①生物质炭自身的孔隙结构吸附土壤有机质，避免土壤有机碳被土壤微生物分解。②生物质炭—根系互作促进土壤有机质与无机矿物结合，从而形成更稳定的复合体和大土壤团聚体将土壤有机质封存，从而形成物理保护机制。③生物质炭中的有毒物质（如多环芳香物质、酚类、呋喃等）抑制土壤微生物繁殖和土壤酶活性，从而减缓土壤有机质的矿化。④生物质炭自身的养分为微生物提供底物，促进土壤微生物繁殖。⑤生物质炭添加至土壤后，物理风化作用会使生物质炭破碎成细小的颗粒，提高其向土壤迁移的可分解组分的比例，从而提高土壤中有机碳的含量。总之，低温炭化生物质炭（250℃）较高温热解生物质炭（600℃）能高效地增加土壤有机碳含量，可能因为生物质炭中对土壤有机碳提高作用的成分是在低温下生产（Singh et al., 2012）；高温热解的生物质炭含有大量顽固碳，从而导致生物质炭更加稳定，相反，低温热解生物质炭其易分解态碳含量较高，易于被土壤微生物利用，从而促进土壤有机碳含量提高（Dong et al., 2018）。

1.7.2　生物质炭—根系互作对土壤碳组分的影响

土壤有机碳库主要由活性有机碳库与非活性有机碳库组成，活性有机碳库组分在森林土壤有机碳库所占比例较小，但对外源碳库添加等干扰导致的环境变化较为敏感，是预测土壤有机碳库稳定的重要指标（刘效东等，2011）。活性有机碳库通常易分解，易被微生物利用，但易受外界环境变化、人类活动等因素影响。生物质炭与土壤颗粒形成有机无机复合体，并提高微生物可利用的养分含量（安艳，2016）。

大量研究表明，土壤有机碳的含量及其活性有机碳组分受到生物质炭添加的显著影响。章明奎等（2012）研究表明，生物质炭添加影响土壤有机质活性，有机碳组分发生显著变化，易氧化有机碳在总有机碳中的比例较对照明显降低，使土壤有机碳的氧化稳定性在一定程度上有所提高。付琳琳等（2013）在水稻田中加入小麦秸秆生物质炭（10t·hm^{-2}、20t·hm^{-2}、40t·hm^{-2}），3年后研究发现，生物质炭添加显著提高土壤有机碳储量9.15%~15.49%，长期稳定提高土壤有机碳含量12.75%~23.36%、易氧化有机碳12.60%~28.00%、颗粒态有机碳10.88%~34.00%、微生物量碳7.97%~12.35%。王战磊等（2014）在板栗（*Castanea mollissima*）人工林中添加生物质炭（5t·hm^{-2}）研究表明，与对照相比，生物质炭处理显著增加土壤微生物量碳12.4%，对土壤水溶性碳没有显著影响。王佳盟（2020）研究表明，添加玉米秸秆生物质炭（450℃，15t·hm^{-2}）与对照相比，土壤易氧化有机碳含量在0~40cm显著降低9.8%~44.9%，土壤微生物量碳显著增加14.9%~50.1%，土壤可溶性有机碳显著提高49.3%~79.9%。安艳（2016）研究表明，生物质炭添加显著增加土壤可溶性有机碳、微生物量碳和易氧化有机碳含量（$p<0.05$），且各活性碳组分含量均随着生物质炭添加量的增加而增加；生物质炭添加后0~10cm土壤3种活性碳组分的增幅均大于10~20cm土层。

总之，生物质炭添加农林土壤中，不但可以改变土壤活性有机碳库，而且能够促进表层碳向下层土壤发生一定程度的迁移。因此，生物质炭添加可能会对深层土壤有机碳库产生影响。目前，生物质炭添加对0~20cm土壤活性有机碳库研究较多，但对深层有机碳库的影响研究相对较少。

1.7.3 生物质炭—根系互作对土壤碳稳定性的影响

土壤有机碳的固定和稳定性受土壤物理、化学和生物等多种因素共同作用；其中矿物对有机碳的化学固定和团聚体对有机碳的物理隔离是有机碳稳定的基础（Jones et al., 2012）。关于生物质炭添加对不同质地土壤有机碳稳定性与循环的影响已开展相关研究。土壤中添加生物质炭对土壤碳循环产生影响，一方面生物质炭作为高碳的稳定性物质，进入土壤后直接补充了土壤碳循环所需的有机碳源；另一方面，生物质炭在进入土壤后可能会影响土壤微生物数量和活性，从而影响土壤有机质的分解，并影响土壤碳的稳定性。李莹（2018）研究表明，杉木材质生物质炭的添加降低了土壤有机碳和凋落物的矿化累积量，降低了土壤有机碳的矿化，增加了土壤有机碳含量及其稳定性；生物质炭对土壤可溶性有机碳的吸附是降低土壤有机碳矿化、增加土壤碳稳定性的重要原因（朱孟涛，2019）。潘少彤（2019）研究表明，生物质炭添加随时间的延长其稳定性增加，即生物质炭矿化率随时间延长而降低，添加时间越短对土壤有机质的激发速率越快。Demisie 等（2014）向黏壤土中添加竹子和橡木生物质炭（600℃），培养 372 天后发现，两种生物质炭分布于各粒级团聚体中并且提升了团聚体有机碳含量。

生物质炭添加可增加土壤碳稳定性的主要原因如下：①生物质炭自身的稳定性提高了土壤碳的稳定性；②生物质炭对土壤可溶性有机碳的吸附使土壤微生物群落结构发生变化以提高土壤碳的利用效率；③生物质炭对可溶性有机碳的选择性吸附性提高了土壤有机碳的稳定性。此外，生物质炭添加后土壤物理结构的改变影响生物质炭在土壤中的矿化分解过程，通常大团聚体间的土壤孔隙大小与底物矿化量呈负相关，而小团聚体间的孔隙大小与生物质炭矿化量呈正相关（潘少彤，2019）。

1.8　生物质炭—根系互作对土壤温室气体排放的影响

人类活动导致的温室气体排放是引发全球气候变暖的主要原因，减排增汇是应对气候变化的最有效途径。生物质炭能有效改善土壤环境，提高土壤肥力，还具有固存 CO_2 的能力，减少土壤中 CO_2 的排放，增加土壤碳固持作用。在众多的固碳减排方法中，将农林废弃物等绿色材料高温裂解成生物质炭后添加于土壤，被认为是目前减少温室气体排放的有效途径。Woolf 等（2010）研究表明，添加生物质炭至土壤是降低大气 CO_2 浓度的可靠方法之一，稳定的生物质炭通过促进土壤水分和养分固持作用而增加土壤碳吸存；添加生物质炭 100 年后减缓排放的温室气体为 43~94Pg，相当于减少化石燃料消耗 18~39Pg。Clough 和 Condron（2010）研究表明，土壤中添加生物质炭比其他形式有机质更稳定，在碳吸存方面尤其明显，因为生物质炭在提高土壤质量和降低环境污染方面有较大潜力，生物质炭已被认为是大气 CO_2 的重要储库（Forbes et al., 2006）。随着生物质炭在土壤中应用研究的深入，发现生物质炭在稳定土壤有机碳库、增加土壤碳库容量、保留土壤养分、改善土壤质地、维持土壤生态系统平衡等方面有重要意义（Lal et al., 2007）；稳定的生物质炭通过激发效应改变土壤团聚体结构、水分吸附、养分固持和微生物活性而促进原位土壤有机碳循环，对缓解大气碳排放和增大土壤碳库具有较大潜力（Lal et al., 2007）。

目前，生物质炭相关研究大多集中在农业生态系统领域（Taghizadeh-Toosi et al., 2012），涵盖提高土壤肥力（Chan et al., 2007）、改良土壤性质（Glaser et al., 2002）、促进土壤团聚体形成（Zhang et al., 2015）、增加土壤养分（Noval et al., 2009; Spokas et al., 2012）、调控土壤微生物活性（Ameloot et al., 2014）及缓解气候变化（Chan et al., 2007; Saarnio et al., 2013）等相关研究，但有关生物质炭输入后的变化、稳定机理及生物质炭—土壤相互作用机制等研究较少（Sohi et al., 2009），尚缺少完整性、深入性研究（Sohi et al., 2010），尤其是森林生态系统中生物质炭输入和土壤的相互作用的研究工作亟待深入（Steinbeiss et al., 2009），以揭示生物质炭—土壤相互作用的激发效应机制，为生态系统长期碳吸存的潜在贡献研究奠定基础，为应对气候变化提供有效途径和科学依据。

1.8.1　生物质炭—根系互作对土壤 CO_2 气体排放的影响

人类活动所排放的 CO_2 占温室气体总排放量的 78.0%；CO_2 是大气中最重要的温室气体，CO_2 能在大气中滞留 5~200 年，对全球温室效应的贡献约为 50%~60%。土壤激发效应是指由各种有机质添加等处理引起的土壤有机质周转强烈的短期改变（Kuzyakov et al., 2000; Prendergast-Miller et al., 2011）；然而，土壤中添加生物质炭后激发原位土壤碳排放增加（Zimmerman et al., 2011; Luo et al., 2011）或降低（Ameloot et al., 2014）的效应均有报道，其激发效应的持久性、大小、方向和机制尚不清楚。研究表明，土壤碳矿化正或负激发效应大小随土壤和生物质炭类型而变化（Zimmerman et al., 2011; Davidson et al., 1998），通常，添加低温（250~400℃）和草本生物质炭后土壤碳矿化比预期大（正激发效应），尤其在培养的初期阶段（培养前 90 天）；相反，添加高温（525~650℃）和硬木生物质炭后土壤碳矿化比预期小（负激发效应），尤其在培养的后期阶段（250~500 天）。Lu 等（2014）研究表明，土壤中添加生物质炭处理降低土壤 CO_2 排放的 64.9%~68.8%，说明生物质炭抑制原位土壤有机碳排放，是一种负激发效应。Luo 等（2011）研究也表明，生物质炭对原位土壤碳矿化的最大激发效应在培养初期，在培养的第 87 天，生物质炭（350℃）在低和高 pH 值土壤中的激发效应分别是 250μg CO_2-C g^{-1} 和 319μg CO_2-C g^{-1}。姚怡先（2021）通过整合分析 634 个生物质炭添加研究表明，单独添加生物质炭可

增加土壤 CO_2 排放，增幅为 10.1%，是一种正的激发效应，且土壤 CO_2 累计排放随着生物质炭裂解温度的升高而增大；生物质炭和氮肥配施土壤，可使 CO_2 排放量增加 18.0%。

谢国雄和章明奎（2014）用室内培养法研究生物质炭输入对红壤有机碳矿化效应表明，在土壤有机质含量中等的土壤中，添加生物质炭可促进土壤有机碳矿化；而对于有机质含量特别低或较高的土壤，添加生物质炭降低了其有机碳的矿化。罗来聪等（2022）研究表明，与对照相比，油茶凋落叶和油茶壳生物质炭添加处理下，土壤 CO_2 排放速率分别增加 38.82% 和 85.70%。匡崇婷（2011）在江西鹰潭对红壤水稻土有机碳分解的研究表明，添加生物质炭降低了土壤有机碳矿化速率和累计矿化量，培养结束时对照处理中有机碳累计矿化量分别比添加 0.5% 和 1.0% 生物质炭的处理高 10.0% 和 10.8%。Hilscher 等（2009）研究表明，土壤中添加黑麦草生物质炭处理比欧洲赤松生物质炭处理有机碳矿化率高。Zhao 等（2015）研究表明，添加生物质炭可增加土壤碳矿化率、土壤微生物量碳。Cross 和 Sohi（2011）研究则表明，添加生物质炭处理的碳矿化率高，因为生物质炭没有激发天然有机质的分解。Steinbeiss 等（2009）和 Smith 等（2010）研究表明，生物质炭添加处理下土壤 CO_2 增加，且随着生物质炭添加量的增加而增加。Kimetu 和 Lehmann（2010）在加拿大的研究表明，生物质炭在土壤中很稳定，与对照相比，添加生物质炭处理下土壤 CO_2-C 损失率降低27%。李亚森等（2019）则发现，长期添加低剂量和中剂量生物质炭可显著降低土壤异养呼吸速率和自养呼吸速率，添加大剂量生物质炭可显著增加土壤异养呼吸速率。Major 等（2011）在美国华盛顿的研究表明，添加生物质炭处理的土壤呼吸速率较对照增加了 25%，且第一年增加量（40%）较第二年（6%）高。Jones 等（2011）研究表明，土壤中添加生物质炭可明显增加土壤呼吸速率，添加生物质炭的土壤 CO_2 输出量是对照的 2.5 倍。

符云鹏等（2002）研究发现，农田中添加生物质炭短期内可增加土壤呼吸温度敏感性（Q_{10}），长期则降低 Q_{10}，添加生物质炭刺激土壤微生物活化，加速土壤呼吸速率，Q_{10} 随底物增加而增加。Wardle 等（2008）对瑞士北方森林火烧黑炭土壤呼吸研究表明，黑炭和腐殖质混合添加处理下的土壤呼吸速率比腐殖质单施时低。张哲（2019）研究表明，生物质炭添加显著降低了土壤温室气体排放，与对照相比，水稻、玉米和小麦秸秆生物质炭添加处理下，土壤累计碳排放通量降低 12.6%~27.3%。葛晓改等

（2017）通过试验研究了添加生物质炭对土壤呼吸的影响，结果表明，低含量生物质炭（5t·hm^{-2}）处理使土壤 CO_2 排放降低 7.98%~35.09%，随着生物质炭添加量的增加（10t·hm^{-2} 和 20t·hm^{-2}），土壤 CO_2 排放的降幅逐渐减小。王战磊等（2014）在板栗人工林中添加生物质竹炭（5t·hm^{-2}）研究表明，与对照相比，生物质炭处理土壤呼吸温度敏感系数 Q_{10} 显著高于对照，但生物质炭添加对其土壤呼吸速率和土壤 CO_2 年累积排放量没有显著影响。因此，生物质炭中短期矿化确实可改变土壤碳的保存机制。

生物质炭已被认为是大气 CO_2 的重要储库之一，生物质炭输入土壤后可促进土壤腐殖质的形成，使土壤容重增大，比表面积增大，有助于土壤有机质的积累；提高了土壤养分，促进了碳酸盐的形成，增加了结合矿物质所需的元素，从而减缓了有机质的分解。然而，生物质炭对土壤短期碳循环的量化和碳库动态的长期影响仍需深入研究。

1.8.2　生物质炭—根系互作对土壤 CH_4 和 N_2O 气体排放的影响

N_2O 约占温室气体排放量的 7.9%，属于主要的温室气体之一。虽然 N_2O 的含量在大气中比 CO_2 低很多，属于痕量气体，但 N_2O 的增温潜势远高于 CO_2，大约是后者的 298 倍（IPCC, 2019）。CH_4 作为第二大温室气体，其增温潜势约为 CO_2 的 25 倍（姚怡先，2021）。

生物质炭添加对 CH_4 排放的影响存在不确定性。肖永恒（2016）研究表明，在经营强度比较高的板栗人工林中添加生物质炭明显增加土壤 CH_4 的排放，且与添加剂量无关。生物质炭添加增加土壤 CH_4 排放可能是生物质炭添加引起土壤 pH 值增加，这有利于产甲烷菌的生长；另外，生物质炭添加降低了土壤容重，增加了土壤孔隙度，有利于 CH_4 氧化和土壤细菌的吸收活动（Li et al., 2018）。Ji 等（2018）整合分析研究表明，水稻和旱地土壤中生物质炭添加显著降低了 CH_4 的排放。Yu 等（2013）在森林土壤中添加生物质炭（10%，w/w）培育 84 天研究结果表明，生物质炭添加明显降低土壤 CH_4 的排放，随着培养时间延长先降低后增加，且与土壤水分含量相关。张哲（2019）研究表明，生物质炭添加显著降低土壤温室气体排放，与对照相比，水稻、玉米和小麦秸秆生物质炭添加下土壤 CH_4 累计碳排放通量降低 34.8%~78.8%。姚怡先（2021）通过整合分析 634 个生物质炭添加试验表明，单独添加生物质炭对土壤 CH_4 通量均无显著影响。生物质炭添加降低 CH_4 排放可能是因为生物质炭较大的表面积吸附 CH_4，也可能因为生物质炭添加增加了土壤孔隙度和土壤通气性，有利于好氧环境的形成，增加了甲烷氧化菌的比例（Song et al., 2016）。不同的土壤质地对 CH_4 排放影响不同，有研究发现砂土和壤土中添加生物质炭通常降低 CH_4 的排放，而黏土中生物质炭添加则增加 CH_4 排放；这可能与生物质炭中的一些有机质含量有关，可直接为产甲烷菌提供底物，提高产甲烷菌的活性，促进了土壤 CH_4 排放（Ji et al., 2018）。

生物质炭添加对 N_2O 排放的影响显著，与生物质炭类型、土壤性质和试验条件有关。张哲（2019）研究表明，生物质炭添加显著降低土壤温室气体排放，与对照相比，水稻、玉米和小麦秸秆生物质炭添加处理土壤 N_2O 累计排放量降低 51.4%~59.8%。周蓉（2021）用稻壳生物质炭添加雷竹林土壤研究表明，低浓度生物质炭（10t·hm^{-2}）处理对土壤 N_2O 累计排放无显著差异，添加高浓度生物质炭（30t·hm^{-2}）处理显著降低了土壤 N_2O 累计排放量。Cayuela 等（2014）通过整合分析表明，生物质炭添加显著降低土壤 N_2O 排放的 54.0%。罗来聪等（2022）研究表明，与对照相比，油茶（*Camellia oleifera*）凋落物叶和油茶壳生物质炭处理后，土壤 N_2O 排放速率分别减少了 42.71% 和 7.66%。姚怡先（2021）通过整合分析 634 个生物质炭添加研究表明，单独添加生物质炭处理土壤 N_2O 排放减少 14.7%，生物质炭和氮肥配施土壤 N_2O 排放量增加 148.0%。朱丛飞（2019）研究表明，生物质炭配施氮肥降低樟树（*Cinnamomum camphora*）幼苗土壤 N_2O 排放的 5.51%~15.81%。生物质炭添加降低土壤 N_2O 累计排放量，可能因为生物质炭添加使土壤保水性增强，较高的土壤含水量吸收土壤中的 N_2O，或者生物质炭添加后增加土壤通气性，为好氧微生物提供了适宜的生产和繁殖环境，从而降低了土壤 N_2O 排放（周蓉，2021）。整体上，生物质炭添加到 pH>5 的土壤中减排效果显著，而在旱地土壤中，生物质炭添加通常会促进 N_2O 排放；N_2O 的排放主要取决于土壤中硝化和反硝化过程主导类型。

1.9 生物质炭配施氮肥对植物生长、土壤碳循环及养分利用的影响

生物质炭作为土壤改良剂和固碳剂，对其改善农林土壤质量、提高土壤有机碳含量、影响土壤有机碳组分变化和土壤养分等方面的研究很多。

但生物质炭本身矿质含量较低，对植物的生长影响有限，因此，在农林产业应用中常将生物质炭和氮肥配施达到促生和增产的目的。

有研究表明生物质炭和氮肥配施可提高植物的氮素利用率，同时促进植物生长，增加产量，可能原因是生物质炭对氮素的吸附作用减少了氮素流失，达到缓释肥的目的。南学军（2017）研究表明，生物质炭配施氮肥（100kg·hm^{-2}）显著提高小麦叶片产量 14.81%，茎秆产量 58.91%，籽粒产量 55.26%。李秋霞（2015）研究表明，生物质炭与氮肥配施后红薯产量随生物质炭或氮肥添加量的增加而增加。王欢欢等（2017）在烤烟土壤中氮肥减少 40% 并添加生物质炭（2.4t·hm^{-2}）后研究表明，与常规施肥相比，生物质炭配施氮肥增加净光合速率 77.32%，叶面积系数增加 23.48%，生物质炭配施氮肥通过改善根系发育改善叶片光合生理特性及叶片发育。朱丛飞（2019）用盆栽法研究表明，生物质炭配施氮肥增加樟树叶面积、茎生物量（+28.32%）、地上生物量（+32.32%）、总生物量（+32.36%），对叶生物量、株高、地径影响不显著。Yang 等（2021）研究表明，生物质炭和氮肥配施一年后，与对照相比，茶叶（*Camellia sinensis*）产量和芽密度分别增加 39.3% 和 0.7%。Schulz 等（2013）研究表明，生物质炭与氮肥配施明显促进燕麦（*Avena sativa*）高度生长，生物质炭对砂土中植物生长的贡献大于壤土中植物。Shi 等（2020）研究表明，生物质炭与氮肥配施可增加玉米茎生长的 14%。总之，生物质炭和氮肥配施有延长肥效的作用，尤其冬季添加生物质炭可以提高氮素的存留时间并增强植物的氮素吸收效率。

生物质炭配施氮肥对土壤理化性状影响显著。靳泽文（2019）研究表明，生物质炭与氮肥配施显著降低土壤容重，提高土壤饱和导水率、饱和含水量、田间持水量和有效含水量等；生物质炭和氮肥配施 4 年后，显著提高了 0~15cm 土层 >2mm 干筛团聚体及 2~1mm 和 1~0.5mm 水稳性团聚体所占比例，<0.25mm 微团聚体所占比例随生物质炭添加量的增加而逐渐下降；生物质炭配施氮肥显著减低旱地红壤土壤酸度；但生物质炭的有效性会随着添加时间的延长逐渐降低，配施第一年土壤 pH 值增加了 11.3%。张志龙（2020）研究表明，生物质炭与化肥配施可以减缓土壤酸化，降低土壤电导率。

生物质炭配施氮肥对土壤有机碳含量影响显著。李秋霞（2015）研究表明，生物质炭与氮肥配施 3 年后，土壤 0~15cm 土壤有机碳随生物质炭添加量的增加而增加，对 15~30cm 土壤有机碳则影响较小。李越等（2022）研究表明，与对照处理相比，有机肥配施生物质炭处理、新鲜有机肥配施生物质炭处理分别提高根际土壤有机质含量 25.4% 和 84.9%。靳泽文（2019）研究表明，生物质炭配施氮肥提高了土壤有机碳含量且与添加量呈正比。张红雪等（2022）用盆栽试验添加烟秆生物质炭研究表明，烟秆生物质炭与化肥配施处理下，土壤有机碳和易氧化有机碳含量显著增加，但可溶性有机碳含量显著降低，对颗粒有机碳和微生物量碳影响不显著。陶朋闯（2017）研究表明，生物质炭配施氮肥处理显著增加土壤有机碳（38.12%~75.59%）、微生物量碳（21.47%~54.70%）。姚怡先（2021）研究表明，生物质炭配施氮肥处理下，土壤总有机碳含量显著低于单独生物质炭添加处理，对微生物生物量碳的影响二者没有显著差异。生物质炭配施氮肥可提高土壤有机碳组分，可能是因为化肥的施用促进植物根系和微生物的活性（张红雪等，2022），一方面提升土壤有机碳含量，另一方面提高土壤酶活性及细菌分解有机质的能力，释放出更多的易氧化有机碳。

生物质炭配施氮肥对土壤养分含量影响显著。李越等（2022）研究表明，与对照处理相比，生物质炭配施有机肥处理、生物质炭配施新鲜有机肥处理分别显著提高根际土壤全氮含量 25.4% 和 50.9%。陶朋闯（2017）研究表明，生物质炭配施氮肥显著增加全氮（4.55%~20.43%）、硝态氮（30.48%~34.35%）、铵态氮（12.13%~1846%）和有效磷（24.27%~53.0%）、微生物量氮（63.39%~78.07%）。李秋霞（2015）研究表明，生物质炭与氮肥配施三年后，土壤 0~15cm 全氮、硝态氮、铵态氮含量均随生物质炭添加量的增加而增加，而 15~30cm 土壤全氮、硝态氮、铵态氮含量则变化较小。靳泽文（2019）研究表明，生物质炭配施氮肥可提高土壤有效磷、全氮、铵态氮、硝态氮在内的养分含量，且与添加量呈正比。张志龙（2020）研究表明，与常规氮肥相比，生物质炭配施氮肥处理下，氮、磷和钾肥利用率分别提高 80.33%~337.44%、92.08%~177.94% 和 22.01%~120.69%。卢焱焱（2015）在红壤中开展生物质炭配施氮肥研究表明，生物质炭和氮肥配施显著影响矿质氮和有效磷，且其交互作用对矿质氮影响显著；与对照相比，二者配施提高了可溶性矿质氮含量，降低了有效磷含量。南学军（2017）研究表明，生物质炭配施 100kg·hm^{-2} 氮肥处理可显著提高土壤全氮、全磷和有效养分，说明生物质炭配施氮肥措施更能够有效培育土壤肥力，进而促进土壤碳氮磷的存储。李秋霞（2015）的旱地红壤改良研究表明，生物质炭与氮肥配施 3 年后，全氮含量均随生物质炭添加量的增加而增加，对团聚体中铵态氮分布的影响较硝态氮小。葛顺峰等（2014）研究表明，生物质炭和氮肥配施通过提高对氮的吸附增加土壤对氮的固定，提高液相铵态氮含量并抑制氮肥的气态损失，提高氮肥的利用率。生物质炭与氮肥配施提高氮素有效性的原因是增强了土壤阳离子吸附，促进了硝态氮转化、有机质积累和微生物活性等（靳泽文，2019）。张志龙（2020）研究表明，生物质炭与氮肥配施显著增加了氮、磷、钾肥利用率，且分别达到 31.08%、7.63% 和 45.46%。

生物质炭配施氮肥对土壤微生物活性影响显著。姚怡先（2021）研究表明，与生物质炭（550℃炭化）单独添加相比，低生物质炭与氮肥配施降低了真菌生物量（-14.6%），高生物质炭与氮肥配施增加了真菌生物量（+4.2%）。卢焱焱（2015）研究表明，低生物质炭与氮肥配施显著增加 L-亮氨酸氨肽酶和 β-N-乙酰—氨基葡萄糖胺糖苷酶活性，高生物质炭与氮肥配施则显著抑制 L-亮氨酸氨肽酶、β-葡萄糖苷酶、β-N-乙酰—氨基葡萄糖胺糖苷酶、磷酸酶活性。姚怡先（2021）研究表明，与生物质炭单独添加相比，生物质炭与氮肥配施促进 β-葡萄糖苷酶和 N-乙酰-β-D-氨基葡萄糖苷酶活性。沈芳芳等（2021）研究表明，与单施肥相比，生物质炭配施有机肥降低了土壤总微生物量含量（-16.89%）、真菌生物量（-38.17%），增加了细菌生物量（+5.18%）、香农维纳多样性指数（+0.38%）和土壤细菌压力指数（+11%）。

生物质炭和氮肥配施，一方面，改善了土壤物理性状，提高了土壤的阳离子吸附性能；另一方面，生物质炭自身碳源促进微生物活性，过量而不能被根系吸收的氮素可被同化到微生物体内转化为较稳定的有机氮，从而降低氮的气态和深层淋溶损失（Glaser et al., 2002）。

1.10 生物质炭输入对土壤碳激发效应的可能机制

研究表明，生物质炭输入对土壤 CO_2 排放存在正激发、负激发、无显著影响三种不同的效应，这表明土壤 CO_2 排放对生物质炭输入可能存在多种截然不同的响应机制。

生物质炭输入后土壤碳排放正激发效应的可能机制：①生物质炭自身的可溶组分与微生物共代谢（Luo et al., 2011）；②生物质炭输入增加土壤氮或者其他养分的供应（Edward et al., 2013）；③生物质炭较大的孔隙为微生物提供栖息地（Lehmann et al., 2011）。Cross 和 Sohi（2011）研究表明，添加生物质炭后原位土壤碳矿化率增加，这可能是因为微生物快速利用生物质炭中的易溶碳，生物质炭添加并没有激发原位土壤有机碳含量的降低。Zhao 等（2015）研究表明，生物质炭中的有效 C（如易挥发物、溶解有机碳和碳酸盐）在酸性土壤中很快转化成 CO_2。也有研究表明，土壤有机碳和生物质炭相互作用增加了土壤碳矿化率，可能是生物质炭与微生物共代谢的结果，说明微生物生物量和胞外酶活性增加有助于土壤有机碳与微生物的相互作用（Luo et al., 2011）。因此，生物质炭输入后土壤 CO_2 排放增加可能导致（Ameloot et al., 2013）：①原位土壤有机碳库的激发效应；②生物质炭直接或间接刺激土壤生物致使生物质炭自身组分的生物降解；③非生物质炭的非生物释放。

生物质炭输入后土壤碳排放的负激发效应是由微生物活性的降低而引起，因为生物质炭巨大的表面积吸附了有机养分和有机质（Luo et al., 2011）。另外，生物质炭引起土壤团聚体形态和周围环境的变化，且生物质炭表面增加了土壤微生物的栖息地，致使土壤中微生物数量和活性变化而间接影响土壤有机碳分解。Lu 等（2014）在中国北方平原添加生物质炭培养试验研究表明，与对照相比，添加生物质炭处理培养 720h 明显降低土壤非溶解碳含量，主要是通过生物质炭吸收非溶解有机碳。Ameloot 等（2013）研究发现，土壤中输入生物质炭后，生物质炭中的挥发性物质含量与短期 CO_2 排放量呈正相关；微生物利用生物质炭中的易溶部分作为能量来源（Cross and Sohi, 2011）；也可能增加了原位土壤有机质的稳定性，即生物质炭表层活跃的物质吸附土壤有机质的易溶组分或生物质炭孔隙的物理运输使矿化率降低（Cross and Sohi, 2011）。因此，生物质炭引起原位土壤负激发效应可能因为：①生物质炭诱发有机物的相互作用使土壤有机碳更加稳定（Singh and Cowie, 2014）；②生物质炭表面吸附了土壤易溶有机碳，生物质炭中易挥发有机复合物抑制了土壤微生物的活性（Zimmerman et al., 2011; Mitchell et al., 2015）。

总之，从长期角度来看，生物质炭—土壤相互作用将通过生物质炭吸存有机质和物理保护提高土壤碳库（Cross and Sohi, 2011）。生物质炭添加后可能提高碳矿化率和土壤微生物量，表明外加养分增加了土壤微生物量及其活性，尤其是生物质炭添加后短期的养分固持作用（Zhao et al.,

2015）；对短期研究而言，有必要确定生物质炭物理性质（如孔隙度和最大表面积）是否有益于土壤微生物。

1.11　生物质炭添加生态效应研究及展望

越来越多的研究表明，生物质炭分解缓慢，长期固存在土壤中，通过参与生态系统中碳素的生物化学循环，增加土壤碳储量，提高土壤肥力，改善土壤质地，对应对气候变化及维护生态系统平衡有重要意义，在环境科学、土壤学和农业生产等领域均有广阔的应用前景，但目前很多研究工作尚不完善且亟须深入开展，主要包括以下几个方面：

（1）生物质炭输入后与土壤微生物群落、植物的相互作用机理研究。生物质炭的物理、生物和化学过程可能在微生物群落与共生植物的相互作用中发挥作用，有助于提高植物养分利用效率，但相互作用机制目前仍不清楚（Downie，2011）。生物质炭的高稳定性及其对土壤有机质的积累和对土壤微生物活性的提高，这种明显矛盾需要解决。日本和德国的研究显示：生物质炭输入后微生物活性和土壤有机碳含量及其相互作用变复杂；未来研究有必要确定这些复杂过程在什么情况下发生（Lehmann et al.，2011）。此外，新生物质炭的离子交换能力不高，生物质炭存留在土壤中数百年后离子交换能力则极大提高；因此，需要进一步研究提高新生物质炭离子交换能力的机制。

（2）生物质炭与土壤长期相互作用的研究很有必要。目前，多数土壤中输入生物质炭的研究采用短期（数周）实验室培养法，与真实土壤环境有所差异，生物质炭的稳定性及其与土壤微生物的相互作用研究时间较短，可能会高估生物质炭对土壤微生物活性的影响（Sagrilo，2014）；而野外试验环境较复杂（如受到人为干扰、干湿交替等影响），野外条件下生物质炭中易溶碳复合物在数天或数月中矿化。另外，随时间的延长生物质炭自身的 pH 值、离子交换力、表面积:氧化碳发生改变，这些因素则进一步影响生物质炭输入后原位土壤的微生物群落结构（Ameloot et al.，2014）。

（3）生物质炭输入土壤剂量研究的必要性。由于生物质炭含有丰富的多环芳香烃，生物质炭输入是否对土壤生态系统产生负面影响有待研究（匡崇婷，2011）。例如土壤能承受多少生物质炭？在生物质炭输入量较大的土壤中发现，土壤能承受的生物质炭量为土壤有机碳的 35%（Skjemstad et al., 2002），大多数逐渐增加土壤中生物质炭输入量的研究结果显示，农作物产量随生物质炭输入量的增加而增加，高达 140t C hm^{-2}（Lemus and Lai, 2005）。也有些实验证明高浓度的生物质炭抑制生物量的增加，例如菜豆（*Phaseolus vulgaris*）在生物质炭浓度为 60t C ha^{-1} 时抑制产量增加（Rondon et al., 2007）。

（4）系统长期评估生物质炭输入对土壤环境的影响研究。生物质炭输入是否使土壤有效养分含量增加存在不确定性，如多数研究表明生物质炭输入的土壤中氮、磷和金属离子含量增加，但也有研究证明生物质炭输入使土壤有效性养分含量降低，尤其是有效氮；生物质炭自身养分对土壤微生物（包括菌根真菌）繁殖和植物根系生长调节存在不确定性（Lehmann et al., 2011）。

总之，在森林或农业土壤中添加生物质炭可改善土壤，增加微生物活性等，同时可能降低土壤有效氮含量（通过氨化和硝化作用），减缓土壤碳循环（Downie, 2011），且不同土壤类型对试验结果造成的差异尚无法评估，添加生物质炭是否对土壤生态系统产生负面影响及其风险预测、评估有待研究。因此，开展不同土壤类型生物质炭输入的长期定位试验很有必要，可为生物质炭在土壤环境方面的推广利用奠定基础。

第2章

生物质炭添加对毛竹幼苗
生理生态的影响

生物质炭是植物生物质在完全或部分缺氧条件下热解产生的一种高度芳香化难熔性固态物质，碳含量在 60%~85% 之间（Lehmann, 2007）。使用生物质炭的土壤改良剂已被证明会影响土壤的物理性质，如质地、孔隙结构、孔径分布和有效水量（Amendola et al., 2017; Herath, 2013; Kinney et al., 2012）。有综述研究表明，生物质炭添加显著改善了土壤物理性质，土壤容重平均降低了 7.6%，孔隙率平均提高了 8.4%，团聚体稳定性平均提高了 8.2%，饱和水电导率平均提高了 25.2%，有效持水能力（AWC）平均提高了 15.1%（Oduor et al., 2016）。此外，最近的研究强调了生物质炭在减轻土壤重金属污染方面的重要作用（Turan, 2022; Turan, 2021）。

除了土壤的物理性质外，生物质炭还可以促进土壤肥力，改善并影响植物生长（Cayuela et al., 2014）。稳定同位素氮标记试验表明，29%~45%的生物质炭中的氮被纳入土壤（Taghizadeh-Toosi, 2012）。最近有研究表明，生物质炭还可以通过减少 NO_2 排放来控制氮循环并保持土壤养分（Bai et al., 2015）。Clough 和 Condron（2010）研究表明，在土壤中添加生物质炭可以改变氮的迁移过程，包括土壤氮的转化、流失和淋溶，为植物提供更高的养分利用效率。此外，生物质炭还可以帮助植物应对干旱胁迫；例如，Abbas 等（2018）发现添加 3.0% 和 5.0%（w/w）的生物质炭能显著降低 45 天龄小麦植株的干旱胁迫水平（Ding et al., 2016）。Ding 等（2016）认为，生物质炭中的纤维素可能控制盐胁迫下的钠、钾吸收，从而促进植物生长。此外，生物质炭还能改变土壤酶活性，促进植物发育（Turan，2022）。例如，Turan（2020）发现，开心果壳生物质炭和磷酸二钙的组合具有改善土壤酶活性、植物营养品质和抗氧化防御系统的潜力。

虽然许多研究表明生物质炭可以改善土壤，但其影响机制仍处于推测和探索阶段（Turan，2022；Turan，2020）。有研究表明，生物质炭减少了硝酸盐淋溶，增加了土壤含水量，但没有提高作物产量（Haider et al.，2017）。此外，在不添加肥料的情况下添加生物质炭会降低作物产量（Tammeorg et al.，2014）。生物质炭对土壤—植物系统的影响结果不尽相同，因此，需要更多的研究来预测生物质炭在全球范围内使用的效果和可能性，并深入了解生物质炭对土壤性质变化或植物生长过程的影响（Abbas et al.，2014）。然而，大多数关于生物质炭的研究集中在农业领域，只有少数报道集中在林业领域，这严重制约了生物质炭的推广利用（Ge et al.，2020）。

2.1 研究区域和概况

研究地点为浙江省富阳区庙山坞自然保护区的毛竹林（119.95°E，29.48°N）。该地区海拔130m，属典型的亚热带季风气候，年平均气温16.1℃，年平均降雨量1441.9mm，降雨主要发生在4~9月。

土壤是从庙山坞自然保护区0~15cm土层中采集的。在空气中干燥后，用2mm的网筛筛分土壤，以去除可见的石头和树根。根据前人描述的方法（Turan，2020），对初始化学性质进行了分析，具体结果如下：土壤有机碳（SOC）$18.70 \pm 2.63 \mathrm{g} \cdot \mathrm{kg}^{-1}$，土壤总氮（TN）$0.91 \pm 0.12 \mathrm{g} \cdot \mathrm{kg}^{-1}$，土壤总钾（TK）$11.2 \pm 0.08 \mathrm{g} \cdot \mathrm{kg}^{-1}$，土壤总磷（TP）$0.27 \pm 0.02 \mathrm{g} \cdot \mathrm{kg}^{-1}$，土壤pH值$4.80 \pm 0.23$。使用高度（$38.35 \pm 1.02 \mathrm{cm}$）和基部直径（$2.77 \pm 0.58 \mathrm{mm}$）相对均匀的毛竹实生苗作为试验材料。

生物质炭的理化性质主要取决于制备材料。在本研究中，毛竹枝被用作制备生物质炭的原材料。通常，毛竹枝被认为是废弃物，被直接烧掉后会造成环境和社会问题，如空气污染和火灾。本试验中的生物质炭是在耀世生物质炭工业公司（中国浙江临安）500℃下炭化毛竹枝3小时得到，初始理化性质如下：pH值9.02，总氮$7.9 \mathrm{g} \cdot \mathrm{kg}^{-1}$，总磷$1.2 \mathrm{g} \cdot \mathrm{kg}^{-1}$，总钾$7.8 \mathrm{g} \cdot \mathrm{kg}^{-1}$，土壤有机碳$785.2 \mathrm{g} \cdot \mathrm{kg}^{-1}$，灰分含量17.4%。

2.2 试验设计与测定

2.2.1 试验设计

根据 Tammeorg 等（2014）的方法和当地毛竹施肥水平，采用 2 种氮添加比处理 [0%NH$_4$NO$_3$ 和 1.28%NH$_4$NO$_3$（w/w）] 和 3 种生物质炭添加比处理 [0% 生物质炭、0.64% 生物质炭和 1.28% 生物质炭（w/w）]。总体而言，本研究共设 6 个处理，每个处理 6 个重复（组）：①不加生物质炭，不加氮（CK）；②低生物质炭，不加氮（T1，0.64%BC+0%NH$_4$NO$_3$）；③高生物质炭，不加氮（T2，1.28%BC+0%NH$_4$NO$_3$）；④不加生物质炭，加氮（T3，0%BC+1.28%NH$_4$NO$_3$）；⑤低生物质炭，加氮（T4，0.64%BC+1.28% NH$_4$NO$_3$）；⑥高生物质炭，加氮（T5，1.28%BC+1.28%NH$_4$NO$_3$）。按上述 6 个处理的比例，在每个花盆中填入 6kg 配制好的土壤或土壤混合物。每盆毛竹按土壤最大持水量的 65% 进行管理（称重法）。2018 年 3 月，将毛竹幼苗种植在 25cm×30cm 的塑料容器中（容量约为 10L）。为避免降雨对土壤含水量的影响，试验在日光和通风的温室中进行，不被淋雨。所有其他物理条件尽可能保持一致，以确保样品的可比性。

2.2.2 样品采集和测定

2018 年 11 月，每个处理收获了 4 棵长势一致的毛竹苗。将所有毛竹苗的叶、枝分离后装袋并标记，带回实验室，于 10.5℃下杀青 30min，然后于 70℃烘干至恒重后称重。

每盆根际土壤采用抖根法收集。具体是：用小铲子将植物移出，并轻轻抖动根部以分离附着的土壤。然后将土壤样品通过 2mm 网筛，并在 4℃下保存以进行土壤分析。

采用元素分析仪（CHN-O-RAPID，德国）直接测定毛竹幼苗叶片和枝条中的总氮含量；采用土壤：去离子水（1:2.5，w/v）测定土壤 pH 值。土壤有机碳采用重铬酸钾（K$_2$Cr$_2$O$_7$）加热氧化法测定，土壤总磷采用钼酸铵比色法测定。新鲜土壤（20g）在 105℃下烘干 24h 后称重计算土壤含水量（Ge et al., 2020）。

测定与土壤碳氮循环有关的土壤酶活性。土壤蔗糖酶活性采用 3,5-二硝基水杨酸比色法测定，以 1g 风干土壤在 24h 后水解产生的葡萄糖质量（mg）表示；土壤纤维素酶的活性采用硝基水杨酸比色法测定，以 10g 土壤在 72h 后产生的葡萄糖质量（mg）表示；土壤脲酶活性采用苯酚钠—次氯酸钠比色法测定，用 24h 后 1g 土壤中 NH_3-N 的质量（mg）表示；土壤过氧化物酶（peroxidase, PER）和多酚氧化酶活性用比色法测定，用 2h 后 1g 土壤中紫色没食子酸的质量（mg）表示（Ma et al., 2019）。

2.2.3　数据分析

采用单因素方差分析（ANOVA）比较不同处理对毛竹幼苗器官生物量、养分含量和土壤特征的影响。采用 SPSS 23.0（IBM, USA）进行分析，所有统计检验的显著性水平均为 $p \leqslant 0.05$。利用相关分析拟合土壤养分与生物量之间的关系。采用 SPSS 25.0 软件（SPSS Inc., USA）Amos 模块对毛竹林土壤养分和叶、枝生物量进行结构方程模型分析。

2.3　研究结果

2.3.1　生物质炭添加对毛竹幼苗生物量的影响

与 CK 相比，添加生物质炭（T1 和 T2）对毛竹幼苗叶和枝生物量无显著影响（$p > 0.05$），而添加氮处理（T3、T4 和 T5）显著提高了毛竹幼苗叶和枝生物量（$p < 0.05$）。与单施氮肥（T3）相比，生物质炭和氮肥配施（T4 和 T5）提高了两组毛竹幼苗叶和枝生物量（图 2-1）。

2.3.2　生物质炭添加对毛竹幼苗组织碳、氮含量的影响

毛竹幼苗叶片的总碳含量在 T5 处理中最高（49.55%），其他处理的总碳含量为 45.27%~47.33%；毛竹幼苗枝条的总碳含量在 T2 处理中最低（44.63%），其他处理的总碳含量为 47.27%~49.1%（图 2-2）。

与 CK 相比，添加生物质炭（T1 和 T2）对毛竹幼苗叶片和枝条的总氮含量无显著影响（$p > 0.05$），而添加氮（T3、T4 和 T5）显著提高了毛竹幼苗叶片和枝条的总氮含量（$p < 0.05$）。与单施氮肥（T3）相比，生物质炭和氮肥配施（T4 和 T5）提高了毛竹幼苗叶片和枝条的总氮含量（图 2-2）。

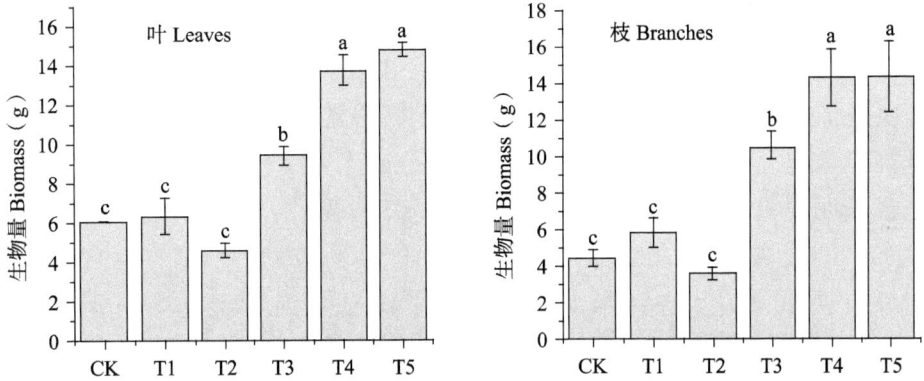

图 2-1 生物质炭添加对毛竹幼苗生物量及组分的影响

Fig. 2-1 Effects of different treatments on leaf and branch biomass of
Phyllostachys edulis seedlings under biochar

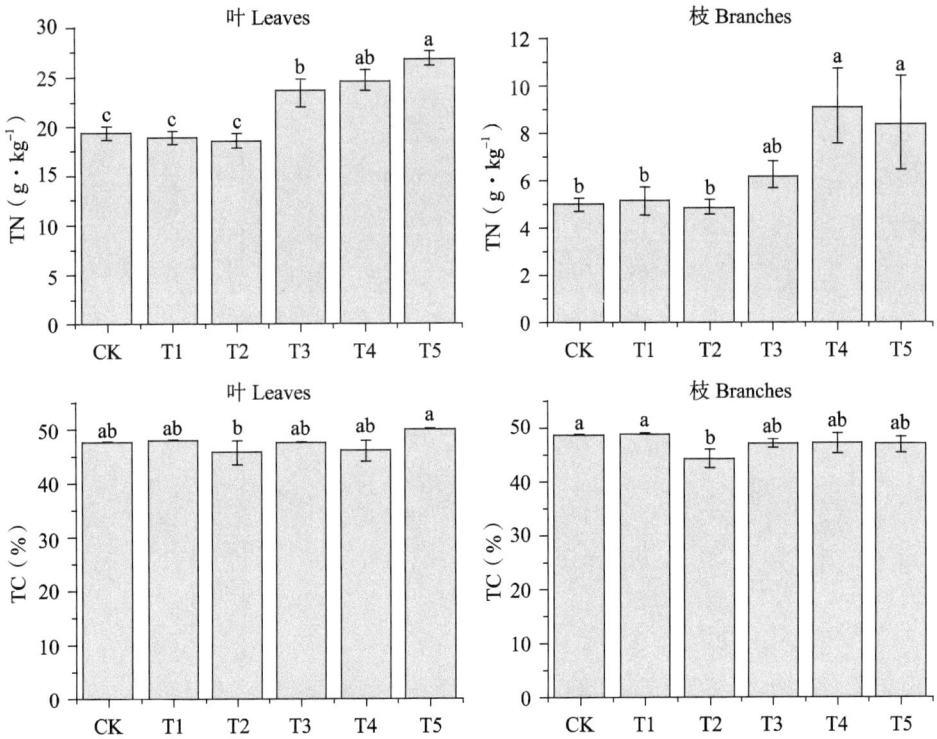

图 2-2 生物质炭添加处理对毛竹林总碳和总氮含量的影响

Fig. 2-2 Effects of different biochar addition on total nitrogen (TN) and total carbon
(TC) contents of *Phyllostachys edulis* (leaf and branch)

2.3.3　生物质炭添加对毛竹幼苗土壤化学性质及酶活性的影响

添加生物质炭增加了土壤有机碳含量，T5 的数值最高（23.53g·kg^{-1}），其次是 T2（17.93g·kg^{-1}）。T4 和 T5 的土壤总氮含量均为 0.99g·kg^{-1}，明显高于其他处理（$p<0.05$），T2（0.94g·kg^{-1}）和 T1（0.90g·kg^{-1}）的总氮含量明显高于 CK（0.85g·kg^{-1}）（$p<0.05$）（图 2-4）。T2 的土壤 pH 值（4.97）明显高于 CK（4.75）（$p<0.05$），而 T1（4.79）和 CK（$p>0.05$）之间没有明显差异。T3、T4 和 T5 的土壤 pH 值没有明显差异（$p>0.05$），但都明显高于 CK（$p<0.05$）。T2 的土壤含水量（28.03%）明显高于 CK（18.07%）（$p<0.05$），而 T1（17.90%）和 CK（$p>0.05$）之间没有明显差异。T3（19.46%）、T4（22.75%）和 T5（26.59%）的土壤含水量有明显差异（$p<0.05$）（图 2-3）。

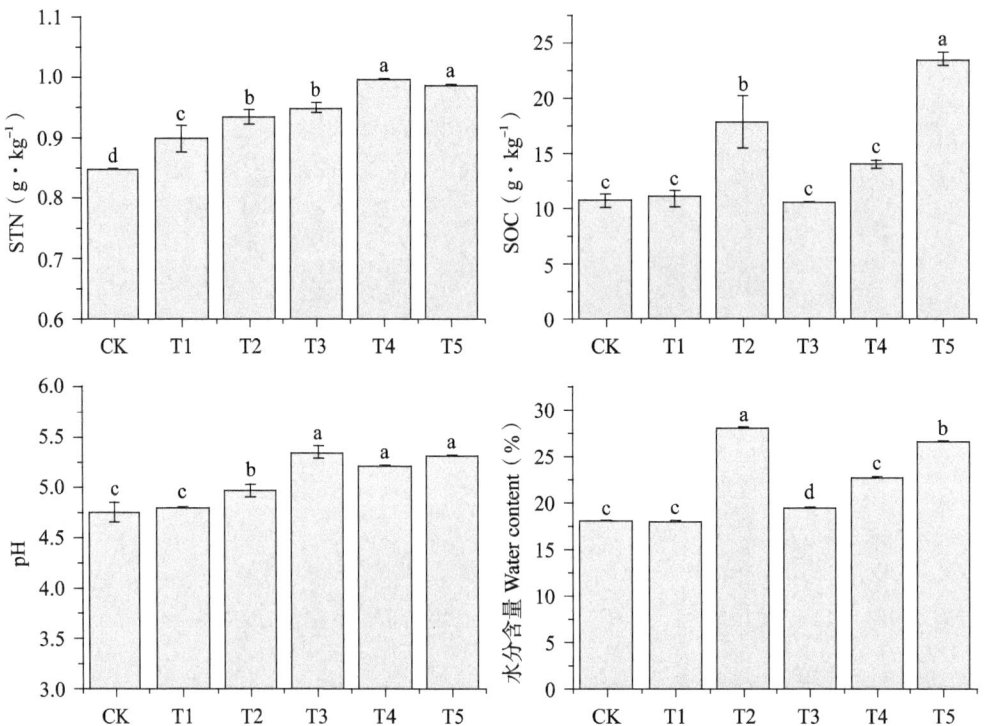

图 2-3　不同生物质炭添加处理对毛竹幼苗土壤有机碳、土壤总氮、
土壤 pH 值、土壤水分含量的影响

Fig. 2-3 Effects of biochar different treatments on soil organic carbon (SOC), soil total nitrogen (STN), soil pH values, and soil water content on *Phyllostachys edulis* seedlings

添加生物质炭对毛竹幼苗土壤多酚氧化酶和过氧化物酶活性没有影响。添加生物质炭显著提高了土壤纤维素酶活性；T5 处理的土壤纤维素酶活性显著高于 T4 和 T3 处理（表 2–1）。生物质炭添加提高了不添加氮（T1 和 T2）和添加氮（T4 和 T5）组的蔗糖酶活性（表 2–1）。生物质炭是否配施氮肥均没有提高土壤脲酶活性，而添加氮显著提高了土壤脲酶活性（$p<0.05$）（表 2–1）。

表 2–1 不同生物质炭添加处理对毛竹幼苗土壤酶活性的影响（均值 ±SE，n=3）
Tab. 2–1 Effects of biochar different treatments on enzyme activities on *Phyllostachys edulis* seedlings. The values are means ± SE (*n*=3).

处理 Treatment	多酚氧化酶 Polyphenol Oxidase（$mg \cdot g^{-1}$）	过氧化物酶 Peroxidase（$mg \cdot g^{-1}$）	纤维素酶 Cellulase（$C_6H_{12}O_6$ $mg \cdot g^{-1}$）	蔗糖酶 Invertase（$C_6H_{12}O_6 mg \cdot g^{-1}$）	脲酶 Urease（NH_4^+-N $mg \cdot g^{-1}$）
CK	3.19 ± 0.118bcd	23.2 ± 0.98ab	0.09 ± 0.01bc	124.98 ± 4.82c	3.58 ± 0.09b
T1	3.00 ± 0.24d	23.11 ± 0.21ab	0.12 ± 0.03ab	133.33 ± 4.92c	3.86 ± 0.19b
T2	3.62 ± 0.27ab	21.03 ± 1.46ab	0.16 ± 0.02a	199.22 ± 14.22c	3.22 ± 0.19b
T3	3.05 ± 0.15c	24.87 ± 1.14a	0.06 ± 0.01c	93.02 ± 6.80d	6.82 ± 0.32a
T4	3.48 ± 0.07a	0.05 ± 0.01c	20.22 ± 0.64b	120.11 ± 9.72cd	5.91 ± 0.48a
T5	3.59 ± 0.52ab	23.99 ± 2.36ab	0.173 ± 0.02a	170.91 ± 9.30b	6.89 ± 0.51a

2.3.4 生物质炭添加下土壤性质和毛竹幼苗叶、枝生物量的关系

相关性分析表明土壤因子与毛竹幼苗生物量之间关系紧密。叶、枝生物量与土壤总氮含量、pH 值均呈正相关（$p<0.05$），土壤脲酶活性与叶、枝、根生物量呈显著相关（$p<0.05$）（图 2–4）。

2.3.5 毛竹幼苗叶、枝生物量与土壤养分关系分析

结构方程模型表明，毛竹幼苗叶片和枝总氮含量对叶片和枝生物量有促进作用（通径系数分别为 0.521 和 0.643）。土壤含水量对土壤总氮含量有正向影响（通径系数=0.585），而土壤总氮含量对叶片总氮含量有正向影响（通径系数=0.418）。土壤 pH 值与土壤脲酶含量显著相关；土壤脲酶活性的增加对叶片和枝的总氮含量有显著影响（通径系数 0.473 和 0.468），如图 2–5 所示。因此，土壤总氮含量是促进叶片和枝生物量增加的关键因

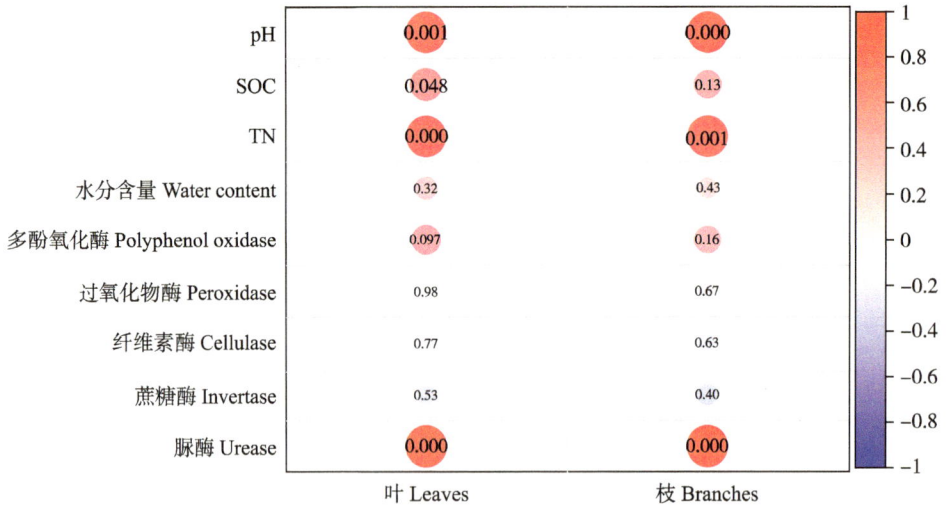

显著水平
Siginificant level: 0.05

图 2-4　生物质炭添加处理下土壤性质和毛竹幼苗叶、枝生物量关系
Fig. 2-4 Relationship between soil properties and biomass of
Phyllostachys edulis seedling leaf and branch
注：红色代表 *p*<0.05 差异显著。
Note: Red color indicates significant difference at *p* <0.05.

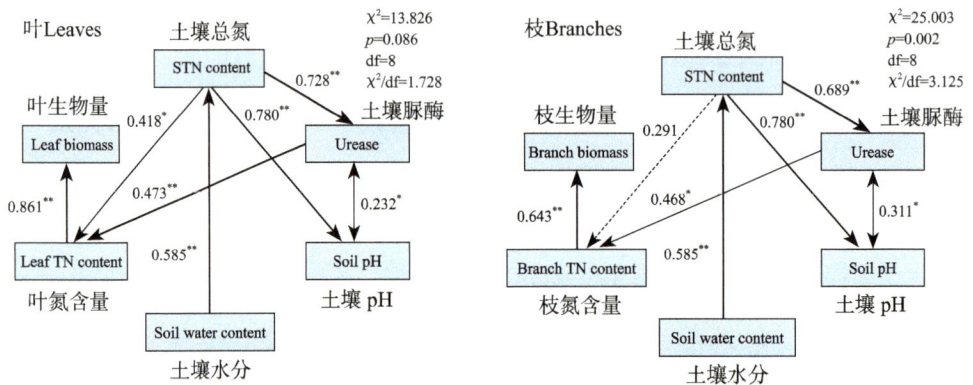

图 2-5　生物质炭处理下毛竹幼苗叶和枝生物量结构方程模型
Fig. 2-5 The structural equation model of leaf and branch biomass under biochar treatments
on *Phyllostachys edulis* seedlings
注：路径分析参数在箭头上，* 和 ** 分别代表 *p*≤0.05 和 *p*≤0.01 差异显著，拟合参数在模型框架边。
Note: Standardized path coefficients are shown next to the arrows. Asterisks (*and**)
indicate significance at *p*≤0.05 and *p*≤0.01, respectively. The goodness of fit statistics is
displayed next to the modeling framework.

素,而添加生物质炭引起的土壤性质变化通过提高土壤总氮含量间接影响叶片和枝生物量。

2.4 讨 论

2.4.1 生物质炭添加对毛竹幼苗根际土壤特性的影响

本研究结果证实了生物质炭在提高土壤有机碳、全氮和土壤含水量方面的有效性,这与以往研究中生物质炭显著改善土壤养分指标的结果一致(Ma et al., 2019)。生物质炭是一种富含碳的物质,由生物质在高温下无氧热解产生,当添加到土壤中时,生物质炭可以通过释放其衍生的不溶解有机质来增加有机碳含量(Aller et al., 2017)。许多研究报道了生物质炭增加了土壤有效水分含量(Zhang et al., 2016; Jin et al., 2019)。生物质炭由于其发达的孔隙结构和较大的表面积,增加了土壤原有的孔隙结构和吸附水分能力,使其能够吸收更多的水分,提高其持水能力(Jin et al., 2019)。有研究提出了生物质炭配施氮肥长效机制:①由于生物质炭的高阳离子交换能力而吸附 NH_4^+–N;②由于土壤含水量增加而减少 NO_3^-–N 的淋失(Liu et al., 2017)。

添加生物质炭可提高土壤 pH 值(Liu et al., 2017)。然而,本研究发现,在不添加氮的情况下,只有高剂量生物质炭添加才能显著提高土壤 pH 值;低、高剂量生物质炭配施氮肥处理对土壤 pH 值的影响均不显著。Li 等(2018)观察到生物质炭添加($10t \cdot hm^{-2}$、$20t \cdot hm^{-2}$、$40t \cdot hm^{-2}$ 和 $60t \cdot hm^{-2}$)不影响半干旱区土壤 pH 值。Werner 等(2018)发现砂壤土的 pH 值不随生物质炭添加剂量发生变化。因此,生物质炭添加能否改变土壤 pH 值可能与土壤质地(理化性质)和所添加生物质炭的种类及其特性有关。

生物质炭可以通过为土壤微生物提供大量养分和庇护场所而影响土壤酶活性(Lehmann et al., 2006)。酶是土壤微生物活性的重要因子,是土壤生态系统生物地球化学循环的驱动力,在土壤有机质转化、养分释放和肥力维持等方面发挥着不可替代的作用(Aponte et al., 2020; Meyer et al., 2018)。在本研究中,土壤蔗糖酶和纤维素酶的活性随生物质炭添加量的增加而增加。也有研究表明生物质炭含有稳定的碳,添加生物质炭可提高土壤中碳含量，提高土壤中碳氮比，提高微生物活性，从而影响蔗糖酶活性（Case et al., 2014）。此外，土壤多酚氧化酶和过氧化物酶的活性也随生物质炭的添加而发生变化。生物质炭对土壤酶活性的影响可以是间接的（如微生物合成）或直接的（如表面吸附），且过程复杂（Palansooriya et al., 2019）。因此，最终的土壤酶活性取决于生物质炭的化学成分、生物质炭添加剂量、土壤类型和水热条件等。

2.4.2 生物质炭添加对毛竹幼苗生长的影响

研究发现，单独添加生物质炭对毛竹幼苗生物量的增加影响不显著，而生物质炭配施氮肥显著增加了毛竹叶片和枝生物量（图 2-1）。通常，生物质炭通过改善土壤含水量和养分有效性来提高作物生产力（Jeffery et al., 2011）。然而，本研究表明，添加生物质炭后作物产量并没有提高。Tammeorg 等（2014）研究也表明，在北方气候条件下，虽然在肥沃的砂壤土中添加 5~10t·hm^{-2} 的生物质炭缓解了短暂的水分限制，但并没有提高产量。本研究还发现，添加生物质炭可增加土壤水分、有机碳和总氮含量（图 2-3）。同时，生物质炭添加会增加土壤 pH 值，从而降低某些营养物质（即磷、锰和锌）的可利用性，这可能会抵消部分土壤改良有益作用（Ye et al., 2020）。可能原因是：①生物质炭中的氮作用有限，因为它主要以杂环芳香氮的形式存在（Knicker et al., 2010）；②生物质炭中有机碳的可矿化部分可能导致初始净氮固定（Bruun et al., 2012），这可能会抵消生物质炭在改善土壤理化性质方面的益处。Werner 等（2018）研究表明，由于氮的固定作用，稻壳生物质炭的添加使有效氮含量比对照土壤降低了 21%。Lu 等（2018）研究表明，生物质炭添加可使土壤 NH_4^+-N 和 NO_3^--N 含量分别降低 6% 和 12%。

本研究的结构方程模型表明，土壤总氮含量是增加叶片和枝生物量的关键因素，具有正向作用。添加生物质炭虽然能提高土壤总氮含量，但不能提高叶片和枝的氮含量；生物质炭与氮配施显著提高了土壤、叶片和枝的总氮含量。高碳含量的生物质炭提高了土壤碳氮比，导致土壤有效氮减少，从而降低了植物对氮的吸收（Asai et al., 2009）。生物质炭配施氮肥增产与生物质炭与氮的互补或协同效应有关，因为生物质炭延长了氮的养分释放期，减少了养分流失，而氮则消除了生物质炭的养分缺乏，从而降低了土壤碳氮比（Laird et al., 2010）。

总的来说，本研究为生物质炭的推广应用提供了重要的参考，但在未来的研究中仍有一些具体问题需要进一步解决：①本研究是短期温室试验，未来需要更大规模的田间试验来评估土壤、植物和微生物之间的长期相互作用，以更好地了解生物质炭配施氮肥对整个生态系统的长期影响（包括地上—地下耦合）；②对于不同类型的土壤，有必要综合比较不同热解温度下产生的生物质炭原料，这有助于确定生物质炭原料对土壤理化性质和酶活性的影响；③需要更多地了解生物质炭如何影响土壤养分转化，以提高对生物质炭作用机制的理解（Yu et al., 2018）。

2.5 结 论

本研究发现，添加生物质炭增加了土壤水分、有机碳和全氮含量，改变了土壤酶活性，但对毛竹幼苗的生长没有促进作用。然而，生物质炭与氮肥配施不仅改善了土壤肥力，而且显著增加了毛竹幼苗的叶和枝生物量，因为氮是影响生物质炭效果的关键因素。总的来说，本研究为生物质炭在林业，特别是毛竹中的利用提供了重要参考。目前，关于生物质炭在毛竹林中的应用研究有限，需要长期的田间原位试验来探讨养分影响机制和潜在的应用。

第 3 章

生物质炭配施氮肥对马尾松和杉木幼苗生理生态的影响

　　生物质炭孔隙结构发达、比表面积大、带负电荷多，并通过强有力的离子吸附交换能力和离子交换量提高土壤养分和持水能力，促进植物生长，被认为是改良土壤的理想材料（Gul et al., 2015）。生物质炭添加可改善土壤结构，提高土壤肥力，增加碳吸存，对提高植物产量和缓解气候变化有一定的积极作用（Amendola et al., 2017）。Jeffery 等（2015）研究表明，生物质炭对碳素的固定能力显著高于秸秆等有机质碳源。目前，生物质炭添加在林业方面的研究主要集中在生物质炭添加对森林植被生物量（McElligott, 2011）、温室气体排放（Sackett et al., 2015）、土壤碳矿化（Li et al., 2018；尹艳等，2018）、根系分解（Bryanin et al., 2018）的影响等方面，但在生物质炭—根系互作对林木根系生长、构型方面的相关研究还相对较少。

　　根系形态对土壤有效养分、土壤微生物群落、土壤酶活性的影响很重要（De Graaff et al., 2014），如根系表面积、根系长度、根系直径决定植物在吸收土壤养分方面的竞争能力（Razaq et al., 2018）。根系是生物质炭促进植物生长的关键界面，生物质炭添加影响根系—土壤的相互作用（Prendergast-Miller et al., 2014）。生物质炭添加改变根系生长特征，影响植物根系形态、功能及植物表型（Xiang et al., 2017）。Prendergast-Miller 等（2014）研究表明，生物质炭通过干扰土壤和植物根系界面的有效养分扩大根域，且根系趋向生物质炭生长（Prendergast-Miller et al., 2011）。因此，生物质炭添加通过改变根系形态或生理特征（如根长、特定根长、根直径、根密度、根表面积、根体积等）改变根系对养分的吸收（Backer et al., 2017）。但目前较少的研究集中在根系在植物生长中的作用，因此有关生物质炭添加引起植物根系形态变化，进而影响植物地上和地下生长等方面的研究仍需加强。

土壤微生物作为森林生态系统的重要组成部分，在有机质的形成和分解、养分循环与转化等生态功能中发挥着重要作用（Schimel et al., 2007）。研究表明生物质炭添加改变了土壤微生物群落组成，影响土壤微生物呼吸速率（Yao et al., 2017），并降低土壤易溶碳和与有机质分解相关的微生物酶活性，促进土壤微生物与有机质的相互作用（Chen et al., 2018）。生物质炭自身养分和孔隙结构有助于土壤微生物生长并提高土壤酶活性，其较大的表面积和孔隙结构为微生物繁殖提供机会，生物质炭颜色（黑色）有助于吸收更多的热量（Jones et al., 2012）。姬强等（2019）研究表明生物质炭通过增加 >0.25mm 大颗粒团聚体的形成及土壤蔗糖酶的活性来优化土壤结构并促进植物生长。生物质炭对土壤酶活性的影响取决于添加后底物和酶的相互作用，胞外酶对生物质炭表面的粘连性（Prendergast-Miller et al., 2014）。此外，土壤酶活性和土壤微生物繁殖均与生物质炭的孔隙结构和表面积密切相关，而土壤酶和土壤微生物共同调节根系生长。

马尾松和杉木是我国南方最主要的造林树种，也是中国亚热带地区的原生植物并被广泛种植，约占中国全部森林面积的 7.74% 和 7.24%（Zhang et al., 2017）。马尾松为深根系树种，杉木为浅根系树种，它们在维护森林生态系统稳定和发展林业经济中起着重要作用（张鼎华等，2011）。亚热带人工林植被根际土壤微生物生长和活性更易受磷限制（高雨秋等，2019），而生物质炭自身的磷相对稳定且吸附能力较强，有助于增加根尖数，对亚热带林木生长有较大影响（Xiang et al., 2017）。研究表明添加生物质炭可通过改善土壤有效磷而间接影响根系、土壤微生物群落结构和酶活性（Schneider and Haderlein, 2016）。然而，对于相同土壤环境状况下不同森林植被对生物质炭—根系接触界面的响应研究不多，如生物质炭添加诱发根系形态变化与微生物的关系等（Olma and Villar, 2019）。本研究以 1 年生马尾松和杉木幼苗为研究对象，分别设置 4 个生物质炭添加梯度，研究不同剂量生物质炭添加后，生物质炭—根系互作对马尾松和杉木幼苗根系生长、根系形态、土壤微生物群落结构和土壤酶活性的影响，系统量化生物质炭对植物和土壤中养分的影响，以及在生物质炭添加后的第一个生长季节对马尾松和杉木的生物量、根系形态的影响。通过探讨植物和土壤养分的响应以及相应的化学计量变化，量化生物质炭添加对地上和地下生物量的影响，阐明植物和土壤的化学计量关系，以及对地上和地下生长的调节。总之，探讨相同环境下马尾松和杉木根系对不同剂量生物质炭的响应及其与土壤微生物群落的关系，为亚热带人工林高效经营提供科学依据和参考。

3.1 研究区域与方法

3.1.1 研究区概况

  试验在浙江省富阳区三桥温室大棚内进行（119°57′0″E，29°28′48″N），该区域海拔 130m，属于典型亚热带季风气候，年均温度 16.1℃，年均降水量 1441.9mm，主要集中在 4~9 月。以 1 年生苗高和地径相对均匀的马尾松（平均苗高 58.35 ± 1.02cm 和基径 6.47 ± 0.58mm）和杉木（平均苗高 41.29 ± 0.96cm 和基径 6.59 ± 0.47mm）幼苗作为试验材料，盆栽容器采用直径 25cm、高 27cm 的塑料盆（9.0L）。

  试验中的生物质炭是由竹枝在 500℃ 下炭化 3h 制成的，生物质炭的物理化学性质如下：碳（C）78.5%、氮（N）0.79%、磷（P）1.24g·kg^{-1}、钾（K）7.81g·kg^{-1}、pH 值 9.02、灰分 17.4%、特定表面积 295m^2·g^{-1}，孔隙体积为 0.04cm^3·g^{-1}，表观密度 0.15g·ml^{-1}。试验中的土壤来自庙山坞林场马尾松林 0~15cm 土壤层，风干后，过 2mm 筛并去除可见的石头和根系后备用。土壤化学性质如下（Ge et al., 2019）：有机碳含量 18.7 ± 2.63g·kg^{-1}，土壤总氮 0.91 ± 0.12g·kg^{-1}，土壤总磷 0.27 ± 0.02g·kg^{-1}，土壤总钾 11.2 ± 0.08g·kg^{-1}，土壤水解氮 96.1 ± 23.9mg·kg^{-1}，有效磷 3.81 ± 0.86mg·kg^{-1}，有效钾 76.05 ± 24.7mg·kg^{-1}，pH 值 4.80 ± 0.23。

3.1.2 试验设计

  根据国内外生物质炭添加相关研究（Tammeorg et al., 2014），将生物质炭添加分四个处理，即对照（0t·hm^{-2}，CK）、低生物质炭（5t·hm^{-2}，LB）、中生物质炭（10t·hm^{-2}，MB）和高生物质炭（20t·hm^{-2}，HB），添加量相当于 0%（CK）、0.32%（LB）、0.64%（MB）和 1.28%（HB）。2017 年 3 月，每盆按上述比例装 6kg 准备好的生物质炭和土壤混合物，且装盆之前干土和生物质炭充分混匀，每盆土壤保持 65% 的持水量，每次浇水之前土壤水分含量用手持式土壤水分测量仪测定（COMBI6000，德国）；马尾松和杉木幼苗每一处理 10 次重复，共计 80 株。所有幼苗随机放置在温室中，于 2017 年 11 月收获生长健康且相对一致的马尾松和杉木幼苗各 6~8 盆。

3.1.3 测定方法

生长状态和根系形态的测量：在收获之前，测量每个处理中随机选择的 6 株植物的高度和基部直径。马尾松和杉木幼苗收获后，将根系与土壤分开，用去离子水清洗干净，擦干后用根系扫描仪分析根系形态特征，用根系扫描仪（Modified Epson Expression 10000XL）和根系分析软件 WinRhizo（Regent Instruments Inc., Québec, QC, Canada）分析根长、根表面积、根体积和根尖数等数据。利用 WinRhizo 将细根分为三个直径等级，即 0~0.5mm、0.5~1.0mm 和 1.0~2.0mm。图像分析的输出包括根长（cm）、根体积（cm^3）、平均根直径（mm）和根表面积（cm^2）。对于每个处理，取 6 株植物的平均值。将扫描后根系在 105℃下杀青 30min，并于 70℃下烘干至恒重。净高度和直径增长率的计算方法为：x=（收获时的高度或直径—初始高度或直径）/ 初始高度或直径 ×100%。

土壤样品在收获植物样品时收集，通过 2mm 的土壤筛，在实验室里风干，进行化学分析。土壤 pH 值用土壤：去离子水（1:2.5）（v/v）测定；土壤有机碳（SOC）用 $K_2Cr_2O_7$ 的湿式消化法测量的（Ge et al., 2013）；土壤总氮（STN）和土壤总磷（STP）用 Miller 和 Keeney（1982）所描述的方法测定。土壤含水量用新鲜土壤（20g）和在 105℃下烘干 24 小时后土壤间的重量差来计算。植物有机碳浓度用 $K_2Cr_2O_7$ 的湿消化法测定（Yang et al., 2004）；植物总氮浓度通过在 UK152 蒸馏和滴定装置（DK20 加热消化器，意大利）中燃烧测定；植物总磷浓度用 IRIS Instrepid II XSP（Thermo Elemental Systems, Waltham, MA, USA）在 7.5mL HNO_3 和 2.5mL HCl 混合物中消化样品后测定。根据 Li 等（2008）方法提取可溶性糖和淀粉，取可溶性糖和淀粉提取液 2mL 于试管中，随后向试管内加入蒽酮硫酸试剂 5mL，振荡摇匀后沸水浴加热 10min，完成后立即用冷水冷却，用紫外分光光度计（752 S，Cany Precision Instruments Co., Ltd., 上海，中国）在 620nm 下测定其吸光度。最终根据测量的标准曲线，计算对应的可溶性糖和淀粉含量。组织的非结构性碳水化合物（NSC）含量以每个组织的可溶性糖和淀粉浓度之和来计算（Li et al., 2008）。每个样品的所有化学分析均重复三次。

土壤微生物群落结构组成采用磷脂脂肪酸（PLFAs）法（Bååth and Anderson, 2003）。总细菌包括 i14:0、i15:0、a15:0、i16:0、a16:0、i17:0、16:1ω7c、16:1ω9c、18:1ω7c、18:1ω5c、cy17:0、cy19:0、14:00、15:00、16:00、17:00、16:1 2OH；革兰氏阳性细菌（Gram$^+$）包括 i14:0、i15:0、a15:0、i16:0、a16:0，i17:0；革兰氏阴性细菌（Gram$^-$）包括 16:1ω7c、16:1ω9c、18:1ω7c、18:1ω5c、cy17:0、cy19:0；真菌包括（F）18:2ω6c、18:1ω9c；丛枝菌根真菌（AMF）包括 16:1ω5c；放线菌包括 10Me16:0、10Me 17:0、10Me 18:0。以 PLFAs 的总浓度（nmol·g^{-1} 千重）表示微生物生物量。

土壤水解酶和氧化还原酶活性测定采用关松荫（1986）的方法。土壤蔗糖酶活性采用 3,5-二硝基水杨酸比色法测定，以培养 24h 后 1g 土壤产生的葡萄糖的质量（mg）表示；纤维素酶活性采用硝基水杨酸比色法测定，以培养 72h 后 10g 土壤产生的葡萄糖的质量（mg）表示；脲酶活性采用苯酚钠—次氯酸钠比色法测定，以培养 24h 后 1g 土壤中 NH$_3$–N 的质量（mg）表示；过氧化物酶和多酚氧化酶采用比色法测定，以培养 2h 后 1g 土壤中紫色没食子酸的质量（mg）表示。

3.1.4　数据处理

用 SPSS 19.0 的双因素方差分析（Two-way ANOVA）来分析树种、生物质炭处理及其相互作用对马尾松、杉木幼苗根系生长、形态特征、土壤微生物群落结构组分和土壤酶活性间的差异，用最小显著差异法（LSD）进行多重比较。用 Canoco 5.0 中的典范对应分析（CCA）模块分析生物质炭添加下马尾松和杉木根系形态与土壤微生物群落、土壤酶活性间的关系。用 Sigmaplot 12.5 进行绘图。

3.2　结果与分析

3.2.1　生物质炭添加对马尾松和杉木幼苗生长的影响

除直径外，两个树种生长参数对生物质炭添加的响应差异显著（所有

$p \leqslant 0.05$，表 3–1）。生物质炭添加对两个树种幼苗的生物量、高度和地径没有明显影响（所有 $p > 0.05$，表 3–1），但生物质炭添加和两个树种之间的交互作用对树种最终高度有显著性影响（$p = 0.021$，表 3–1）。与对照组相比，低和高生物质炭添加均增加马尾松高度增长量，但只有低生物质炭添加可显著增加马尾松高度增长量（40.3%），高生物质炭添加可使杉木高度增长增加 78.4%（图 3–1），但低生物质炭添加和中生物质炭添加均降低高度增长。高生物质炭添加显著增加马尾松幼苗地径增长，生物质炭处理没有显著影响杉木的地径增长（$p > 0.05$，图 3–1）。

表 3–1 生物质炭添加对马尾松和杉木幼苗生长因子双因素方差分析

Tab. 3–1 Results of two-way ANOVA on effects of species (*Pinus massoniana* and *Cunninghamia lanceolata*)，biochar treatment and their interaction on plant biomass and soil indicators.

变量 Variable	树种 Species（S）		生物质炭 Biochar（B）		$S \times B$	
	F	p	F	p	F	p
叶生物量 Leaf biomass	16.37	**0.000**	0.76	0.526	0.76	0.526
茎生物量 Stem biomass	5.97	**0.019**	1.34	0.276	1.45	0.243
根生物量 Root biomass	6.05	**0.018**	1.45	0.242	2.08	0.118
总生物量 Total biomass	5.29	**0.027**	1.14	0.344	0.62	0.604
起始高度 Initial height	108.37	**0.000**	0.63	0.601	1.34	0.277
起始地径 Initial diameter	0.29	0.596	2.55	0.069	2.17	0.107
最终高度 Final height	39.16	**0.000**	1.43	0.248	3.61	**0.021**
最终地径 Final diameter	0.53	0.472	2.10	0.115	2.65	0.062
土壤有机碳 SOC	0.69	0.419	29.27	**0.000**	0.92	0.453
土壤总氮 STN	4.28	0.055	11.38	**0.000**	0.44	0.731
土壤总磷 STP	12.17	**0.003**	15.99	**0.000**	3.25	**0.049**
土壤碳氮比 Soil C∶N	5.96	**0.027**	5.93	**0.006**	0.80	0.513
土壤碳磷比 soil C∶P	22.89	**0.000**	35.72	**0.000**	3.34	**0.046**
土壤氮磷比 Soil N∶P	0.01	0.918	2.12	0.137	0.26	0.854

注：粗体表示 $p \leqslant 0.05$。

Note: $p \leqslant 0.05$ are shown in bold.

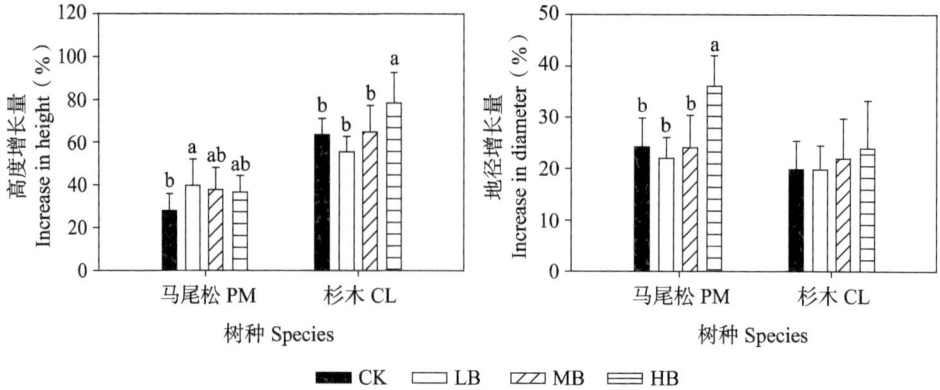

图 3–1 生物质炭添加对马尾松和杉木幼苗生长的影响

Fig.3–1 Effect of biochar addition on height and diameter of
Pinus massoniana (PM) and *Cunninghamia lanceolata* (CL)

3.2.2 生物质炭添加对马尾松和杉木根系生长的影响

生物质炭添加使马尾松根系生物量显著增加（$p<0.05$），高生物质炭添加抑制杉木根系生物量但不显著（$p>0.05$）（图 3–2）。低生物质炭、中生物质炭、高生物质炭添加分别使马尾松根系生物量增加 19.9%、28.7% 和 30.7%，低生物质炭添加使杉木根系生物量增加 13.6%，中生物质炭添加和高生物质炭添加分别使杉木根系生物量降低 16.0% 和 4.8%。生物质炭添加对马尾松根茎比的影响不显著，仅低生物质炭添加使杉木根茎比增加，中生物质炭和高生物质炭添加使杉木根茎比降低。高生物质炭添加促进马尾松和杉木比根长，仅中生物质炭添加使杉木比根长增加显著；低生物质炭添加使马尾松地径显著增加 11.2%。

3.2.3 生物质炭添加对马尾松和杉木根系形态的影响

生物质炭添加对马尾松和杉木根系形态影响明显（表 3–2）。如图 3–3 所示，高生物质炭添加使马尾松 1.0~2.0mm 细根长增加 31.3%~78.2%（$p<0.05$），低生物质炭添加使杉木 0~0.5mm 细根长增加 15.1%~35.7%（$p<0.05$），而中生物质炭添加使杉木 1.0~2.0mm 细根长降低（$p<0.05$）。高生物质炭添加使马尾松 1.0~2.0mm 细根表面积和细根体积分别增加 29.3%~75.0% 和 27.1%~71.3%（$p<0.05$），使杉木 1.0~2.0mm 细根表面积和细根体积分别降低 3.1%~28.4% 和 3.3%~27.5%。高生物质炭添加处理使马

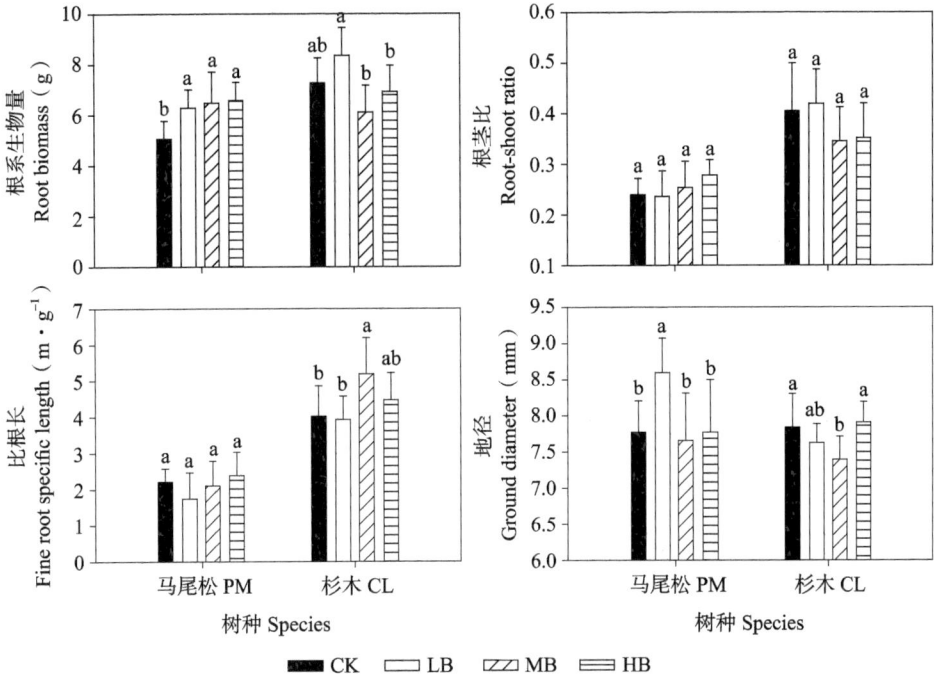

图 3-2　生物质炭添加对马尾松和杉木根系生物量、根茎比、比根长和地径的影响
（平均值 ± 标准差，n=7）

Fig. 3-2 Effect of biochar addition on root biomass, root to shoot ratio, fine root specific length and ground diameter in *Pinus massoniana* (PM) and *Cunninghamia lanceolata* (CL) (means ± SD, n=7)

注：不同字母表示差异显著（$p<0.05$），下同。

Note: Different letters meant significant difference at 0.05 level. The same below.

尾松根尖数增加 40.2%（$p<0.05$）；低生物质炭添加和中生物质炭添加使杉木根尖数增加不显著（$p>0.05$）。

　　不同种类的根系直径等级对生物质炭添加的响应有明显差异（$p<0.001$）。生物质炭添加处理只对 1.0~2.0mm 径级的根尖数有明显影响（$p=0.041$）。生物质炭添加对细根总长度、细根总表面积和细根尖总数影响均不显著（$p>0.05$），但对细根总体积有明显影响（$p=0.024$）。生物质炭和树种对细根尖总数有明显的交互影响（$p=0.042$）。具体见表 3-2 所示。

　　各浓度生物质炭添加均促进马尾松细根生长，但仅高生物质炭添加促进作用显著，而中生物质炭添加抑制杉木细根生长。与对照相比，低生物质炭、中生物质炭、高生物质炭添加分别使马尾松细根长增加 13.9%、29.7% 和 35.3%，表面积增加 18.5%、21.1% 和 29.0%、体积增

表3-2 生物质炭添加对马尾松和杉木幼苗根系直径、根系表面积、细根根体积和细根根尖数双因素方差分析

Tab. 3-2 Results of two-way ANOVA on effects of species (*Pinus massoniana* and *Cunninghamia lanceolata*), biochar treatment, root diameter class and their interaction on fine root length, fine root surface area, fine root volume and number of fine root tips.

变量 Variable	细根长度 Fine root length		细根表面积 Fine root surface area		细根体积 Fine root volume		根尖数 Numbers of fine root tips	
	F	*p*	*F*	*p*	*F*	*p*	*F*	*p*
总细根 Total fine roots								
树种 Species（S）	201.47	0.000	210.32	0.000	168.77	0.000	34.69	0.000
生物质炭 Biochar（B）	1.50	0.230	1.70	0.183	1.82	**0.024**	1.46	0.241
径级 Diameter class（D）	113.64	**0.000**	115.50	**0.000**	240.97	0.159	801.94	**0.000**
树种 × 生物质炭 S×B	1.32	0.283	1.04	0.387	1.30	0.288	3.01	**0.042**
0~0.5mm 根系 roots								
树种 Species（S）	71.06	**0.000**	109.31	**0.000**	141.52	**0.000**	26.59	**0.000**
生物质炭 Biochar（B）	1.75	0.172	1.48	0.235	1.33	0.278	1.47	0.237
树种 × 生物质炭 S×B	2.40	0.082	2.04	0.124	1.84	0.155	2.99	**0.042**

续表

变量 Variable	细根长度 Fine root length		细根表面积 Fine root surface area		细根体积 Fine root volume		根尖数 Numbers of fine root tips	
	F	p	F	p	F	p	F	p
0~0.5mm 根系 roots								
树种 Species (S)	229.18	**0.000**	219.51	**0.000**	208.74	**0.000**	175.43	**0.000**
生物质炭 Biochar (B)	1.84	0.155	2.00	0.130	2.12	0.113	2.20	0.104
树种 × 生物质炭 $S \times B$	0.72	0.545	0.77	0.517	0.85	0.473	1.27	0.297
1.0~2.0mm 根系 roots								
树种 Species (S)	112.99	**0.000**	108.69	**0.000**	104.30	**0.000**	20.10	**0.000**
生物质炭 Biochar (B)	2.20	0.103	2.00	0.129	1.81	0.162	2.66	**0.041**
树种 × 生物质炭 $S \times B$	2.46	**0.047**	2.28	0.094	2.10	0.116	0.99	0.406

注：粗体表示 $p \leqslant 0.05$。
Note: $p \leqslant 0.05$ are shown in bold.

加 33.7%、16.5% 和 29.3%、根尖数增加 71.4%、42.9% 和 23.7%；中生物质炭和高生物质炭添加分别使杉木细根长降低 29.8% 和 9.1%，表面积降低 27.9% 和 9.7%，细根体积降低 24.9% 和 16.6%，根尖数降低 16.7% 和 8.3%。

当分别分析树种时，高生物质炭添加使马尾松 1.0~2.0mm 径级细根长度显著增加（$p \leq 0.05$，图 3–3 a），低生物质炭添加使马尾松 0~0.5mm 径级细根长度显著增加，而中生物质炭添加使杉木 1.0~2.0mm 径级细根长度显著减少（$p \leq 0.05$，图 3–3 b）。在生物质炭添加处理下，马尾松和杉木的细根表面积和细根体积变化相似（图 3–3 c~f）。与对照组相比，高生物质炭添加使马尾松 1.0~2.0mm 径级细根表面积和细根体积分别显著提高 75.0% 和 71.3%，而中生物质炭添加使 1.0~2.0mm 径级的这两个参数分别显著降低 28.4% 和 27.5%（图 3–3 c~f）。两个树种 0~0.5mm 径级的根尖数在低生物质炭添加和高生物质炭添加处理之间差异显著（$p \leq 0.05$，图 3–3 g、h）。

3.2.4 生物质炭添加对马尾松和杉木器官养分及其化学计量的影响

生物质炭添加对马尾松和杉木幼苗叶和茎中的碳含量有显著影响（$p \leq 0.05$），但对根系碳含量影响不显著（$p > 0.05$）；双因素方差分析表明，生物质炭对马尾松和杉木幼苗叶中的氮和磷含量、根中的氮含量和茎中的磷含量有显著影响（$p < 0.05$）（表 3–3，图 3–4）。生物质炭添加显著提高了叶（杉木的高生物质炭添加除外）和根的非结构性碳水化合物含量（$p \leq 0.05$），但马尾松和杉木幼苗（高生物质炭添加除外）的非结构性碳水化合物在茎中没有明显下降（$p > 0.05$，图 3–4）。

如图 3–5 所示，中生物质炭添加显著提高了马尾松根系氮磷比（$p \leq 0.05$），而所有生物质炭添加处理都显著降低了杉木叶和茎的氮磷比（$p \leq 0.05$）；中生物质炭添加处理的马尾松叶片和低生物质炭添加处理的根系可溶性糖与淀粉比的变化明显高于对照（$p \leq 0.05$）。研究发现生物质炭添加量和树种对根系的可溶性糖与淀粉比有明显的交互影响（$p \leq 0.05$，表 3–3）。

马尾松 *Pinus massoniana*

杉木 *Cunninghamia lanceolata*

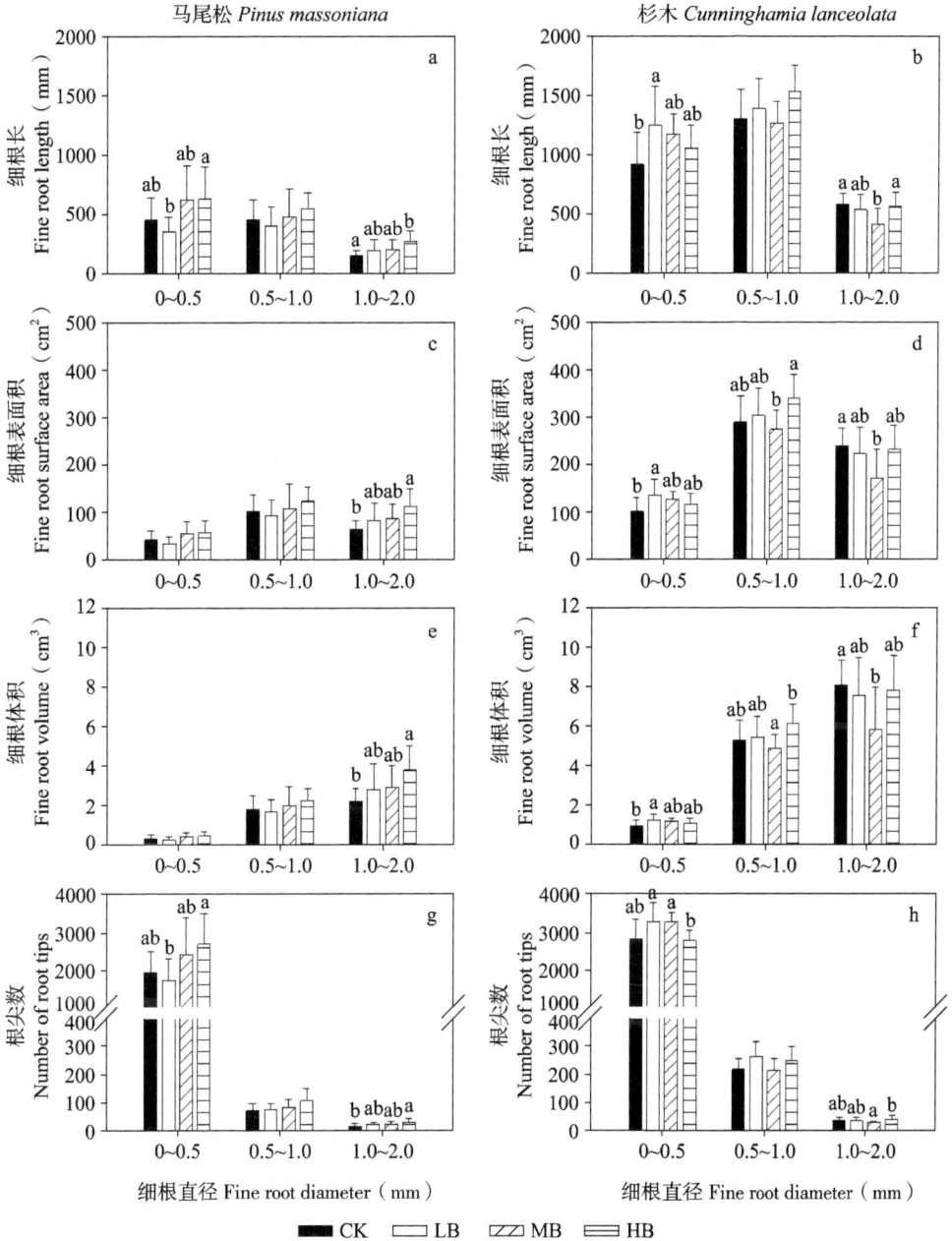

图 3-3 生物质炭添加对马尾松和杉木幼苗根系形态的影响

Fig. 3-3 The effects of biochar fertilization on fine root morphology of *Pinus massoniana* and *Cunninghamia lanceolata*

注：小写字母表示相同根系径级差异显著。

Note: Different lowercase letters above bars in the same soil layer mean significant differences at $p \leqslant 0.05$.

表3-3 生物质炭添加对马尾松和杉木幼苗不同组织器官养分和化学计量比的双因素方差分析

Tab. 3-3 Results of two-way ANOVA on effects of species (*Pinus massoniana* and *Cunninghamia lanceolata*), biochar and their interaction on plant nutrients and stoichiometry

变量 Variables	C		N		P		NSC		N：P		SSR	
	F	p	F	p	F	p	F	p	F	p	F	p
叶 Leaves												
树种 Species (S)	8.56	**0.010**	17.04	**0.001**	43.68	**0.000**	76.73	**0.000**	17.16	**0.001**	65.20	**0.000**
生物质炭 Biochar (B)	0.94	**0.046**	10.06	**0.001**	8.49	**0.001**	13.92	**0.000**	4.67	**0.016**	1.13	0.367
树种 × 生物质炭 $S×B$	0.32	0.089	3.45	**0.042**	8.86	**0.001**	1.078	0.387	6.44	**0.005**	0.93	0.450
茎 Stems												
树种 Species (S)	14.06	**0.002**	29.88	**0.000**	94.44	**0.000**	23.44	**0.000**	29.12	**0.000**	81.48	**0.000**
生物质炭 Biochar (B)	3.33	**0.046**	2.28	0.119	8.53	**0.001**	5.10	**0.011**	9.80	**0.001**	1.48	0.259
树种 × 生物质炭 $S×B$	1.77	0.193	3.51	**0.040**	6.04	**0.006**	2.07	0.145	11.51	**0.000**	2.09	0.141
根系 Roots												
树种 Species (S)	16.65	**0.001**	184.71	**0.000**	25.21	**0.000**	95.17	**0.000**	6.92	0.353	3.81	0.069
生物质炭 Biochar (B)	0.19	0.905	7.74	**0.002**	1.49	0.254	9.54	**0.001**	2.14	0.135	5.87	**0.007**
树种 × 生物质炭 $S×B$	0.60	0.622	1.14	0.279	2.23	0.124	5.88	**0.007**	2.42	0.104	4.81	**0.014**

注：粗体表示 $p \leqslant 0.05$。NSC：非结构性碳水化合物；SSR：植物可溶性碳水化合物：淀粉。

Note: $p \leqslant 0.05$ are shown in bold. NSC: non-structural carbohydrates; SSR: sugar to starch ratio.

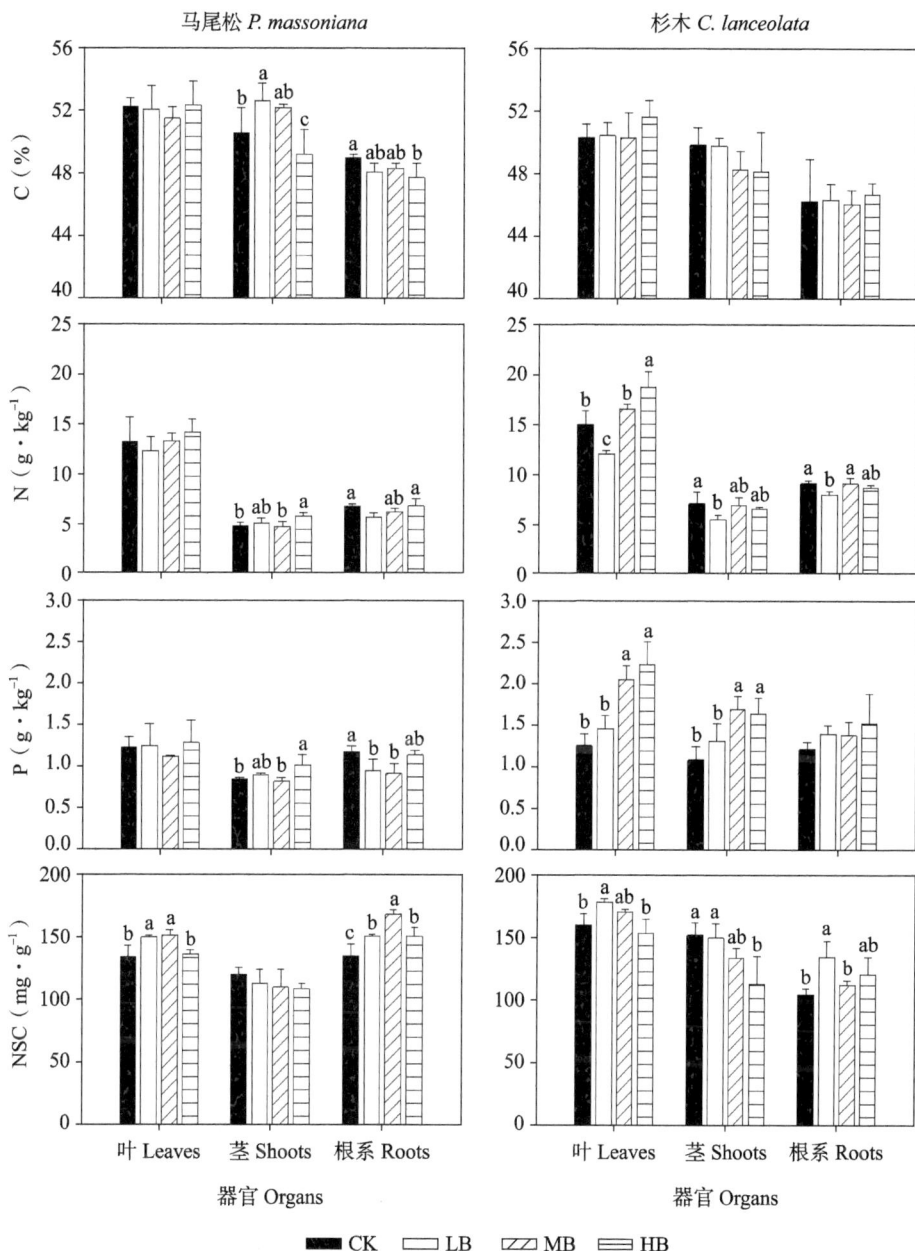

图 3-4　生物质炭添加对马尾松和杉木不同组织器官 C、N、P
和非结构性碳水化合的影响

Fig. 3-4 The effects of biochar fertilization on plant C, N, P and non-structural carbohydrates
(NSC) in *P. massoniana* and *C. lanceolata*

注：不同小写字母代表相同组织器官差异显著。

Note: Different lowercase letters above bars in the same plant compartment mean
significant differences at $p \leqslant 0.05$.

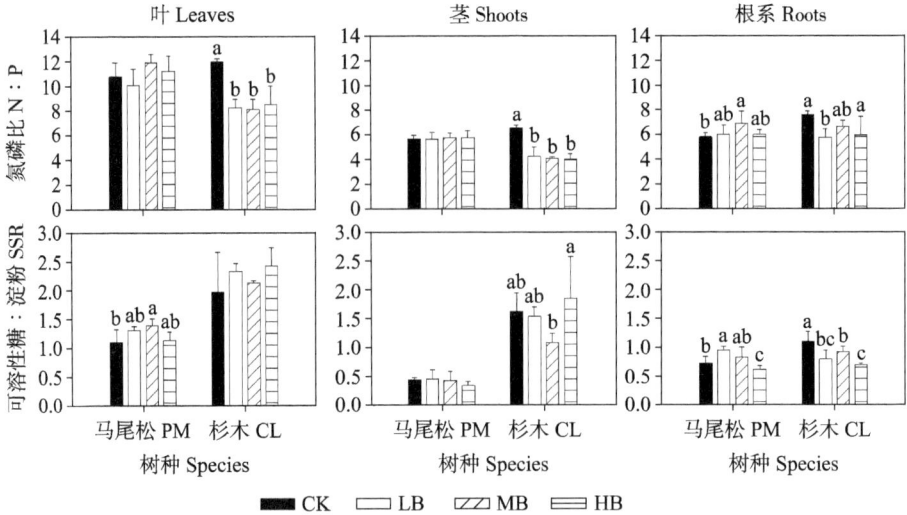

图 3-5　生物质炭添加对马尾松和杉木叶、茎、根系
氮磷比和可溶性糖：淀粉的影响

Fig. 3-5 The effects of biochar fertilization on the plant N to P ratio and sugar to starch ratio of leaves, shoots, and roots in *Pinus massoniana* and *Cunninghamia lanceolata*

注：同一树种不同小写字母表示差异显著。CK：对照；LB：低生物质炭添加；MB：中浓度生物质炭添加；HB：高浓度生物质炭添加。

Note: Different lowercase letters above bars in the same species mean significant differences at $p \leqslant 0.05$. CK: control, LB: low biochar addition, MB: medium biochar addition, HB: high biochar addition.

3.2.5　生物质炭添加对马尾松和杉木幼苗土壤微生物群落结构的影响

低生物质炭添加使马尾松和杉木幼苗土壤微生物总生物量显著增加（$p<0.05$），高生物质炭添加均抑制土壤微生物总生物量但差异不显著（$p>0.05$）（图 3-6）。低生物质炭添加分别使马尾松和杉木幼苗土壤微生物总生物量显著增加 28.9% 和 51.8%（$p<0.05$）、Gram⁺ 显著增加 28.6% 和 52.6%（$p<0.05$）、ACT 显著增加 29.1% 和 27.3%（$p<0.05$）。高生物质炭添加分别使马尾松和杉木幼苗土壤微生物总生物量降低 4.5% 和 10.1%、Gram⁺ 降低 3.9% 和 9.6%、细菌降低 7.3% 和 5.2%、真菌降低 6.5% 和 6.6%、ACT 降低 4.9% 和 24.7%，但差异不显著（$p>0.05$）。

生物质炭添加对马尾松和杉木微生物群落结构影响明显且对细菌的影响大于真菌（图 3-7）。马尾松土壤中生物质炭添加处理 Gram⁺ 中 i15:0（LB）和 a15:0（LB 和 MB）、Gram⁻ 中 16:1w7c（MB）、18:1w6c（HB）均明显高

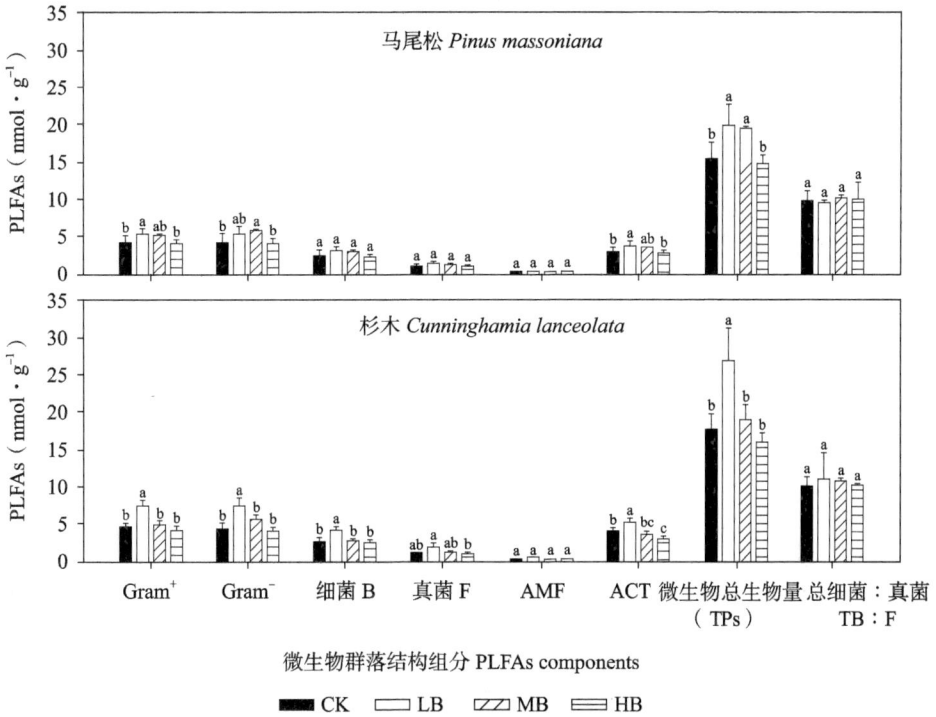

图 3-6 生物质炭添加对马尾松和杉木土壤总微生物量和组分的影响
（平均值 ± 标准差，n=7）

Fig. 3-6 Effect of biochar addition on soil microbial community biomass and components in *Pinus massoniana* and *Cunninghamia lanceolata* (means ± SD, n=7)

于对照；杉木土壤中低生物质炭添加处理 Gram⁺ 中 i15:0、a15:0 和 i16:0、Gram⁻ 中 16:1w7c、18:1w7c 均明显高于对照。低生物质炭添加处理均使马尾松和杉木土壤中 Me16:0 的生物量显著增加。

3.2.6 生物质炭添加对马尾松和杉木幼苗土壤酶活性的影响

生物质炭添加对土壤水解酶活性的影响明显（图 3-8）。高生物质炭添加明显促进马尾松幼苗土壤蔗糖酶活性（44.9%），中生物质炭添加分别使马尾松和杉木土壤蔗糖酶活性显著降低 47.4% 和 50.9%。低生物质炭添加促进纤维素酶活性，而高生物质炭添加抑制土壤纤维素酶活性，低生物质炭添加分别使马尾松和杉木幼苗土壤纤维素酶活性增加 15.9% 和 53.5%（$p<0.05$），中生物质炭和高生物质炭添加分别使马尾松幼苗纤维素酶活性降低 39.7% 和 59.5%、杉木幼苗纤维素酶活性降低 15.3% 和 30.6%。生物质炭添

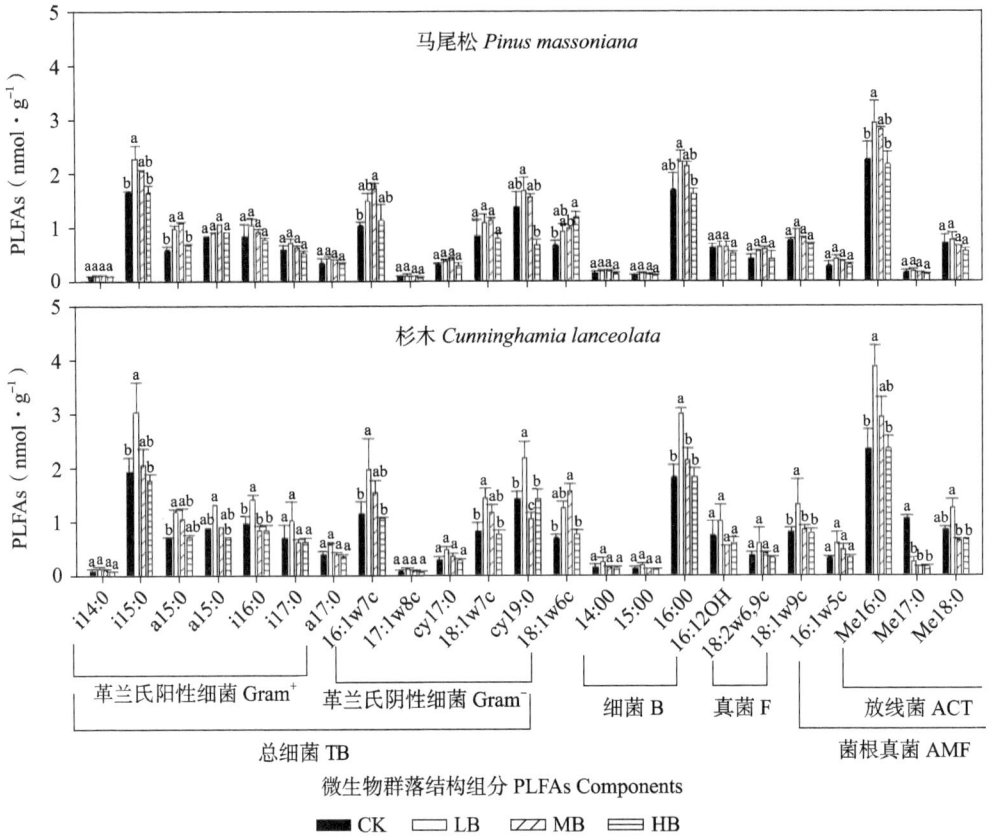

图 3-7　生物质炭添加对马尾松和杉木幼苗土壤微生物群落结构组分生物量的影响
（平均值 ± 标准差，n=7）

Fig. 3-7 Effect of biochar addition on biomass of soil microbial community structure components in *Pinus massoniana* and *Cunninghamia lanceolata* (means ± SD, n=7)

加对马尾松和杉木土壤脲酶活性的影响均不显著，随着生物质炭添加剂量的增加先增加后降低。

生物质炭添加对土壤氧化还原酶的影响显著（图 3-8）。高生物质炭添加使马尾松幼苗土壤多酚氧化酶活性显著增加 79.3%（$p<0.05$）；高生物质炭添加分别使马尾松和杉木过氧化酶活性显著降低 50.5% 和 49.7%。

3.2.7　生物质炭添加对马尾松和杉木幼苗土壤微生物的影响

典范对应分析表明，对照、低生物质炭、中生物质炭、高生物质炭添加处理中土壤微生物群落和土壤酶活性轴 1 和轴 2 分别解释根系形态变异量的 73.1% 和 18.4%、76.7% 和 13.7%、72.2% 和 18.6%、50.5% 和 28.1%

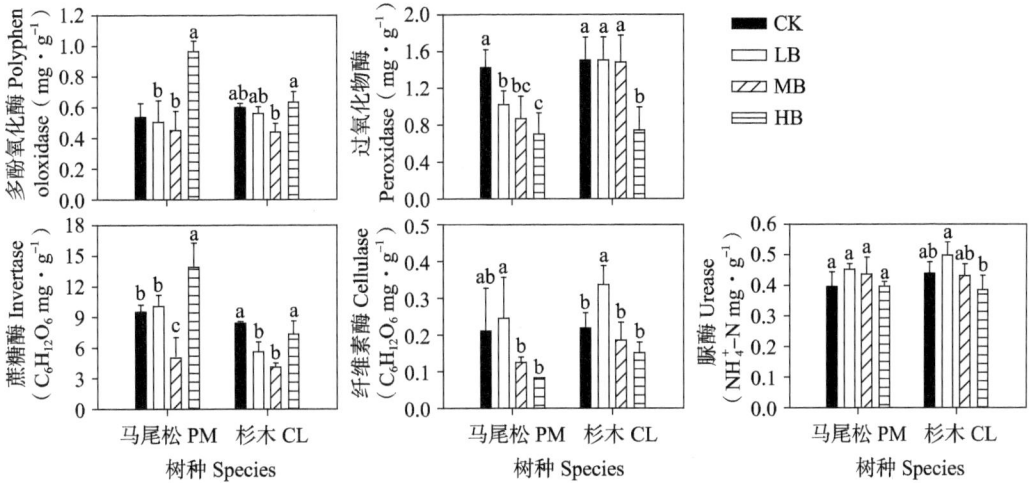

图 3-8　生物质炭添加对马尾松和杉木土壤氧化还原酶和水解酶活性的影响
（平均值 ± 标准差，n=7）

Fig. 3-8 Effect of biochar addition on soil oxidoreductase enzyme and hydrolase activities in *Pinus massoniana* and *Cunninghamia lanceolata* (means ± SD, n=7)

（图 3-9）。低生物质炭添加与对照处理相似，细根体积与总细菌（total bacteria, TB）、放线菌、脲酶活性呈显著正相关，与蔗糖酶活性呈显著呈负相关，但蔗糖酶活性对根尖数影响较大且呈正相关关系；中生物质炭添加和高生物质炭添加处理下细根体积与菌根真菌、纤维素酶活性、过氧化物酶活性呈显著正相关关系，与放线菌、多酚氧化酶活性呈负相关关系。

3.2.8　生物质炭添加对马尾松和杉木幼苗土壤化学计量的影响

生物质炭添加对马尾松和杉木幼苗土壤有机碳、土壤总氮和土壤总磷有明显影响（$p<0.001$，表 3-4）。如图 3-10 所示，与对照组相比，生物质炭添加（马尾松的中生物质炭添加除外）处理中，马尾松的土壤有机碳显著增加 26.6%~45.8%，杉木幼苗土壤有机碳显著增加 37.8%~65.0%（$p \leqslant 0.05$）。在马尾松的高生物质炭添加、杉木的低生物质炭添加和高生物质炭添加处理中，土壤总氮和土壤总磷含量显著增加（$p \leqslant 0.05$）。

生物质炭添加对土壤碳氮比和碳磷比有明显影响（$p<0.01$），但对土壤氮磷比没有影响（$p>0.05$，表 3-4）。在中生物质炭和高生物质炭添加处理下，马尾松的土壤碳氮比明显增大，但杉木只在中生物质炭添加处理下碳

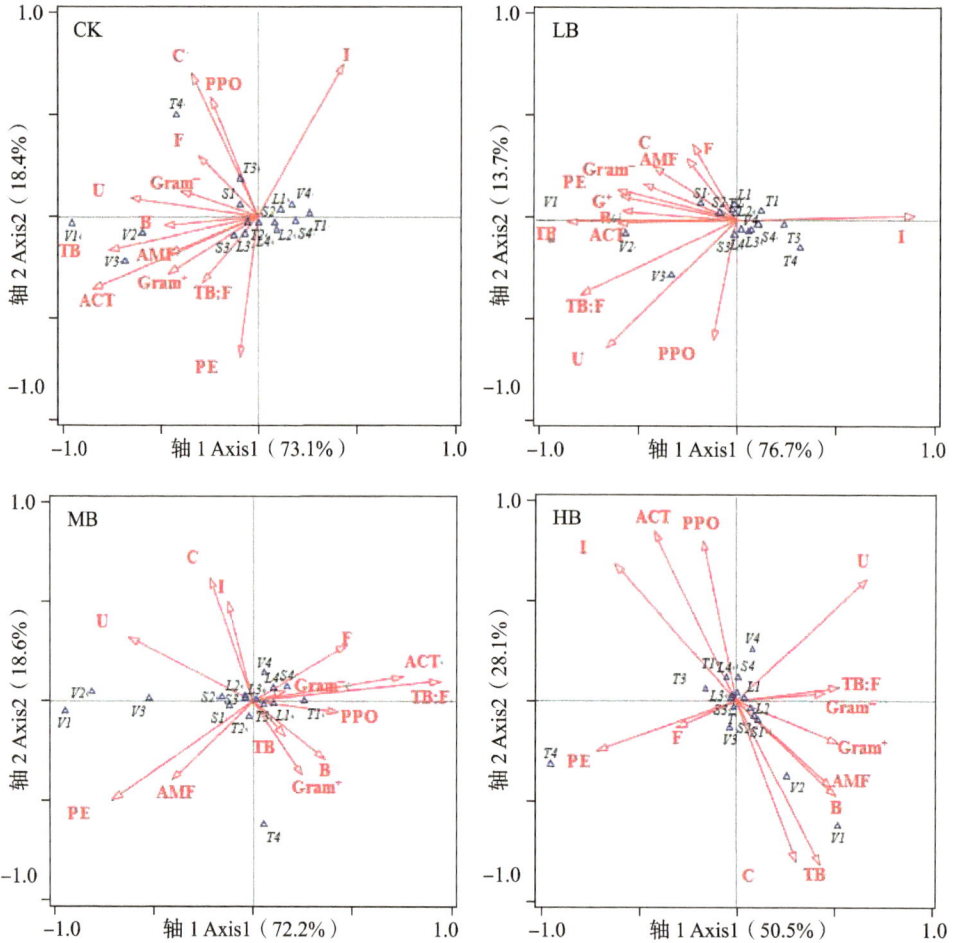

图 3-9　生物质炭剂量对土壤微生物群落结构组分和土壤酶活性的 CCA 分析

Fig. 3-9 Canonical correlation analysis of microbial community
characteristics and soil enzyme activities

注：PPO：多酚氧化酶；PE：过氧化物酶；I：蔗糖酶；C：纤维素酶；U：脲酶；Gram⁺：革兰氏阳性细菌 a；Gram⁻：革兰氏阴性细菌；B：细菌；F：真菌；TB：总细菌；TB:F：总细菌：真菌；AMF：丛枝菌根真菌；ACT：放线菌；L1、L2、L3、L4：0~0.5mm、0.5~1.0mm、1.0~2.0mm、>2.0mm 根长；S1、S2、S3、S4：0~0.5mm、0.5~1.0mm、1.0~2.0mm、>2.0mm 根表面积；V1、V2、V3、V4：0~0.5mm、0.5~1.0mm、1.0~2.0mm、>2.0mm 根体积；T1、T2、T3、T4：0~0.5mm、0.5~1.0mm、1.0~2.0mm、>2.0mm 根尖数。

Note: PPO: Polyphen oloxidase; PE: Peroxidase; I: Invertase; C: Cellulase; U: Urease; G⁺: Gram⁻ positive bacteria; G⁻: Gram-negative bacteria; B: Bacteria; F: Fungis; TB: Total bacteria; TB:F: the ratio of total bacteria to fungis; AMF: Arbuscular mycorrhizae fungic; ACT: Actinomycetes; L1、L2、L3、L4: root length at 0−0.5mm, 0.5−1.0mm, 1.0−2.0mm, >2.0mm; S1、S2、S3、S4: root surface area at 0−0.5mm, 0.5−1.0mm, 1.0−2.0mm, >2.0mm; V1、V2、V3、V4: root volume at 0−0.5mm, 0.5−1.0mm, 1.0−2.0mm, >2.0mm; T1、T2、T3、T4: root tips at 0−0.5mm, 0.5−1.0mm, 1.0−2.0mm, >2.0mm.

表 3-4　生物质炭添加处理下马尾松和杉木不同组织器官养分和土壤养分及其化学计量相关关系

Tab. 3-4 The relationships between plants and soil indicators under biochar fertilization of *Pinus massoniana* and *Cunninghamia lanceolata*.

变量 Variables	叶 Leaves						茎 Stems						根 Roots					
	C	N	P	NSC	RNP	SSR	C	N	P	NSC	RNP	SSR	C	N	P	NSC	RNP	SSR
土壤有机碳 SOC	0.26	0.35	**0.47***	0.05	−0.39	0.22	−0.31	0.10	**0.46***	−0.36	**−0.55****	0.13	−0.10	0.00	0.26	0.16	−0.34	**0.43***
土壤总氮 STN	**0.42***	0.02	0.10	0.01	−0.12	−0.12	−0.14	−0.24	0.00	**−0.51***	−0.22	−0.12	0.32	−0.38	−0.01	0.36	**−0.44****	**−0.46***
土壤总磷 STP	**0.58****	0.14	0.15	0.02	−0.18	**0.77****	0.00	−0.24	0.01	**−0.65****	−0.20	−0.19	0.21	**−0.42***	−0.04	0.38	**−0.44****	−0.52
土壤碳氮比 Soil C:N	−0.05	**0.43***	**0.52****	0.36	−0.40	**0.41***	−0.25	0.39	**0.62****	0.05	**−0.51***	0.26	**−0.47***	0.39	0.36	−0.16	−0.01	−0.06
土壤碳磷比 Soil C:P	−0.07	0.36	**0.57****	0.40	**−0.53****	**0.45***	**−0.44***	0.29	**0.65****	−0.04	**−0.66****	0.30	−0.30	0.29	0.40	−0.04	−0.19	−0.23
土壤氮磷比 Soil N:P	0.02	−0.14	0.01	0.05	−0.14	0.02	−0.24	−0.13	0.01	−0.09	−0.17	0.03	0.30	−0.17	0.04	0.17	−0.27	−0.18

注：粗体表示 p≤0.05；其中，*表示 p<0.05，**表示 p<0.01。NSC：非结构性碳水化合物；RNP：植物氮磷比；SSR：植物可溶性糖：淀粉。

Note: p≤0.05 are shown in bold. *p<0.05, **p<0.01. NSC: non-structural carbohydrates; RNP: ratio of N to P; SSR: sugar to starch ratio; SOC: soil organic C; STN: soil total N, STP: soil total P.

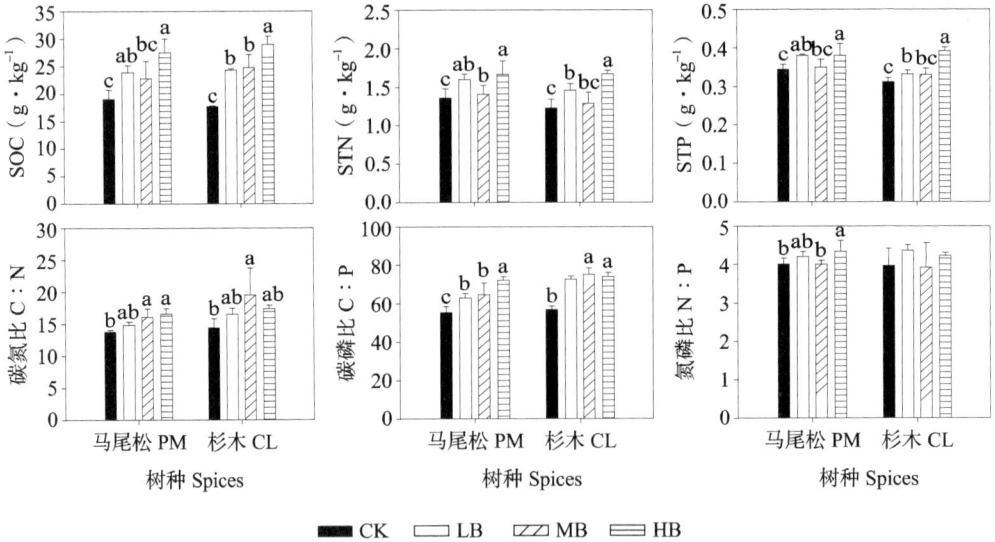

图 3-10　生物质炭添加对马尾松和杉木土壤有机碳、土壤总氮、
土壤总磷及其化学计量的影响

Fig. 3-10 The effects of biochar fertilization on SOC, STN, STP and soil stoichiometry
under *Pinus massoniana* (PM) and *Cunninghamia. lanceolata* (CL)

注：相同树种不同小写字母表示在 $p \leqslant 0.05$ 水平上差异显著。
Note: Different lowercase letters above bars in the same species mean significant differences at $p \leqslant 0.05$.

氮比显著增大（$p<0.01$，图 3-10）。所有的生物质炭添加处理都明显增加了马尾松和杉木的土壤碳磷比（$p<0.001$），而土壤氮磷比只在马尾松的高生物质炭添加处理下明显增大（$p \leqslant 0.05$，图 3-10）。

3.2.9　生物质炭添加对马尾松和杉木幼苗生长与土壤关系的影响

去趋势对应分析（DCA）表明，对照处理中两个排序轴分别解释变量的 75.9%（第一轴）和 15.5%（第二轴），低生物质炭添加处理解释变量的 80.6% 和 7.1%，中生物质炭添加处理解释变量的 84.0% 和 6.5%，高生物质炭添加处理解释变量的 81.9% 和 1.8%。生物质炭添加增强了土壤碳氮比、碳磷比、氮磷比对植物养分和化学计量的交互作用，特别是叶、芽和根中的磷含量，以及可溶性糖与淀粉的比例（图 3-11）。

在生物质炭添加处理下，两个树种和土壤养分及其化学计量之间存在着明显的关系（表 3-4）。土壤有机碳与叶、茎中的磷含量以及根中可溶性糖：淀粉呈正相关，但与生物质炭添加处理下茎中的氮磷比呈负相关。土

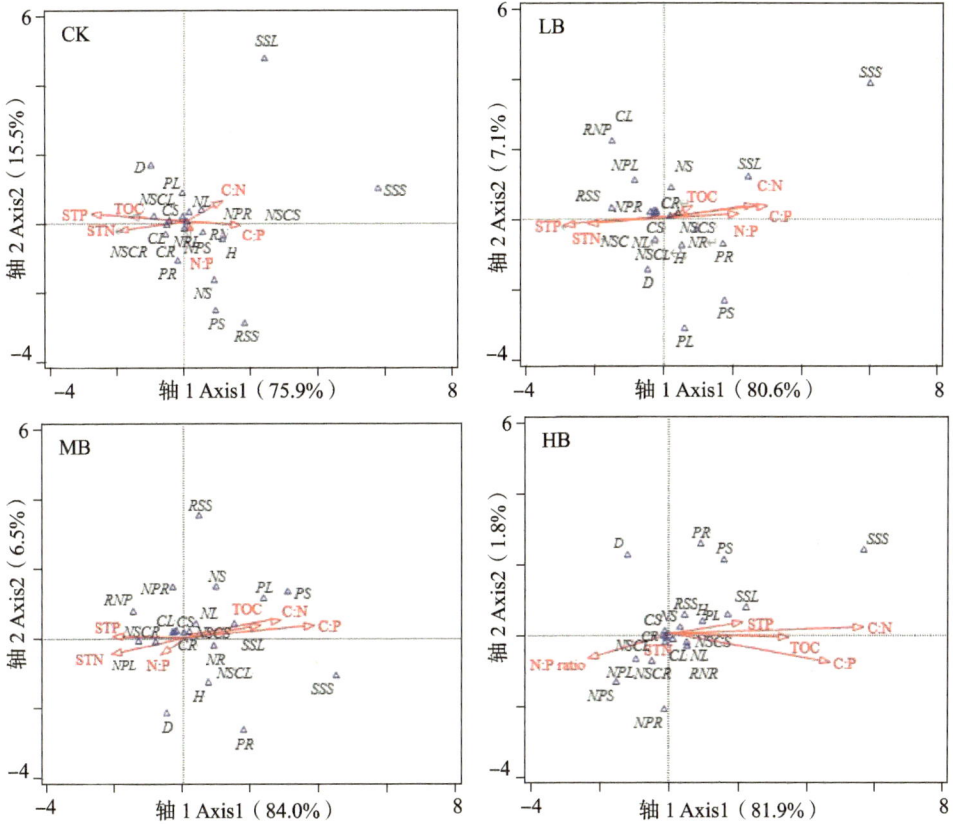

图 3-11 生物质炭添加处理对马尾松和杉木幼苗土壤养分与植物
非结构碳水化合物关系的影响

Fig. 3-11 the effects of biochar addition onthe relationships between soil nutrients and nonstructural carbohydrates in experiments of P. massoniana and C. lanceolata

CK: 对照 control; LB: 低生物质炭添加 low biochar addition; MB: 中生物质炭添加 medium biochar addition; HB: 高生物质炭添加 high biochar addition; SOC: 土壤有机碳 soil organic C; STN: 土壤总氮 soil total N; STP: 土壤总磷 soil total P; D: 根系直径 root diameter; H: 高度 height; CL: 叶碳含量 C content in leaves; CS: 茎碳含量 C content in shoot; CR: 根碳含量 C content in roots; NL: 叶氮含量 N content in leaves; NS: 茎氮含量 N content in shoots; NR: 根氮含量 N content in roots; PL: 叶磷含量 P content in leaves; PS: 茎磷含量 P content in shoots; PR: 根磷含量 P content in roots; NSCL: 叶非结构性碳水化合物 nonstructural carbohydrates in leaves; NSCS: 茎非结构性碳水化合物 nonstructural carbohydrates in shoots; NSCR: 根非结构性碳水化合物 nonstructural carbohydrates in roots; NPL: 叶氮磷比 N：P ratio in leaves; NPS: 茎氮磷比 N：P ratio in shoots; NPR: 根氮磷比 N：P ratio in roots; SSL: 叶可溶性糖淀粉比 sugar to starch ratio in leaves; SSS: 茎可溶性糖淀粉比 sugar to starch ratio in shoots; SSR: 根可溶性糖淀粉比 sugar to starch ratio in roots; C：N: 土壤有机碳：土壤总氮 soil organic C to soil total N ratio; C：P: 土壤有机碳：土壤总磷 soil organic C to soil total P ratio; N：P: 土壤有机碳：土壤总磷 soil organic C to soil total P ratio。

87

壤中的碳氮比与叶片中的氮、磷含量和可溶性糖：淀粉以及茎中的磷含量间存在明显的正相关关系，而与茎中的氮磷比和根中的碳含量间则呈负相关关系（表3–4）。

3.3 讨 论

生物质炭是促进养分循环、减少土壤二氧化碳排放和加强碳固存的潜在途径，其在土壤中的应用正受到越来越多的关注（Singh et al., 2014; Lehmann et al., 2006）。有报道表明：在森林土壤中添加生物质炭可以改变土壤环境，从而通过增加阳离子交换能力（CEC）、有效水分、土壤聚集和微生物繁殖等功能，有利于植物生长（Sohi et al., 2010）。生物质炭添加带来的森林土壤环境改变可能对细根生长、根系形态产生直接的正面影响（Amendola et al., 2017; Makoto et al., 2010）。与农业环境相比，在森林环境中生物质炭的应用受到的关注相对较少（Egamberdieva et al., 2016）。因此，研究生物质炭的添加对树木生长的影响，特别是对根系形态和化学计量的影响很有必要。

3.3.1 生物质炭添加对马尾松和杉木幼苗生长的影响

由于生物质炭自身养分含量和特殊理化性质能直接或间接影响土壤养分吸附，有效降低土壤养分的淋失和利用效率，因此间接影响植物生长或改善作物品质。目前，生物质炭在农业上的推广应用研究表明，生物质炭添加平均增加生物量50%，原因在于生物质炭自身的孔隙结构为微生物提供了良好的环境，提高了微生物活性和繁殖率，从而促进了作物或林木生长。

有研究表明，生物质炭对植物生长的影响随施用剂量和植物物种的不同而不同（Jeffery et al., 2015; Makoto et al., 2011）。McElligott 等（2011）研究表明，将硬木生物质炭以25%和50%（v/v）的比例添加到毛果杨（*Populus trichocarpa*）林中，发现生物质炭添加对毛果杨地上生物量没有影响。曹烨（2016）研究表明，在土壤中添加低浓度生物质炭（10t·hm^{-2}）和高浓度生物质炭（30t·hm^{-2}）后，优势种金钱松（*Pseudolarix amabilis*）和浙江楠（*Phoebe chekiangensis*）的地径生长速率没有显著变化，浙江楠的树高生长速率没有显著增加，但金钱松的树高生长速率显著增加，且低浓度生物质炭的促进作用高于高浓度生物质炭。吴志庄等（2015）研究表明，生物质炭添加促进黄连木（*Pistacia Chinensis*）生长，但与添加量关系不紧密，促进地径、树高、冠幅、比叶面积分别增加30.09%、55.08%、23.07%和25.03%。朱丛飞（2019）研究表明，生物质炭添加使樟树幼苗株高和地径显著增长（$p<0.01$）。也有研究表明生物质炭添加可以改善营养缺乏条件下种植园的生长状况（Hagner et al., 2016; Taghizadeh-Toosi et al., 2012）。在加拿大的温带硬木森林中，由云杉（Spruce）形成的生物质炭与对照地块相比，在2~6周内明显增加了土壤可用的磷和钾含量（Sackett et al., 2015）。生物质炭对土壤可利用磷的增加已被证明对促进植物生长有重要作用（Gale and Thomas，2019）。然而，人们较少关注生物质炭剂量对森林植物生长的影响。

在本研究中，在土壤中添加生物质炭对两个树种的植物生物量都没有明显影响（表3-1），表明生物质炭添加在短期内对植物组织干物质的积累影响较小（Hol et al., 2017）。生物质炭添加处理不影响植物生物量的一个重要因素可能是干燥，因为本研究在春季进行生物质炭添加处理，可能会通过生物质炭吸水造成土壤缺水（Bruun et al., 2017）。第二个原因是生物质炭在土壤中的分布，与土壤混合均匀的生物质炭添加对总生物量没有明显影响（Makoto et al., 2010）。生物质炭添加没有导致根系总生物量的增强（表3-1），但对马尾松和杉木的细根生物量和细根尖（1.0~2.0mm 径级）的数量有明显的正向影响（表3-2），而随着根系数量的增加，植物从土壤中捕获资源的能力得到增强（Robertson et al., 2012）。这些结果可能归因于生物质炭添加后有更高的水分可利用性和更多的可利用营养物质（特别是叶中的P含量）（表3-3）。此外，生物质炭添加促进根系更好地发育可能与土壤对根系渗透的阻力减少有关（Rees et al., 2016），或者与植物和生物质炭中的有机易溶化合物之间的间接相互作用有关。在本研究中，高生物质炭添加对马尾松幼苗 1.0~2.0mm 径级的根系生长有明显的正向影响，而低生物质炭添加量对杉木幼苗 0~0.5mm 径级的根系生长有明显的正向影响（图3-3），说明生物质炭添加对根系生长的影响随根系径级和树种的不同而不同。在本研究中，杉木是一个快速生长的树种，随着磷含量的增加，杉木可能会发展出更多 0~0.5mm 径级的细根来吸收水分和营养，以满足快速生长；生物质炭的添加对植物高度和直径有积极的影响，可能是因为根部形态的变化（Obia et al., 2016）。本研究中，因杉木生长于比马尾松更贫瘠的土壤中，其根系具有不同的养分吸收策略，这也是生物质炭添加处理下二者根系生物量有差异的原因。相反，朱丛飞（2019）研究表明，生物质炭添加使樟树幼苗叶、茎、地上、地下生物量显著增加（$p<0.01$）。总之，生物质炭自身存在的灰分能提供植物生长所需的大量元素和微量元素，通过土壤微生物活性及土壤有效养分吸附促进植物生长，但随着林木类型、土壤质地、酸碱程度、生长反应时间而不同。

3.3.2 生物质炭添加对马尾松和杉木幼苗组织养分含量的影响

国外在森林生物质炭添加实验中，侧重对植物生长和养分动态的影响研究，如 Razaq 等（2018）在苗圃开展为期 120~140 天的生物质炭添加对五角枫（*Acer mono*）根部形态结构的影响研究；McElligott 等（2017）用盆栽试验开展为期为 4~8 周的生物质炭添加对北美乔柏（*Thuja plicata*）、大冷杉（*Abbies grandis*）、花旗松（*Pseudotsuga menziesii*）、美国黑松（*Pinus contorta*）和辐射松（*Pinus radiata*）生长的影响研究；Fernández-Ugalde 等（2017）在西班牙大西洋地区开展为期 1 年的生物质炭对土壤总有机碳的影响研究；Mitchell 等（2015）和 Birge 等（2015）开展为期 2 年的生物质炭添加对混合硬木林（如糖槭、美国红枫、加拿大铁杉）土壤有机物组成和土壤养分动态的影响研究；Makoto 等（2012）开展生物质炭对土壤可用磷消耗的影响研究。通常，北方和热带森林的植物生长反应比温带森林更强烈（Thomas and Gale，2015）。然而，在木本植物中添加生物质炭，目前还不确定植物生长和营养吸收之间是否存在优先级。此外，很少有人关注生物质炭对同一地区不同植物物种和土壤化学计量关系的影响。

生物质炭添加对马尾松和杉木幼苗生长影响明显。在本研究中，高生物质炭添加处理下杉木幼苗高度和马尾松幼苗地径的增长（图 3-1）与杉木叶和马尾松茎中氮和磷含量的增加有关（图 3-4）。这一结果表明，通过土壤和生物质炭之间的相互作用，将氮和磷从土壤中向叶片和茎调动，可以提高植物的养分利用效率，说明生物质炭添加的养分可以提高植物的高度和基径增长，但不能提高生物量的净积累。本研究结果还表明，提高生物质炭添加量可以明显增加组织器官的大量营养元素含量和营养物质的化学计量（Gale and Thomas，2019），但对组织的氮磷比有明显的负作用。曹烨（2016）研究表明，土壤中添加竹炭后，优势种金钱松和浙江楠叶片的总碳、总氮含量和碳氮比随生物质炭添加量的增加没有显著变化；金钱松叶片总氮含量秋冬季较低，春夏季较高，呈明显的季节变化。Woldetsadik 等（2017）研究也表明，地上部生物量与茎中的磷含量呈正相关，与茎中的氮磷比呈负相关。因此，高氮磷比根系的生物量低于低氮磷比根系，但生长速度相似（Güsewell，2004），说明生物质炭添加通过植物养分化学计量影响植物养分浓度和吸收模式（Gale and Thomas，2019）。

3.3.3 生物质炭添加对马尾松和杉木根系形态的影响

生物质炭添加刺激林木生长，同时因生物质炭有较强的吸附性能，导致植物有更多的养分和水分需求（Jeffery et al., 2015）。Amendola 等（2017）研究表明生物质炭添加（10t·hm^{-2}）明显增加葡萄（*Vitis vinifera*）细根生物量（55.8%），但对细根长度没有影响。Backer 等（2017）研究表明生物质炭添加明显增加玉米总根长 18% 和比根长 5%，对根系直径则没有显著影响。Xiang 等（2017）用整合分析法研究表明生物质炭添加增加植物根系生物量 32%。本研究中，生物质炭添加对马尾松根系生物量影响较杉木大，不同剂量生物质炭添加均促进马尾松根系生物量（增加 19.9%~30.7%），而中、高生物质炭添加抑制杉木根系生物量（降低 4.8%~16.0%）；可能因为生物质炭添加通过缓解养分缺乏而促进马尾松根系生长（Xiang et al., 2017），高生物质炭添加下杉木根系和土壤因碳氮比变大而引起氮稀释或者缺乏（Gale and Thomas，2019）。

生物质炭添加促进根系生长主要通过土壤环境（如养分、pH 值和离子交换能力）的变化来实现（Prendergast-Miller et al., 2014）。Xiang 等（2017）研究表明生物质炭添加增加根系体积 29%、根系表面积 39%；且生物质炭对根系长度（+52%）和根尖数（+17%）的促进作用较根系直径（+9.9%）大。本研究中高生物质炭添加明显增加马尾松 1.0~2.0mm 径级细根根长，低生物质炭浓度生物质炭添加明显增加杉木 0~0.5mm 径级细根长，说明不同树种不同径级细根对生物质炭响应不同。Baddeley 和 Watson（2005）研究表明，细根寿命与细根直径呈正相关，根系直径每增加 0.1mm，细根死亡率下降 16%。本研究与对照相比，生物质炭添加增加了马尾松 1.0~2.0mm 径级细根表面积和细根体积，降低了杉木 1.0~2.0mm 径级细根表面积和细根体积，说明生物质炭添加可促进马尾松根系直径生长，延长细根寿命，增加根系生物量，而生物质炭添加对杉木的影响则与之相反。本研究发现，生物质炭添加使植物高度和直径增长（图 3-1）可能是由于生物质炭影响根毛和土壤间的作用。这些变化导致了更多的营养吸收，从而通过细菌多样性或酶活性的增加促进植物生长（Delgado-Baquerizo et al.，2017; Güsewell，2004）。此外，我们发现中等生物质炭添加导致杉木 1.0~2.0mm 径级的细根长度、表面积和体积下降（图 3-3），表明中等生物质炭添加可能会抑制此径级根系的生长。总之，在生物质炭添加下，根系形态的改变、养分可用性的增强和土壤养分浓度的增加，可以通过增加对可用氮的吸收（Ventura et al.，2014）和减少土壤植物毒性，对植物生物量产生积极影响（尽管在第一个生长季节并不显著）（Backer et al.，2017）。

生物质炭添加剂量对马尾松和杉木根系形态影响明显，且根系趋向生物质炭生长。本研究中，与对照相比，生物质炭添加均促进马尾松根系生长，且添加剂量与马尾松细根长、表面积呈正相关（表 3-2），中、高生物质炭添加则抑制杉木细根、表面积和根尖数生长，说明不同的植物类型对生物质炭的响应不同（Olmo et al.，2016）；马尾松和杉木根系生长与土壤微生物生物量变化趋势一致。Olmo 等（2016）研究表明，与对照相比，2.5% 的橄榄枝生物质炭添加处理增加小麦（*Triticum durum*）比根长，0.5% 的生物质炭添加处理降低比根长，2.5% 生物质炭添加降低根系直径和根系组织密度，0.5% 的生物质炭添加则增加根系直径和根系组织密度。总之，生物质炭—根系相互作用，一方面细根、根毛可以吸收养分，或者深入生物质炭内部孔隙直接利用生物质炭自身可溶养分；另一方面通过影响周围土壤微生物活性和群落结构，释放或吸收化学信号影响根系生长（Prendergast-Miller et al.，2014）。

3.3.4 生物质炭添加对马尾松和杉木幼苗土壤微生物活性的影响

研究表明生物质炭添加通过改变生态位刺激根系—土壤连续体的物理性质，如气体交换、养分/水分持有量、细菌天敌的物理保护等增加细菌生物量（Kolton et al.，2017）。本研究中低生物质炭添加使马尾松和杉木土壤微生物总生物量分别增加 28.9% 和 51.8%（$p<0.05$），高生物质炭添加使马尾松和杉木土壤微生物总生物量分别降低 4.5% 和 10.1%。一方面，低剂量生物质炭添加优化根系形态结构，增加根系生物量，并调节根系分泌物影响微生物活性（Gregory et al.，2014），而高剂量生物质炭添加则呈相反趋势；另一方面，生物质炭添加剂量对微生物群落结构的影响不同（Jiang et al.，2016），低剂量生物质炭刺激所有微生物群落组成增加，如 Gram[+]、Gram[−]

和放线菌，而高剂量生物质炭添加抑制微生物群落组成，仅增加 $Gram^-$ 生物量且差异不显著（图 3-6）。Jiang 等（2016）研究表明，生物质炭添加对土壤微生物量有非线性的正向促进作用，生物质炭添加量在 1%~5% 对土壤微生物生长和土壤碳库最有益。另外，生物质炭表面电荷与土壤微生物细胞、化学复合物和离子结合，同时生物质炭中养分和可溶性碳被微生物利用和吸收，从而影响土壤微生物量和群落结构（Jones et al., 2012）。

　　生物质炭添加对马尾松和杉木微生物群落结构影响明显。Gul 等（2015）研究表明，$Gram^+$ 优先利用生物质炭来源的碳，如可溶解的碳酸盐、氨基酸、多肽等，这能促进 $Gram^+$ 生长，大多数生物质炭 pH 值呈碱性，可能更利于 $Gram^+$ 生长；生物质炭修复的土壤有助于 $Gram^-$ 生长，这与生物质炭的 pH 值相关。本研究中马尾松土壤中的低生物质炭和中生物质炭添加处理下 $Gram^+$ 中 i15:0 和 a15:0、$Gram^-$ 中 16:1w7c、16:00 均高于对照（$p<0.05$）；杉木土壤中低生物质炭添加处理下 $Gram^+$ 中 i15:0 和 i16:0、$Gram^-$ 中 16:1w7c、18:1w7c、cy17:0 和 16:00 均高于对照（$p<0.05$）（图 3-7）。结果表明生物质炭添加对马尾松和杉木土壤细菌的影响大于真菌，因为细菌的繁殖与土壤参数关系更紧密，如 pH 值、总碳、总氮等。另外，马尾松和杉木对生物质炭添加剂量敏感性不同，可能因为杉木为丛枝菌根植物，马尾松属于外生菌根植物（吴小芹等，2006），其养分利用和吸收方面存在差异（高雨秋等，2019）；也可能马尾松和杉木根系释放不同的化学物质，释放的物质通过化感作用影响根际土壤微生物数量和结构。Jiang 等（2016）研究表明，低生物质炭添加增加了微生物量但不影响微生物组成，而较高的生物质炭添加明显改变微生物组成，并导致土壤中更多较难分解碳的积累；低生物质炭添加下逐渐释放金属离子（如 Ca^{2+}、Mg^{2+}、K^+），但高生物质炭添加可以有效地"锁定"金属离子并影响土壤酶活性，不利于微生物繁殖和养分利用（Gale and Thomas, 2019）。这些发现为生物质炭影响微生物群落结构的观点提供了证据，土壤微生物的细菌与真菌比改变土壤中新陈代谢底物碳氮比，从而引起微生物群落结构改变（Jones et al., 2012）。

　　土壤微生物活性的变化由生物质炭刺激植物生长和产生更大的根际作用引起，如改变根系分泌物的数量和质量、增加土壤碳含量等过程间接影响土壤酶活性（Jones et al., 2012）。另外，由于生物质炭自身具有较强的吸附能力，通过吸附酶促反应底物减小底物浓度，抑制酶促反应进行，进而降低土壤碳矿化相关的部分土壤酶活性；相反，生物质炭添加也可以通过吸附作用保护酶促反应的结合位点，促进酶促反应，增加部分氧化还原相关的土壤酶活性（Czimczik and Masiello, 2007）。本研究中，高生物质炭添加使马尾松土壤蔗糖酶活性提高 44.9%（$p<0.05$），中生物质炭添加使马尾松和杉木蔗糖酶活性分别降低 47.4% 和 50.9%（$p<0.05$）；高生物质炭添加使马尾松土壤多酚氧化酶活性增加 79.3%，使马尾松和杉木过氧化酶活性分别降低 50.5% 和 49.7%（$p<0.05$）；说明土壤酶活性对生物质炭剂量的敏感性不同，土壤蔗糖酶和多酚氧化酶活性对高剂量生物质炭敏感。Li 等（2018）研究表明毛竹叶生物质炭添加明显降低 β–葡萄糖苷酶和纤维二糖水解酶活性。Elzobaird 等（2016）研究表明硬木生物质炭添加（22.5t·hm^{-2} 和 42t·hm^{-2}）对土壤 β–D–纤维二糖苷酶活性和 β–木糖苷酶活性没有影响。袁颖红等（2019）在江西省红壤旱地中添加小麦秸秆生物质炭（21.46g·kg^{-1}）研究表明，添加 7 天后淀粉酶活性开始降低，35 天后略有增高；土壤脲酶活性 3 天内受到抑制，第 49 天增大到最大值，63 天后趋于稳定。姬强等（2019）研究表明，生物质炭添加初期对土壤转换酶活性存在激发效应，而后期则降低了土壤转化酶—酶促反应速率，有机物质转化循环变缓，碳素在土壤中的存留时间变长。总之，生物质炭添加对土壤酶活性的影响取决于是否提高微生物养分循环过程和土壤有效养分，并调节生物质炭—根系的作用强度（Elzobair et al., 2016）；生物质炭添加促进根际细菌氮固定和可溶性非有效性养分（如磷等）转变成根系可吸收的有效养分（Gregory et al., 2014）。

3.3.5 生物质炭添加对马尾松和杉木土壤养分及其化学计量的影响

土壤有机碳是土壤质量的核心，也是营养元素生物地球化学循环的主要组成部分，其质量和数量影响着土壤的物理、化学和生物学特征及其过程，对土壤肥力和森林植物生长起着决定性的作用（安艳，2016）。研究表明生物质炭添加因其难降解的特性、自身养分含量、吸附性及表面催化活性促进小团聚体聚合而显著提高土壤有机碳含量。本研究中，与对照组相比，生物质炭添加（马尾松的中生物质炭添加除外）使马尾松的土壤有机碳显著增加 26.6%~45.8%，杉木的土壤有机碳显著增加 37.8%~65.0%（$p \leq 0.05$）。只有在马尾松的高生物质炭添加、杉木的低生物质炭添加和高生物质炭添加处理，才会显著增加土壤总氮和土壤总磷含量（$p \leqslant 0.05$，图 3-10）。李莹（2018）研究表明，杉木林土壤中添加 1% 和 3% 的生物质炭后，土壤有机碳含量较对照分别增加 39.4% 和 124.5%，土壤有机碳含量随着生物质炭添加量的增加而增加；同时生物质炭添加显著降低累计矿化碳损失，且有较好的固碳效应。曲晶晶（2012）研究表明，土壤有机碳随生物质炭添加量的增加而显著提高，用量为 40t·hm^{-2} 时，土壤有机碳含量增长超 50%。安艳（2016）研究表明，不同温度制备的小麦秸秆生物质炭以 2% 添加至土壤 300 天后，以 300℃、400℃、500℃、600℃制备的生物质炭使土壤有机碳含量分别提高 151.52%、151.67%、184.29% 和 106.60%。研究表明，生物质炭通过自身巨大的孔隙结构吸附土壤中各种易溶养分，为微生物提供理想的栖息场所，提高土壤养分利用效率和微生物分解有机质的速率。

生物质炭因其自身特殊的物理性质而显著提高土壤氮磷等养分的有效性，促进土壤养分循环。本研究中，只有马尾松的高生物质炭添加、杉木的低生物质炭和高生物质炭添加处理，才会显著增加土壤总氮和土壤总磷（$p \leqslant 0.05$，图 3-10）；说明生物质炭添加可有效缓解森林土壤中氮磷淋溶的速率。李莹等（2018）在杉木林土壤中添加 1% 和 3% 生物质炭培养试验研究表明，除添加第一天外，生物质炭添加未对 NH_4^+-N 和 NO_3^--N 的含量产生显著影响，但生物质炭的添加显著降低了 NO_3^--N 和净氮矿化率。涂超（2020）研究表明，生物质炭添加显著提高了土壤对 NH_4^+-N 的吸附能力，且随生物质炭添加量的增加而增加，生物质炭添加剂量越大，土壤对 NH_4^+-N 的吸附量越大，且与土壤 pH 和土壤有机质含量呈显著正相关。宋凯悦等（2021）研究表明，生物质炭添加显著改变了土壤磷组分含量及各组分在总磷中的比例，土壤磷素对生物质炭的响应程度与不同磷组分的稳定性有关。本研究证实了土壤物理性质（如土壤阳离子交换量）和有机质含量加强了土壤对氮和磷等养分的截留能力，同时生物质炭自身的矿质养分通过土壤微生物—根系互作被林木充分吸收利用。生物质炭增加土壤氮磷含量的可能原因有（曹烨，2016）：①生物质炭有巨大的孔隙结构和吸附能力，能够将土壤中的铵态氮、硝态氮、磷酸根离子等吸附在其表面；②生物质炭可显著增加森林土壤的水分含量，有效降低土壤饱和导水率，在一定程度上降低氮磷易溶养分随水分子入渗淋溶的效率和速率；③生物质炭自身的养分含量促进了林木根系—土壤—微生物的互作，促进根系养分的吸收，提高养分利用效率；④生物质炭添加提高了土壤微生物活性和生物量，使土壤中的有效氮和磷被微生物固定，减少淋失。

生态化学计量比是研究生态系统能量平衡和多重化学元素平衡的指标，尤其是碳、氮、磷元素间的关系比。研究生物质炭添加对土壤环境的改良作用，不仅需要关注土壤养分含量的变化，更需要关注养分元素之间化学计量比的动态变化。在土壤中施用生物质炭有很大的潜力，可以改善土壤中的氮和磷循环，从而改善土壤中碳、氮和磷的化学计量（Fan et al., 2015），进而影响植物的营养状况和生长（Fan et al., 2015）。本研究中，生物质炭添加对土壤碳氮比和土壤碳磷比有明显影响（$p<0.01$），但对土壤氮磷比没有明显影响（$p>0.05$），即中生物质炭和高生物质炭添加处理下，马尾松的土壤碳氮比明显增大，但杉木只有中生物质炭添加处理下碳氮比显著增大（$p<0.01$）；所有的生物质炭添加处理都明显增加了马尾松和杉木的土壤碳磷比（$p<0.001$），土壤中的氮磷比只有在马尾松的高生物质炭添加处理下才明显增加（$p\leq0.05$，图3-10）。可能因为生物质炭添加对氮和磷的利用效率和有效养分的影响都较大或影响程度相当，生物质炭自身氮、磷均能改变土壤总氮、总磷及其有效养分；生物质炭添加对土壤有机碳含量影响较大致使碳磷比差异显著。曹烨（2016）研究表明，土壤中加入生物质炭后，土壤表层（0~10cm）的碳氮比和碳磷比随生物质炭添加量的增加而上升，且氮磷比没有显著变化。Razaq等（2018）发现，根部的氮含量和碳氮比对高生物质炭的应用剂量有积极的反应。Robertson（2012）发现，与非生物质炭处理相比，高生物质炭添加（10%干物质）明显增加了土壤总碳（$p<0.001$）、土壤总氮（$p=0.029$）和土壤碳氮比（$p<0.001$）。Li等（2018）研究表明，高生物质炭（15t·hm^{-2}）与低生物质炭添加（5t·hm^{-2}）相比，一年后竹林土壤中水溶性有机物碳和微生物生物量碳含量更高。Palviainen（2018）的研究表明，土壤中的氮矿化率随着云杉（*Picea asperata*）生物质炭用量（5t·hm^{-2}和10t·hm^{-2}）的增加而增大。然而，在另一项研究中，由于土壤中的氮固定化和土壤中的高碳氮比，对土壤进行生物质炭施肥导致植物缺氮（McElligott et al., 2011）。目前还不清楚生物质炭用量如何影响土壤和植物的化学计量，而土壤和植物的化学计量又影响到根系的生长和形态，最后决定了地上植物结构的生长。

总之，研究发现，未来通过林木废弃物加工成生物质炭并添加到土壤中，可以减少温室气体的排放，控制易溶养分淋失，增加土壤碳汇。生物质炭输入土壤通过调节 pH 值和养分促进微生物的大量繁殖，通过配位交换作用和离子交换竞争土壤颗粒表面的阴离子吸附位点，促进有效养分的吸附和利用效率。本研究的开展有利于进一步研讨生物质炭添加对森林土壤有机碳矿化程度及生物质炭—土壤互作对森林土壤碳稳定性的影响。

3.3.6 生物质炭添加对马尾松和杉木组织养分与土壤养分关联性的影响

在高生物质炭添加处理下，马尾松茎中的氮和磷含量明显增加，杉木叶中的氮、磷含量增加，表明增加生物质炭用量导致特定组织中的氮和磷含量明显提高。本研究发现，低生物质炭添加导致马尾松根部氮和磷含量以及杉木根部氮含量明显下降（图 3-4），表明生物质炭可能通过根部的养分吸收影响土壤和植物之间的营养流动。具体来说，马尾松对氮和磷的吸收比例可能较低，而杉木可能表现出较低的氮吸收比例，因为与马尾松相比，杉木的根部可能存在更多的土壤磷的活化（Obia et al., 2016）。这一结果表明，磷从根部重新分配到叶和茎，根部磷酸酶活性增强，以增加土壤中氮和磷的可利用性（Castellanos et al., 2018）。与本研究结果相反，Xiang 等（2017）研究表明，生物质炭添加明显增加了作物根部的磷含量，但没有改变作物根部的氮含量。这些不一致的结果可能与树木和作物不同的营养吸收和再分配策略有关。本研究中，在三种生物质炭添加处理下，马尾松叶片（高生物质炭添加量除外）和根部的非结构性碳水化合物含量明显增加，而杉木的非结构性碳水化合物含量仅在低生物质炭添加处理下增加（图 3-4），表明在植物和土壤养分及化学计量中观察到的变化可能反映了这两个物种的光合作用生理投资变化（Castellanos et al., 2018）。例如，Rees 等（2016）发现，5%（w/w）的生物质炭添加对天蓝遏蓝菜亚种（*Noccaea caerulescens* subsp. caerulescens）的嫩枝生产没有影响，但明显增加了其根系表面积和根系生物量。因此，在本研究中，生物质炭添加下养分再分配的差异可能是由于两个物种不同的养分利用策略和环境适应性引起的。

有研究表明，氮磷比的变化表明植物性状、物种多样性和生长的变化（Güsewell，2004）。在本研究中，杉木的叶和茎中的氮磷比（<14）明显降低（图 3-5），而叶和茎中磷含量均增加（图 3-4），表明生物质炭添加引起的营养吸收对不同森林物种的氮磷关系有不同的影响。杉木可能有较高的生长速度，而这已被证明与较低的氮磷比有关（Ågren et al., 2004），阐明

了针叶中氮磷比与植物生长之间的关系（Makoto et al., 2011）。这些发现表明，平衡营养物质的吸收作为一种潜在的森林管理策略的重要性（Zhang et al., 2019）。在我们的研究中，低生物质炭和中生物质炭添加处理显著提高了马尾松叶片和根部的可溶性糖：淀粉，而三种生物质炭添加处理都显著降低了杉木根部的可溶性糖：淀粉（图 3-5），表明不同物种在生物质炭添加下对土壤环境变化有不同的适应策略。可吸入颗粒物可能在叶片和根部重新分配更多的糖分，通过吸收生物质炭的养分来促进生长，或者不同物种可能有不同的可再生能量资源来实现长期生长（Li et al., 2016）。Razaq（2018）研究发现，与对照组相比，生物质炭（每株施用水平为 10g、15g 和 20g）在施用 120~140 天后显著提高了五角槭（*Acer mono*）细根中的氮浓度和碳氮比（$p \leq 0.05$），表明生物质炭颗粒与根系之间存在互动。总之，本研究结果表明，通过不同的植物吸收策略，生物质炭添加对不同树种的碳氮磷分配有很大的影响（McGroddy et al., 2004）。

在本研究中，生物质炭添加处理下马尾松和杉木的土壤碳氮比和碳磷比明显增强（图 3-10），这是土壤化学性质变化的一个关键因素，表明土壤化学计量的变化可能通过增加土壤有效氮和磷以及固定氮来改变微生物可用的营养物质数量（Gregory et al., 2014）。本研究中，高生物质炭添加处理下土壤总氮和总磷的增加与叶片中的碳含量、茎中的非结构性碳水化合物含量以及根中的氮含量和氮磷比有关（表 3-1），表明生物质炭中的可用氮和磷影响了组织的营养吸收。这一结果表明，由生物质炭添加引起的植物中宏观和微观营养物质的生物利用率的变化对植物生长有益（Reverchon et al., 2014; Elzobair et al., 2016）。Macdonald 等（2014）提出，植物生物量和 pH 值的增加之间的显著关系有利于增加磷含量。然而，在本研究中，较低的生物质炭添加处理并没有明显提高土壤中的总氮和总磷浓度，说明土壤没有从生物质炭中吸收足够的氮和磷（Rees et al., 2016），即使根和基径的生长因生物质炭的添加而得到改善，但这并不能满足地上部分的营养需求（Makoto et al., 2010）。本研究发现土壤碳氮比与土壤微生物群落组成变化之间存在明显的相关性，这表明土壤碳氮比的增加是导致较高生物质炭添加剂量下微生物组成变化的关键因素。

Bell 等（2014）研究表明，植物叶片氮磷比与土壤氮磷比呈显著正相关。Fan 等（2015）研究表明，土壤氮磷比与植物氮磷比密切相关。在本研究中，叶片氮磷比与土壤氮磷比没有明显的相关性，但与土壤碳磷比呈明显的负相关（图 3-9 和表 3-1），说明不同的植物在植物—土壤相互作用过程中有不同化学计量比稳态。此外，不同植物组织的化学计量可能与营养物质的空间分布和植物与土壤的相互作用有关。在本研究中，叶、茎和根中的氮磷比与土壤总磷呈负相关，尽管只有根中的氮磷比与土壤总磷显著负相关（表 3-1），这说明在生物质炭添加下，根和土壤之间的地下相互作用比地上相互作用更重要。结果表明，土壤总磷的增加可能与根系和其他植物器官的氮磷比下降直接相关（Richardson et al., 2008）。需要进一步的长期研究以了解在生物质炭添加下，通过改变根系形态和养分吸收来了解植物和土壤化学计量的互动机制。

3.4 结　论

研究发现生物质炭添加通过增加土壤微生物生物量（增加细菌生物量，$p<0.05$）和土壤氧化还原酶活性，并改变微生物群落结构（增加细菌生物量，$p<0.05$），增加根系生物量并优化根系形态，说明生物质炭添加对马尾松和杉木幼苗细根生长影响明显。各浓度生物质炭添加均促进马尾松细根生长，高浓度生物质炭添加增加马尾松 1.0~2.0mm 细根长（$p<0.05$），低浓度生物质炭添加增加杉木 0~0.5mm 细根长（$p<0.05$），说明不同树种不同径级根系对生物质炭添加剂量响应不同。总体上，高生物质炭添加对马尾松根系生长影响较大，低生物质炭添加对杉木根系生长影响较大。本研究时间相对较短，而森林树木反馈周期较长且复杂，生物质炭添加通过根系—生物质炭互作对林木生长的促进作用及稳定性需要进一步深入研究。

生物质炭添加没有明显改变植物生物量、细根长度和细根表面积，但高生物质炭添加明显增加了土壤有机碳和总氮、总磷，直接导致土壤碳氮比和碳磷比的增加。生物质炭添加对植物高和直径的生长促进可能是由于叶或茎中氮和磷含量的增加，或者是通过改变特定根系构型（马尾松为 1.0~2.0mm，杉木为 0~0.5mm）而提高对有效养分的吸收率。生物质炭添加增加了土壤化学计量比、组织器官磷含量和可溶性糖与淀粉的比而影响植物生长。总的来说，本研究结果表明，生物质炭添加对马尾松和杉木的根系性状和地上地下的化学计量有深刻的影响。然而，有关生物质炭、根系性状和化学计量相互作用的文献很少，需要进一步研究以探索这些关系的机制和潜在的应用。

第 4 章

生物质炭配施氮肥对雷竹林
生理生态的影响

竹子是亚热带、热带经济作物，分布范围广，宜林面积大；浙江省竹林面积占全国竹林总面积的 16.5%，年产值达 283 亿元，位居全国第一，享有"世界竹子看中国，中国竹子看浙江"之盛誉。浙江每年竹材砍伐量 800~900t，大量的竹材废弃物被直接燃烧掉，损失的氮、磷、钾达 30~40t，造成大气污染、火灾等环境与社会问题。生物质炭是由植物生物质在完全或部分缺氧的情况下裂解产生的一类含碳量高达 60%~85% 的高度芳香化物质，具有高度的稳定性；生物质炭具有很强的离子吸附交换能力，可以增加土壤的离子交换量，增加土壤有效养分供植物吸收利用，促进植物生长。

土壤微生物碳利用效率（microbial carbon use efficiency，CUE）和微生物氮利用效率（microbial nitrogen use efficiency，NUE）是指微生物将吸收的碳或氮转化为自身生物量碳、氮的效率，具体表现为用于生长的碳或氮的数量相对于消耗的碳氮数量的比率（Crowther et al., 2019）。CUE 和 NUE 与土壤的养分固持、周转、矿化以及温室气体排放等过程密切相关，影响微生物生长、养分固定及土壤碳封存（陈智和于贵瑞，2020）。有研究表明土壤碳、氮获取酶及其比值指示土壤微生物 CUE 和 NUE 变化（Sinsabaugh et al., 2010）。在胞外酶中，β-葡糖苷酶（BG）与土壤微生物碳分解和利用相关，且与纤维素降解关系密切，而纤维素是土壤有机质主要来源之一，BG 活性的变化将会对土壤中的有机物降解产生重要影响，从而影响全球碳循环（Carreiro et al., 2000）。β-N-乙酰氨基葡糖苷酶（NAG）和亮氨酸氨基肽酶（LAP）与土壤微生物氮获取相关，其活性被用作土壤微生物获取养分和资源分配的重要指标（Hill et al., 2010）。因此，微生物养分限制与微生物碳氮利用效率紧密相关，如在高底物碳氮比（氮缺乏）的情况下，微生物可以降低碳源利用效率，提高氮源利用效率。不同酶活性的比值通常与相应的养分含量或比值相联系以评价微生物养分限制状况和资源需求（Awad et al., 2012）。

雷竹是我国品质优良的笋用竹种，在浙江省分布面积最大，因其低脂、高膳食纤维、富含多种维生素等营养成分备受青睐（姜培坤和俞益武，2000）。其从抽芽至发笋到成竹的整个生长过程，土壤中养分消耗极大，导致土壤肥力下降，因此，在产笋期需要及时补充养分（姜培坤等，2004）。在雷竹笋生产中，为达到早产高效，竹林地肥料投入量过大（超过 $3t \cdot hm^{-2} \cdot a^{-1}$），造成雷竹林土壤养分 N、P、K 大量盈余，并增加环境污染风险（孟赐福等，2009），不利于雷竹林的可持续经营。而将农林废弃物再利用制成的生物质炭是潜在的生物改良剂，且生物质炭孔隙结构疏松、吸附性强，能够有效提高土壤持水保肥能力（刘金霞，2022），进而减少氮素流失。Clough 等（2010）和 Cayuela 等（2014）研究表明，土壤中生物质炭添加能改变氮迁移过程，包括土壤氮转化、流失和淋溶，使植物具有更高的养分利用效率。然而，有研究表明生物质炭中的有效氮含量有限，生物质炭与氮肥配施可显著提高植物氮需求和土壤有效氮，并提高氮利用效率，降低环境影响（Backer et al., 2017）；而生物质炭与其他有机或无机肥配合施用均有一定的协同作用，能够起到"减肥增效"作用。王峰等（2018）研究表明，生物质炭配施氮肥使茶叶产量增加 8.75%，促进茶树对氮的吸收，提高氮素利用效率；李大伟（2015）研究表明，相比单施化肥，生物质炭和化肥配施可提高番茄产量 23.3%。此外，吴强建（2022）等分析了减氮配施生物质炭条件下井冈蜜柚（*Honey pomelo*）果园土壤理化性质指标及土壤酶活性，发现生物质炭减氮配施有效提高了土壤含水率及田间持水量，提升了土壤微量元素有效性，并随着生物质炭添加量的增加改良效果愈佳。

目前，生物质炭与氮肥配施虽在土壤养分提升和促进作物生长等方面的研究日益受到重视并取得一系列成果，但对配施如何影响土壤微生物 CUE 和 NUE、土壤碳、氮相关酶活性及其机制知之甚少，还缺乏较为系统的研究。土壤微生物对于促进广泛的基本生态系统过程至关重要（Crowther et al., 2019），其碳氮利用效率对于土壤有机质和养分循环也至关重要，加强对雷竹林的生态酶活性及土壤微生物碳氮利用效率的研究，可为我国森林生态系统土壤生态研究以及可持续发展研究提供新的思路。本研究开展生物质炭和氮肥配施协同效应试验，研究不同剂量生物质炭和氮肥配施对雷竹笋品质、土壤有机碳、微生物量碳、微生物量氮及土壤碳、氮获取酶活性等影响，阐明雷竹林土壤生物质炭和氮肥配施量及其与土壤CUE、NUE的关系，旨在评价生物质炭配施氮肥对雷竹林土壤肥力的影响，为亚热带笋用竹林栽培和经营提供技术支撑。

4.1 研究区域与方法

4.1.1 研究区域概况

试验地位于浙江省富阳区新登镇里官村（119°43′9″E、29°2′23″N），该区域海拔131m，属于亚热带季风气候，四季分明，年均气温16.0℃，年均降雨量1458.2mm，主要集中在每年的4~9月；土壤为红壤。雷竹为该区域主要笋用竹种，因其出笋早、产量高、笋味鲜美在当地被广泛种植。近年来，为了提高雷竹笋产量和竹林经营效益，每年11月和5月实行季节性施肥和结构调控。研究区域雷竹林平均立竹密度为2500~3500株·hm^{-1}。试验地雷竹土壤pH值为4.98 ± 0.02，土壤有机碳12.45 ± 0.88g·kg^{-1}，土壤总氮1.51 ± 0.26g·kg^{-1}，全磷0.78 ± 0.11g·kg^{-1}，有效钾0.24 ± 0.06g·kg^{-1}，有效磷160.54 ± 14.27mg·kg^{-1}。

4.1.2 试验设计

在雷竹林试验区选立地和土壤状况均匀一致的雷竹林分3个，每个林分设置9个10m×10m的小样方，用作生物质炭和氮肥配施处理试验（4-1）。根据国内外生物质炭添加试验研究和当地雷竹林施肥状况（吴强建等，2022），生物质炭分3个处理，即B$_0$（0t·hm^{-2}）、B$_1$（10t·hm^{-2}）、B$_2$（30t·hm^{-2}），氮肥分3个处理，即N$_0$（0t·hm^{-2}）、N$_1$（0.5t·hm^{-2}）、N$_2$（1t·hm^{-2}），组合后共9个处理，即B$_0$N$_0$、B$_0$N$_1$、B$_0$N$_2$、B$_1$N$_0$、B$_1$N$_1$、B$_1$N$_2$、B$_2$N$_0$、B$_2$N$_1$、B$_2$N$_2$。为防止干扰，小样方间至少相隔5m。

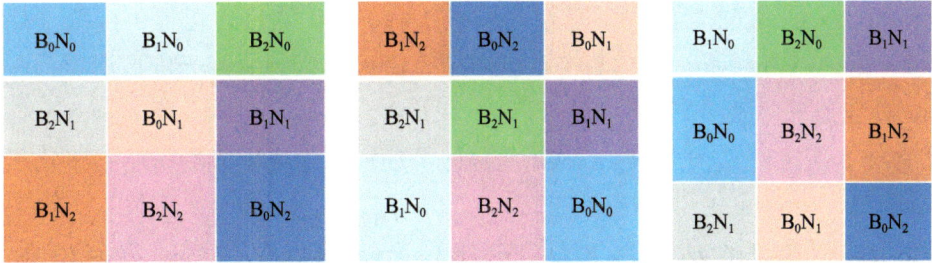

图 4-1 试验小区布置图

Fig. 4-1 The layout of the test plot

生物质炭施肥方式：翻耕法。在上述试验区内选择环境条件和土壤状况均匀一致的雷竹林，各处理样方中生物质炭于 2019 年 11 初一次性均匀撒施于地表，随后翻耕入土，翻耕深度 10~15cm，使其与土壤充分混合。供试生物质炭是将竹材在 450℃条件下炭化制成，炭粒直径在 1~2mm（分别过 1mm 和 2mm 筛）。化肥采用沟施法，分两次施入：2019 年 10 月底至 11 月初，施肥孕笋（与生物质炭一起加入）；2020 年 5 月底，施行鞭肥。

土壤样品采集：于 2021 年 10 月底在选定的样方内采用 "S" 形的布设法采集土样，挖土壤剖面 6 个，土壤样品分 3 层（0~15cm，15~30cm，30~50cm），任意 2 个土壤剖面同层土壤样品分别混合均匀，每样方每土层 3 次重复，共 243 个样品（3 土层 ×3 林分 ×9 处理 ×3 次重复）。土壤样品分两份：一份放 4℃冰箱保存，测土壤 β-葡糖苷酶（BG）、纤维二糖水解酶（CB）、N-乙酰氨基葡糖苷酶（NAG）、亮氨酸氨基肽酶（LAP）、多酚氧化酶（PPO）、过氧化物酶（PER）、铵态氮（NH_4^+-N）、硝态氮（NO_3^--N）、微生物量碳（MBC）、微生物量氮（MBN）；一份风干后过筛测土壤全氮（STN）、土壤全磷（STP）、土壤速效磷（SAP）和土壤速效钾（SAK）等养分含量。

4.1.3 测定方法

土壤化学性质的测定参照土壤农业化学分析方法（鲁如坤，2000）。具体如下：以 0.5mol·L^{-1} 的 K_2SO_4 溶液萃取土壤可溶性有机碳（DOC），浸提液用岛津 TOC-VCPH 分析仪（Shimazu Inc，日本）测定；利用重铬酸钾—浓硫酸氧化—硫酸亚铁滴定法测定土壤有机碳（SOC）的含量；用过硫酸钾氧化—紫外分光光度法测定土壤中的全氮。土壤硝态氮与铵态氮采用 2mol·L^{-1} KCl 溶液，以土壤与溶液 1 : 10 的比例进行浸提，浸提液用于土壤硝态氮和铵态氮的测定；土壤硝态氮采用紫外分光光度计测定；土壤铵态氮采用靛酚蓝比色法测定。利用 Vance 等（1987）和 Brookes 等（1985）所述的氯仿熏蒸 –K$_2$SO$_4$ 浸提法（1987）来确定土壤微生物生物量碳和氮（Frey et al., 2004）。

BG、CB、NAG、LAP、PPO、PER 6 种土壤酶活性的测定按照 Saiya-Cork 等（2002）的荧光微孔板测试方法：称取 1g 新鲜土，加入 125mL 的醋酸钠缓冲溶液（50mM，pH=5.0），在微孔板振荡器上振荡约 1min 后，将 200μL 土壤血小板悬液和相应的 50μL 底物加入试样孔中，把 50μL 浓度为 10μmol·L^{-1} 的基准物质和 200μL 的乙酸钠缓冲液加入标准孔中。以 4-MUB-β-D-葡糖苷为底物测定 BG 活性，以 4-MUB-N-乙酰基-β-D-葡萄糖胺为底物测定 NAG 活性，以 L-亮氨酸-7-氨基-4-甲基香豆素盐酸盐为底物测定 LAP 活性。利用多功能酶标记法（Synergy H4，Bio Tek）在 365nm 处荧光激发，450nm 处荧光检测。具体如下：在 100mL 离心管中加入 2g 称量的新鲜土，用浓度 50mmol·L^{-1}、pH 为 5.0 的乙酸铵缓冲液浸提，在 96 孔板中加入 200μl 土壤悬液，然后立刻添加 50μl 的反应基质。将其放在 25℃ 培养箱中，在避光条件下培养 3h，通过加入 10μl 0.5mol·L^{-1} 的 NaOH 来终止该反应，采用多功能酶标技术（Synergy™ H1，Biotek）测定 MUB（4-甲基伞形酮）或 MUC（4-甲基香豆素）两种荧光裂解产物的产量，计算土壤酶活性。将酶活性计算为底物转化率 nmol·g^{-1} 干土·h^{-1}。计算酶活性的化学计量，以反映微生物生物量和有机物的元素组成之间的平衡（Sinsabaugh et al., 2009）。

4.1.4 数据处理

基于生态化学计量计算微生物碳和氮利用效率（Tammeorg et al., 2014）。具体方法如下：

$$CUE=CUE_{max} [S_{C:N}/(S_{C:N}+K_N)]$$
$$S_{C:N}=(1/EEA_{C:N})(B_{C:N}/L_{C:N})$$

式中：$S_{C:N}$ 表示酶活性分配可抵消现有可用资源元素组成（DOC : DN）与微生物生物量组成（MBC : MBN）间的差异程度（Sinsabaugh et al., 2016）；半饱和常数 K_N 设置为 0.5；最大碳利用效率（Sinsabaugh et al., 2016）CUE_{max} 指微生物生长所能利用碳元素的上限，根据热力学限制将其设置为 0.6；用

BG/（NAG+LAP）计算 C：N 酶（即 $EEA_{C:N}$）活性的比值；$L_{C:N}$ 指不稳定有机物的碳氮比。

根据 Mooshammer 等（2014）的方法计算微生物氮利用效率（NUE）。具体方程如下：

$$NUE=CUE/(B_{C:N}:R_{C:N})$$

式中：$B_{C:N}$ 指微生物生物量碳氮比（MBC：MBN）；$R_{C:N}$ 是指土壤总碳、氮比（SOC：TN）。

试验所得数据均为 3 次重复处理结果的平均值，利用 Microsoft Excel 2010 和 SPSS 22.0 对数据进行统计分析。利用 Origin 8.5 软件对处理后的数据进行绘图。数据表现形式为平均值 ± 标准差，统计差异水平利用单因素方差分析（One-way ANOVA）中的多重比较检验同一时期不同处理间的差异显著性，显著性水平设为 $p=0.05$。

4.2　结果与分析

4.2.1　生物质炭配施氮肥对雷竹笋品质的影响

生物质炭配施氮肥对雷竹笋可食部分、粗蛋白和淀粉的影响明显（表 4–1）。与对照相比，B_1N_0 和 B_2N_0 处理雷竹笋总糖含量分别增加 21.4% 和 30.2%，B_0N_1 和 B_0N_2 处理雷竹笋总糖含量分别增加 8.7% 和 12.7%；B_1N_1 和 B_1N_2 处理雷竹笋总糖含量分别增加 24.3% 和 36.7%，B_2N_1 和 B_2N_2 处理雷竹笋总糖含量分别增加 18.5% 和 15.6%。

与对照相比，B_1N_0 和 B_2N_0 处理雷竹笋脂肪含量分别降低 25.6% 和 29.9%，B_0N_1 和 B_0N_2 处理雷竹笋脂肪含量分别降低 9.8% 和 14.3%；B_0N_1 和 B_0N_2 处理雷竹笋脂肪含量分别降低 19.2% 和 21.7%，B_2N_1 和 B_2N_2 处理雷竹笋脂肪含量分别增加 26.0% 和 24.7%。

与对照相比，B_1N_0 和 B_2N_0 处理雷竹笋硝酸盐含量分别降低 18.7% 和 25.5%，B_0N_1 和 B_0N_2 处理雷竹笋硝酸盐含量分别增加 10.8% 和 21.9%；B_1N_1 和 B_1N_2 处理雷竹笋硝酸盐含量分别降低 14.2% 和 15.1%，B_2N_1 和 B_2N_2 处理雷竹笋硝酸盐含量分别降低 12.2% 和 10.4%。

与对照相比，B_1N_0 和 B_2N_0 处理雷竹笋游离氨基酸含量分别增加 42.5% 和 37.2%，B_0N_1 和 B_0N_2 处理雷竹笋游离氨基酸含量分别增加 32.2% 和

表 4-1 生物质炭配施氮肥对雷竹笋品质的影响

Tab. 4-1 Effect of biochar with nitrogen fertilizer on quality of the shoots of *Phyllostachys violascens* 'Prevernalis'

处理 Treatment	可食部分 Edible part（%）	灰分 Ash content （g · kg⁻¹）	总糖 Total sugar （g · kg⁻¹）	粗蛋白 Crude protein （g · kg⁻¹）	脂肪 Fat （g · kg⁻¹）	淀粉 Starch （g · kg⁻¹）	硝酸盐 Nitrate （mg · kg⁻¹）	游离氨基酸 Free amino acid （g · kg⁻¹）
B_0N_0	56.4%	52.3	345.4	268.2	46.9	209.2	741.37	3.01
B_0N_1	58.2%	54.2	375.6	270.9	42.3	217.4	821.52	3.98
B_0N_2	56.1%	53.9	389.4	257.6	40.2	219.7	903.76	3.54
B_1N_0	60.9%	57.8	419.4	272.3	34.9	202.4	602.42	4.29
B_1N_1	65.2%	67.9	429.4	278.6	37.9	216.9	636.15	4.71
B_1N_2	63.7%	63.9	472.1	271.4	36.7	218.5	629.41	4.38
B_2N_0	61.2%	61.3	449.8	272.9	32.9	218.4	552.42	4.13
B_2N_1	63.5%	64.5	409.4	275.1	34.7	221.1	650.56	4.05
B_2N_2	62.9%	62.9	399.4	269.3	35.3	223.6	664.58	3.97

17.6%；B_1N_1 和 B_1N_2 处理雷竹笋游离氨基酸含量分别增加 56.5% 和 45.5%，B_2N_1 和 B_2N_2 处理雷竹笋游离氨基酸含量分别增加 34.6% 和 31.9%。

4.2.2 生物质炭配施氮肥对雷竹林土壤有效养分的影响

生物质炭配施氮肥明显提升了雷竹林 0~15cm 土壤有效养分（表 4-2）。土壤 TN、NO_3^--N、NH_4^+-N、MBC 和 MBN 含量分别为 1.49~4.24g·kg^{-1}、8.42~40.35mg·kg^{-1}、5.84~38.96mg·kg^{-1}、58.48~318.50 mg·kg^{-1} 和 7.06~27.77mg·kg^{-1}。土壤 NO_3^--N 和 MBN 含量均是 B_2N_1 处理最高，分别较 B_0N_0 增加 379.22% 和 293.34%。土壤 MBC 含量随生物质炭和氮肥配施变化较大，除 B_0N_0、B_0N_1、B_0N_2 和 B_1N_0 处理外，其他处理组之间均差异显著（$p<0.05$），B_2N_2 处理 MBC 含量最高。NH_4^+-N 含量在 B_1N_1 处理下增加最多（567.12%）。

双因素方差分析结果（表 4-3）表明，单施氮肥对土壤 TN、NO_3^--N、NH_4^+-N、MBC、MBN 有极显著影响（$p<0.01$），生物质炭与氮肥配施对土壤 SOC、TN、NO_3^--N、NH_4^+-N、MBC、MBN 存在极显著的交互作用（$p<0.01$）。

4.2.3 生物质炭配施氮肥对雷竹林土壤养分迁移的影响

在垂直方向不同土层间，同一处理各项土壤养分指标均随土层深度增加而显著降低，同一深度土层不同处理间也表现出显著差异（图 4-2）。在 B_2N_0 处理下，STP 含量在 15~30cm 和 30~50cm 土层较 0~15cm 土层分别降低 54.9% 和 50.0%；B_2N_1 处理下，STP 含量在 15~30cm 和 30~50cm 土层较 0~15cm 土层分别降低 22.6% 和 320.0%。在 B_2N_0 处理下，STN 含量在 15~30cm 和 30~50cm 土层较 0~15cm 土层分别降低 14.0% 和 50.3%。在 B_2N_2 处理下，SAP 含量在 15~30cm 和 30~50cm 土层较 0~15cm 土层分别降低 45.4% 和 76.4%。在 B_1N_0 处理下，SAK 含量在 15~30cm 和 30~50cm 土层较 0~15cm 土层分别降低 13.6% 和 22.7%。

在水平方向相同土层间，生物质炭配施氮肥对雷竹林土壤各项养分指标影响显著（图 4-2）。0~15cm 土层，B_1N_1 和 B_2N_2 处理使 STP 含量显著增加（37.0%~50.4%），除 B_1N_0 外，各处理均使 STN 含量显著增加（26.3%~66.0%），B_2N_0、B_0N_1、B_2N_1 及 B_2N_2 处理使 SAK 含量显著增加（47.8%~85.7%）。15~30cm 土层，B_0N_1、B_1N_1、B_2N_1、B_1N_2、B_0N_2 处理均使 STP 含

表4-2 生物质炭配施氮肥对雷竹林0~15cm土壤有效养分的影响

Tab. 4-2 Effects of combined application of biochar and nitrogen fertilizer on 0~15cm soil available nutrients on *Phyllostachys violascens* 'Prevernalis' plantations

指标 Indicators	生物质炭 B₀ Biochar B₀ (0t·hm⁻²)			生物质炭 B₁ Biochar B₁ (10t·hm⁻²)			生物质炭 B₂ Biochar B₂ (30t·hm⁻²)		
	氮肥 N₀ (0t·hm⁻²)	氮肥 N₁ (0.5t·hm⁻²)	氮肥 N₂ (1t·hm⁻²)	氮肥 N₀ (0t·hm⁻²)	氮肥 N₁ (0.5t·hm⁻²)	氮肥 N₂ (1t·hm⁻²)	氮肥 N₀ (0t·hm⁻²)	氮肥 N₁ (0.5t·hm⁻²)	氮肥 N₂ (1t·hm⁻²)
土壤有机碳 SOC ($g·kg^{-1}$)	13.84 ± 1.82e	17.61 ± 2.07e	19.15 ± 3.48de	23.66 ± 2.69cd	25.20 ± 1.00c	27.64 ± 1.35c	43.91 ± 2.28a	48.48 ± 3.69a	37.22 ± 2.98b
总氮 TN ($g·kg^{-1}$)	1.49 ± 0.24e	1.77 ± 0.21de	1.81 ± 0.08de	2.12 ± 0.23cd	2.3 ± 0.33b	2.57 ± 0.35bc	3.86 ± 0.22a	4.24 ± 0.16a	3.01 ± 0.14b
硝态氮 NO_3^--N ($g·kg^{-1}$)	8.42 ± 0.96f	11.47 ± 1.27f	21.76 ± 1.29e	21.88 ± 2.29e	28.13 ± 1.01c	24.31 ± 2.08de	32.32 ± 1.57b	40.35 ± 1.58a	27.08 ± 2.41cd
铵态氮 NH_4^+-N ($g·kg^{-1}$)	5.84 ± 0.54g	6.97 ± 0.98g	10.75 ± 0.97f	29.76 ± 1.95c	38.96 ± 1.77a	35.65 ± 0.80b	23.01 ± 0.87e	26.58 ± 2.13d	21.80 ± 2.15e
微生物量碳 MBC ($g·kg^{-1}$)	58.48 ± 7.74g	71.09 ± 7.73g	130.35 ± 8.80f	143.81 ± 6.11f	191.81 ± 14.47e	241.17 ± 11.43d	286.72 ± 16.18c	347.07 ± 11.85a	318.50 ± 20.04b
微生物量氮 MBN ($g·kg^{-1}$)	7.06 ± 0.81de	7.81 ± 0.74de	11.29 ± 0.84cd	8.65 ± 0.86de	9.87 ± 1.28de	14.39 ± 1.86c	19.59 ± 2.58b	27.77 ± 3.28a	22.60 ± 2.13b

注：小写字母表示不同处理间差异显著（$p<0.05$）。

Note: Lowercase letters indicate significant differences between treatments ($p<0.05$).

表 4-3 生物质炭和氮肥配施对雷竹林表层土壤养分指标双因素方差分析

Tab. 4-3 Two-factor variance analysis on soil nutrient indexes of biomass carbon and nitrogen fertilizer combined application on *Phyllostachys violascens* 'Prevernalis' plantations

因素 Factors	生物质炭（B） Biochar	氮肥（N） N fertilizer	生物质炭 × 氮肥 B × N
土壤总氮 TN	***	**	**
硝态氮 NO_3^--N	***	***	***
铵态氮 NH_4^+-N	***	***	***
微生物量碳 MBC	***	***	***
微生物量氮 MBN	***	**	**

注：***、** 分别表示 $p<0.001$、$p<0.01$。

Note: ***and ** represent seperately $p<0.001$ and $p<0.01$.

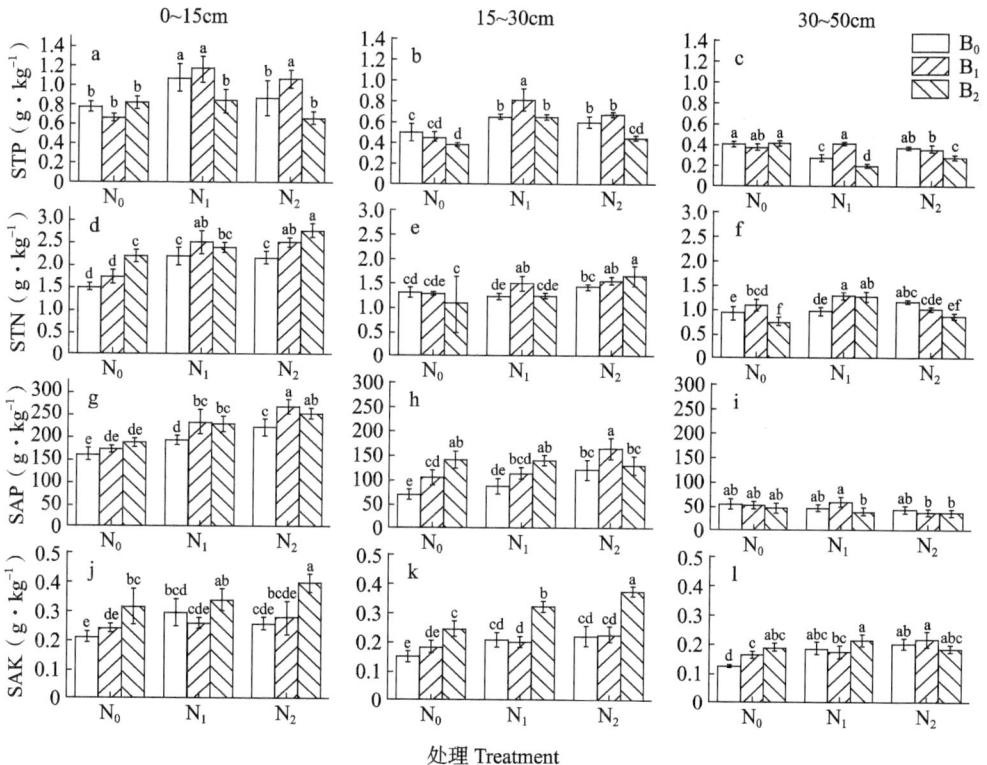

图 4-2 不同处理下雷竹林土壤养分含量变化

Fig. 4-2 Changes of soil nutrient content under different treatments on *Phyllostachys violascens* 'Prevernalis' plantations

注：小写字母表示同一处理不同土层的显著性分析，大写字母表示同一土层不同处理间的显著性分析（$p<0.05$）。

Note: Lowercase letters indicate significant differences between treatments ($p<0.05$).

量显著增加（17.1%~37.4%），B_1N_1、B_1N_2、B_2N_2 均使 STN 含量显著增加（18.3%~22.4%），除 B_0N_1 外各处理均使 SAP 含量显著增加（62.4%~136.1%），除 B_1N_0、外各处理均使 SAK 含量显著增加（30.8%~143.6%）。30~50 cm 土层，B_0N_1、B_2N_1、B_2N_2 使 STP 含量显著降低（26.5%~44.7%），所有处理均使 SAK 含量显著增加（27.9%~67.5%）。

4.2.4　生物质炭配施氮肥对雷竹林土壤有机碳含量的影响

生物质炭添加显著增加了 SOC 含量，且随添加量的增加而增加（图 4-3）。0~15cm 土层，B_0N_0、B_1N_0 和 B_2N_0 处理 SOC 含量分别为 11.60g·kg^{-1}、22.18g·kg^{-1}、26.04g·kg^{-1}，B_1N_0 和 B_2N_0 处理分别较对照增加 91.21% 和 124.48%。15~30cm 土层，B_0N_0、B_1N_0 和 B_2N_0 处理 SOC 含量分别为 13.88g·kg^{-1}、16.25g·kg^{-1}、18.88g·kg^{-1}，B_1N_0 和 B_2N_0 处理分别较对照增加 17.07% 和 36.02%。30~50cm 土层，B_0N_0、B_1N_0 和 B_2N_0 处理 SOC 含量分别为 14.69g·kg^{-1}、17.71g·kg^{-1}、18.67g·kg^{-1}，B_1N_0 和 B_2N_0 处理分别较对照增加 20.56% 和 27.09%。

生物质炭配施氮肥增加了 SOC 含量，且随着生物质炭和氮肥添加量的增加交互作用更明显（图 4-3）。0~15cm 土层，B_0N_0、B_0N_1 和 B_0N_2 处理 SOC 含量分别为 11.60g·kg^{-1}、18.82g·kg^{-1}、25.95g·kg^{-1}，B_0N_1 和 B_0N_2 处理分别较对照增加 62.24% 和 123.71%；B_1N_0、B_1N_1 和 B_1N_2 处理 SOC 含量分别为 22.18g·kg^{-1}、26.04g·kg^{-1}、33.93g·kg^{-1}，B_1N_1 和 B_1N_2 处理分别较 B_1N_0 处理增加 17.40% 和 52.98%；B_2N_0、B_2N_1 和 B_2N_2 处理 SOC 含量分别为 26.04g·kg^{-1}、29.33g·kg^{-1}、39.56g·kg^{-1}，B_2N_1 和 B_2N_2 处理分别

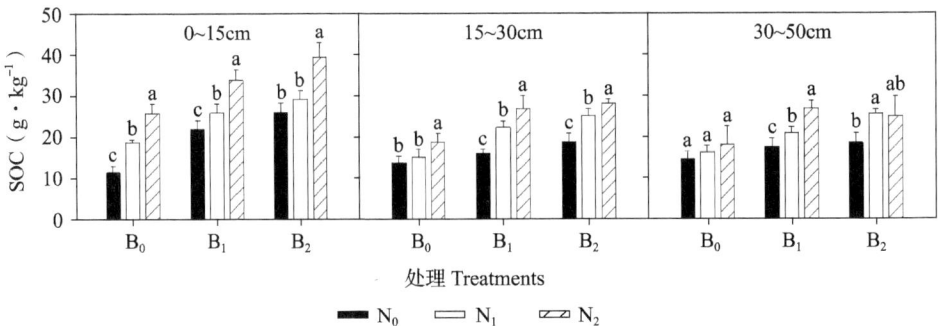

图 4-3　生物质炭配施氮肥对雷竹林不同土壤层有机碳含量的影响

Fig. 4-3 Effect of biochar and nitrogen fertilizer application on soil organic carbon in different soil layer for *Phyllostachys violascens* 'Prevernalis' plantations

较 B_2N_0 处理增加 12.63% 和 51.92%。15~30cm 土层，B_0N_0、B_0N_1 和 B_0N_2 处理 SOC 含量分别为 13.88g·kg^{-1}、15.23g·kg^{-1}、18.89g·kg^{-1}，B_0N_1 和 B_0N_2 处理分别较对照增加 9.73% 和 36.10%；B_1N_0、B_1N_1 和 B_1N_2 处理 SOC 含量分别为 16.25g·kg^{-1}、22.43g·kg^{-1}、27.05g·kg^{-1}，B_1N_1 和 B_1N_2 处理分别较 B_1N_0 处理增加 38.03% 和 66.46%；B_2N_0、B_2N_1 和 B_2N_2 处理 SOC 含量分别为 18.87g·kg^{-1}、25.32g·kg^{-1}、28.32g·kg^{-1}，B_2N_1 和 B_2N_2 处理分别较 B_2N_0 处理增加 34.18% 和 50.08%。30~50cm 土层，B_0N_0、B_0N_1 和 B_0N_2 处理 SOC 含量分别为 14.69g·kg^{-1}、16.39g·kg^{-1}、18.33g·kg^{-1}，B_0N_1 和 B_0N_2 处理分别较对照增加 11.57% 和 24.78%；B_1N_0、B_1N_1 和 B_1N_2 处理 SOC 含量分别为 17.71g·kg^{-1}、21.06g·kg^{-1}、26.98g·kg^{-1}，B_1N_1 和 B_1N_2 处理分别较 B_1N_0 处理增加 18.92% 和 52.34%；B_2N_0、B_2N_1 和 B_2N_2 处理 SOC 含量分别为 18.67g·kg^{-1}、25.69g·kg^{-1}、25.07g·kg^{-1}，B_2N_1 和 B_2N_2 处理分别较 B_2N_0 处理增加 37.60% 和 34.28%。

在垂直方向上，对照处理下 SOC 含量逐渐增加，生物质炭单独添加及生物质炭配施氮肥处理下 SOC 含量基本呈现先降低后增加趋势。与 0~15cm 土层 SOC 含量相比，对照处理下，15~30cm 和 30~50cm 土层分别增加 19.66% 和 26.64%；B_1N_0 处理下，15~30cm 和 30~50cm 土层分别降低 26.74% 和 20.15%；B_2N_0 处理下，15~30cm 和 30~50cm 土层分别降低 27.52% 和 28.30%；B_1N_1 处理下，15~30cm 和 30~50cm 分别降低 13.86% 和 19.12%；B_1N_1 处理下，15~30cm 和 30~50cm 分别降低 20.28% 和 20.48%；B_2N_1 处理下，15~30cm 和 30~50cm 分别降低 13.67% 和 12.41%，B_2N_2 处理下，15~30cm 和 30~50cm 分别降低 28.41% 和 36.63%。

4.2.5　生物质炭配施氮肥对雷竹林土壤有机碳储量的影响

生物质炭添加显著增加了土壤有机碳储量，且随添加量的增加而增加（图 4-4）。0~15cm 土层，B_0N_0、B_1N_0 和 B_2N_0 处理 SOC 储量分别为 10.85t·hm^{-2}、22.18t·hm^{-2}、26.04t·hm^{-2}，B_1N_0 和 B_2N_0 处理分别较对照增加 104.42% 和 140.00%。15~30cm 土层，B_0N_0、B_1N_0 和 B_2N_0 处理 SOC 储量分别为 16.27t·hm^{-2}、18.44t·hm^{-2}、21.93t·hm^{-2}，B_1N_0 和 B_2N_0 添加分别较对照增加 13.34% 和 34.79%。30~50cm 土层，B_0N_0、B_1N_0 和 B_2N_0 处理 SOC 储量分别为 25.19t·hm^{-2}、28.15t·hm^{-2}、29.98t·hm^{-2}，B_1N_0 和 B_2N_0 处理分别较对照增加 11.75% 和 19.02%。

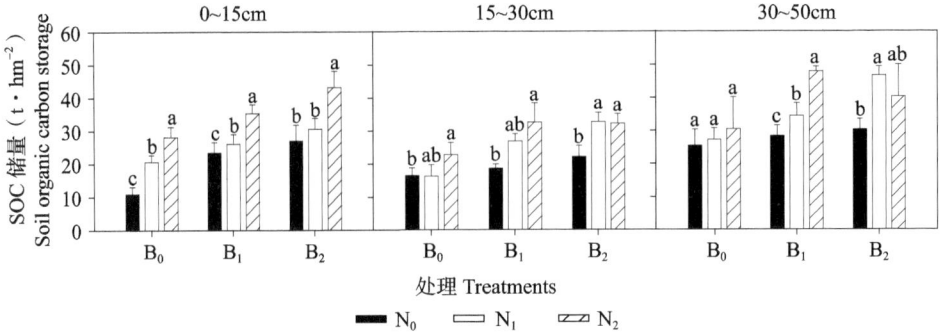

图 4-4 生物质炭配施氮肥对雷竹林不同土壤层有机碳储量的影响

Fig. 4-4 Effect of biochar and nitrogen fertilizer application on soil organic carbon storage in different soil layer for *Phyllostachys violascens* 'Prevernalis' plantations

生物质炭配施氮肥增加了土壤有机碳储量，且随着生物质炭剂量和氮肥的增加交互作用更明显（图 4-4）。0~15cm 土层，单施氮肥时，B_0N_0、B_0N_1 和 B_0N_2 处理 SOC 储量分别为 10.85t·hm^{-2}、20.57t·hm^{-2}、25.95t·hm^{-2}，B_0N_1 和 B_0N_2 处理分别较对照增加 89.58% 和 139.17%；低生物质炭配施氮肥时，B_1N_0、B_1N_1 和 B_1N_2 处理 SOC 储量分别为 22.18t·hm^{-2}、25.91t·hm^{-2}、35.19t·hm^{-2}，B_1N_1 和 B_1N_2 处理分别较 B_1N_0 处理增加 16.82% 和 58.66%；高生物质炭配施氮肥时，B_2N_0、B_2N_1 和 B_2N_2 处理 SOC 储量分别为 26.04t·hm^{-2}、30.41t·hm^{-2}、43.12t·hm^{-2}，B_2N_1 和 B_2N_2 处理分别较 B_2N_0 处理增加 16.78% 和 65.69%。15~30cm 土层，单施氮肥时，B_0N_0、B_0N_1 和 B_0N_2 处理 SOC 储量分别为 16.27t·hm^{-2}、16.11t·hm^{-2}、22.52t·hm^{-2}，B_0N_1 和 B_0N_2 处理分别较对照增加 -0.98%（表示降低）和 38.41%；低生物质炭配施氮肥时，B_1N_0、B_1N_1 和 B_1N_2 处理 SOC 储量分别为 18.44t·hm^{-2}、26.70t·hm^{-2}、32.28t·hm^{-2}，B_1N_1 和 B_1N_2 处理分别较 B_1N_0 处理增加 44.79% 和 75.05%；高生物质炭配施氮肥时，B_2N_0、B_2N_1 和 B_2N_2 处理 SOC 储量分别为 21.93t·hm^{-2}、32.48t·hm^{-2}、31.99t·hm^{-2}，B_2N_1 和 B_2N_2 处理分别较 B_2N_0 处理增加 48.11% 和 45.87%。30~50cm 土层，单施氮肥时，B_0N_0、B_0N_1 和 B_0N_2 处理 SOC 储量分别为 25.19t·hm^{-2}、27.05t·hm^{-2}、30.19t·hm^{-2}，B_0N_1 和 B_0N_2 处理分别较对照增加 7.38% 和 19.85%；低生物质炭配施氮肥时，B_1N_0、B_1N_1 和 B_1N_2 处理 SOC 储量分别为 28.15t·hm^{-2}、34.17t·hm^{-2}、47.73t·hm^{-2}，B_1N_1 和 B_1N_2 处理分别较 B_1N_0 处理增加 21.39% 和 69.56%；高生物质炭配施氮肥时，B_2N_0、B_2N_1 和 B_2N_2 处理 SOC 储量分别为 29.98t·hm^{-2}、46.39t·hm^{-2}、33.22t·hm^{-2}，

B_2N_1 和 B_2N_2 处理分别较 B_2N_0 处理增加 54.74% 和 10.81%。

在垂直方向上，对照处理下 SOC 储量逐渐增加，生物质炭单独添加及与氮肥配施基本呈现先降低后增加趋势。与 0~15cm 土层 SOC 储量相比，对照处理下，15~30cm 和 30~50cm 土层分别增加 49.95% 和 132.17%；B_1N_0 处理下，15~30cm 土层降低 20.76%，30~50cm 土层则增加 20.97%；B_2N_0 处理下，15~30cm 土层降低 18.23%，30~50cm 土层则增加 11.78%；B_1N_1 处理下，15~30cm 和 30~50cm 土层分别增加 3.05% 和 31.88%；B_1N_2 处理下，15~30cm 和 30~50cm 土层分别降低 8.27% 和增加 35.64%；B_2N_1 处理下，15~30cm 和 30~50cm 土层分别增加 6.81% 和 52.55%，B_2N_2 处理下，15~30cm 和 30~50cm 土层分别降低 25.81% 和 7.37%。

生物质炭配施氮肥增加了 0~50cm 土层 SOC 储量，且随着生物质炭和氮肥添加量的增加交互作用更明显（图 4-5）。0~50cm 土层 B_0N_0、B_1N_0 和 B_2N_0 处理 SOC 储量分别为 52.31t·hm^{-2}、69.85t·hm^{-2}、78.74t·hm^{-2}，B_1N_0 和 B_2N_0 处理分别较对照增加 33.53% 和 50.53%。0~50cm 土层 B_0N_0、B_0N_1 和 B_0N_2 处理 SOC 储量分别为 52.31t·hm^{-2}、63.73t·hm^{-2}、80.72t·hm^{-2}，B_0N_1 和 B_0N_2 处理分别较对照增加 21.83% 和 54.32%。0~50cm 土层 B_1N_1 和 B_1N_2 处理 SOC 储量分别为 86.77t·hm^{-2} 和 115.20t·hm^{-2}，分别较 B_1N_0 处理增加 24.22% 和 64.92%。0~50cm 土层 B_2N_1 和 B_2N_2 处理 SOC 储量分别为 109.27t·hm^{-2} 和 115.05t·hm^{-2}，分别较 B_2N_0 处理增加 38.77% 和 46.11%。

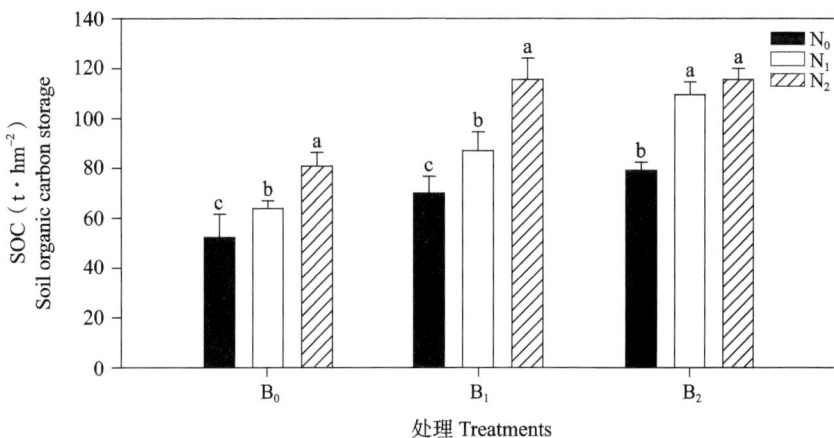

图 4-5　生物质炭配施氮肥对雷竹林 0~50cm 土壤碳储量的影响

Fig. 4-5 Effect of biochar and nitrogen fertilizer application on soil organic carbon storage in 0-50cm soil for *Phyllostachys violascens* 'Prevernalis' plantations

4.2.6 生物质炭配施氮肥对雷竹林土壤水解酶活性的影响

生物质炭配施氮肥对 CB、BG、NAG 和 LAP 活性影响显著（$p<0.05$）（表 4-4）。在 0~15cm 土层，生物质炭配施氮肥各处理下 CB、BG、NAG 和 LAP 活性较 B_0N_0 均呈现增加趋势，其中 CB 活性在 B_2N_2 处理下最高，较对照增加 54.55%；BG 活性在 B_2N_0 处理下最高，较对照增加 66.67%；NAG 活性在 B_2N_2 处理下最高，较对照增加 118.93%；LAP 活性在 B_2N_2 处理下最高，较对照增加 63.98%。在 15~30cm 土层，生物质炭配施氮肥各处理下 CB、BG、NAG 和 LAP 活性较 B_0N_0 均呈现增加趋势，CB 活性在 B_1N_1 和 B_2N_2 处理下较对照呈现最大增幅，均为 36.36%；BG 活性在 B_2N_1 和 B_2N_2 处理下均为最高，分别较对照增加 75.00%；NAG 活性在 B_2N_2 处理下最高，较对照增加 72.22%，其次是 B_2N_1，较对照增加 62.63%；LAP 活性在 B_2N_1 处理下呈现最大增幅，为 54.16%。在 30~50cm 土层，生物质炭配施氮肥各处理下 CB、BG（除 B_2N_2 处理）、NAG 和 LAP 活性均呈现出增加趋势，其中 CB 活性在 B_2N_1 处理下最高，较对照增加 50.00%；BG 活性在 B_1N_2 和 B_2N_1 处理下最高，均较对照增加 50.00%，在 B_2N_2 处理则下降 25.00%；NAG 活性在 B_0N_2 处理下最高，较对照增加 74.03%，其次为 B_2N_2 处理，较对照增加 67.96；LAP 活性在 B_2N_2 处理下最高，较对照增加 78.76%，其次为 B_1N_2 处理，较对照增加 59.31%。

在相同土层间，CB、BG、NAG 和 LAP 活性在保持生物质炭添加量不变或氮肥添加量不变的情况下，均呈现出不变或递增的结果，但 BG 活性在 0~15cm 土层高生物质炭（B_2）添加下随着氮肥添加量的增加呈现下降趋势，在 30~50cm 土层生物质炭配施氮肥处理下均呈下降趋势（B_2N_2 处理下除外）；NAG 活性在 30~50cm 土层高氮肥（N_2）添加下随着生物质炭添加量增加呈现下降趋势。同时，土层变化和配施处理变化对于 CB、BG、NAG 和 LAP 活性全部呈现极显著性差异（$p<0.01$），且不同土层和处理间存在明显交互作用（表 4-5）。在垂直方向上，BG，NAG 和 LAP 活性均呈现降低的趋势。

4.2.7 生物质炭配施氮肥对雷竹林土壤氧化还原酶活性的影响

生物质炭配施氮肥对 PPO 和 PER 活性影响差异显著（$p<0.05$）（表 4-6）。在 0~15cm 土层，PPO 活性在 B_2N_1 处理下最高，较对照增加 59.42%，其次

表 4-4 生物质炭配施氮肥处理下雷竹林 0~50cm 土层土壤水解酶平均活性

Tab. 4-4 Average soil hydrolase content of 0~50cm soil layer under N fertilizer and combined biochar on *Phyllostachys violascens* 'Prevernalis' plantations

指标 Indicators	B₀ (0t·hm⁻²)			B₁ (10t·hm⁻²)			B₂ (30t·hm⁻²)		
	N₀ (0t·hm⁻²)	N₁ (0.5t·hm⁻²)	N₂ (1t·hm⁻²)	N₀ (0t·hm⁻²)	N₁ (0.5t·hm⁻²)	N₂ (1t·hm⁻²)	N₀ (0t·hm⁻²)	N₁ (0.5t·hm⁻²)	N₂ (1t·hm⁻²)
0~15cm									
纤维二糖水解酶 (CB, mg·g⁻¹·d⁻¹)	0.11 ± 0.00f	0.11 ± 0.00f	0.13 ± 0.00de	0.12 ± 0.00ef	0.15 ± 0.01c	0.16 ± 0.00b	0.14 ± 0.00cd	0.16 ± 0.01b	0.17 ± 0.01a
β-葡萄糖苷酶 (BG, μmol·g⁻¹·d⁻¹)	0.06 ± 0.01d	0.08 ± 0.01bcd	0.07 ± 0.01cd	0.08 ± 0.01bc	0.08 ± 0.01b	0.08 ± 0.01bc	0.10 ± 0.01bcd	0.09 ± 0.01a	0.08 ± 0.01ab
β-N-乙酰氨基葡萄糖苷酶 (NAG, mg·g⁻¹·d⁻¹)	2.43 ± 0.43e	3.21 ± 0.40d	3.64 ± 0.51cd	3.06 ± 0.22de	3.29 ± 0.45d	4.39 ± 0.32b	3.36 ± 0.28d	4.26 ± 0.35bc	5.32 ± 0.37a
亮氨酸氨基肽酶 (LAP, μmol·g⁻¹·min⁻¹)	12.16 ± 1.52e	12.60 ± 0.48e	12.60 ± 1.12e	14.14 ± 1.52de	13.82 ± 0.51de	16.32 ± 1.37bc	14.91 ± 1.45cd	17.23 ± 1.16b	19.94 ± 0.52a
15~30cm									
纤维二糖水解酶 (CB, mg·g⁻¹·d⁻¹)	0.11 ± 0.01f	0.12 ± 0.01def	0.13 ± 0.01cde	0.13 ± 0.01cde	0.15 ± 0.01ab	0.14 ± 0.01bc	0.12 ± 0.00ef	0.13 ± 0.01bcd	0.15 ± 0.00a
β-葡萄糖苷酶 (BG, μmol·g⁻¹·d⁻¹)	0.04 ± 0.01d	0.06 ± 0.01abc	0.05 ± 0.01cd	0.05 ± 0.01bc	0.06 ± 0.01abc	0.06 ± 0.01abc	0.06 ± 0.00abc	0.07 ± 0.11a	0.07 ± 0.00ab
β-N-乙酰氨基葡萄糖苷酶 (NAG, mg·g⁻¹·d⁻¹)	1.98 ± 0.43b	2.86 ± 0.60a	2.72 ± 0.51ab	2.64 ± 0.94ab	2.97 ± 0.19a	2.76 ± 0.22ab	1.98 ± 0.20b	3.22 ± 0.24a	3.41 ± 0.18a
亮氨酸氨基肽酶 (LAP, μmol·g⁻¹·min⁻¹)	10.45 ± 1.03c	9.62 ± 0.87c	10.62 ± 1.28c	11.27 ± 0.76bc	11.44 ± 0.54bc	12.66 ± 1.84b	11.58 ± 0.91bc	16.11 ± 0.64a	13.23 ± 1.02b

续表

指标 Indicators	B₀ (0t·hm⁻²)			B₁ (10t·hm⁻²)			B₂ (30t·hm⁻²)		
	N₀ (0t·hm⁻²)	N₁ (0.5t·hm⁻²)	N₂ (1t·hm⁻²)	N₀ (0t·hm⁻²)	N₁ (0.5t·hm⁻²)	N₂ (1t·hm⁻²)	N₀ (0t·hm⁻²)	N₁ (0.5t·hm⁻²)	N₂ (1t·hm⁻²)
30~50cm									
纤维二糖水解酶 (CB, mg·g⁻¹·d⁻¹)	0.10 ± 0.01d	0.12 ± 0.01c	0.13 ± 0.01abc	0.12 ± 0.01c	0.13 ± 0.01abc	0.14 ± 0.01ab	0.13 ± 0.00bc	0.12 ± 0.01c	0.15 ± 0.01a
β-葡萄糖苷酶 (BG, μmol·g⁻¹·d⁻¹)	0.04 ± 0.01cd	0.04 ± 0.01bc	0.05 ± 0.01ab	0.04 ± 0.00cd	0.05 ± 0.00b	0.06 ± 0.00a	0.04 ± 0.00cd	0.06 ± 0.00a	0.03 ± 0.00d
β-N-乙酰氨基葡萄糖苷酶 (NAG, mg·g⁻¹·d⁻¹)	1.81 ± 0.56e	2.84 ± 0.47abc	3.15 ± 0.16a	1.98 ± 0.24de	2.35 ± 0.25bcde	3.07 ± 0.16ab	2.14 ± 0.45cde	2.68 ± 0.36abcd	3.04 ± 0.68ab
亮氨酸氨基肽酶 (LAP, μmol·g⁻¹·min⁻¹)	7.25 ± 0.28e	8.30 ± 0.64de	10.09 ± 1.72bc	8.30 ± 1.10de	7.93 ± 0.41de	11.55 ± 1.34ab	7.89 ± 1.01de	9.20 ± 0.60cd	12.96 ± 0.57a

注：小写字母表示同一土层不同处理差异显著（$p<0.05$）。

Note: Lowercase letters indicate significant differences between different treatments in the same soil layer ($p<0.05$).

表4-5 生物质炭配施氮肥处理下土壤酶同土层和处理间双因素方差分析

Tab. 4-5 Two-way ANOVA of soil enzymes and soil layer and treatment under biochar nitrogen fertilizer combined application on *Phyllostachys violascens* 'Prevernalis' plantations

土壤酶 Soil enzyme	处理 Treatments	df	F	P
β-N-乙酰氨基葡萄糖 苷酶（NAG）	土层 Soil layer	2	55.110	**
	处理 Treatment	8	16.525	**
	土层 × 处理 Soil layer × Treatment	16	2.610	*

续表

土壤酶 Soil enzyme	处理 Treatments	df	F	P
β-葡萄糖苷酶 (BG)	土层 Soil layer	2	157.192	**
	处理 Treatment	8	12.220	**
	土层 × 处理 Soil layer × Treatment	16	3.193	**
亮氨酸氨基肽酶 (LAP)	土层 Soil layer	2	187.797	**
	处理 Treatment	8	28.617	**
	土层 × 处理 Soil layer × Treatment	16	4.353	**
纤维二糖水解酶 (CB)	土层 Soil layer	2	23.619	**
	处理 Treatment	8	31.340	**
	土层 × 处理 Soil layer × Treatment	16	3.874	**
多酚氧化酶 (PPO)	土层 Soil layer	2	4.650	*
	处理 Treatment	8	13.380	**
	土层 × 处理 Soil layer × Treatment	16	1.669	0.082
过氧化物酶 (PER)	土层 Soil layer	2	.838	0.438
	处理 Treatment	8	12.911	**
	土层 × 处理 Soil layer × Treatment	16	.921	0.551

注：**、* 分别表示 $p < 0.01$，$p < 0.05$。
Note: ** and * represent separately $p < 0.01$ and $p < 0.05$.

表 4-6　生物质炭配施氮肥对雷竹林 0~50cm 土壤氧化还原酶活性的影响

Tab. 4-6 Average soil oxidoreductase content of 0~50cm soil layer under N fertilizer and combined biochar on *Phyllostachys violascens* 'Prevernalis' plantations

指标 Indicators	B_0 (0t·hm^{-2})			B_1 (10t·hm^{-2})			B_2 (30t·hm^{-2})		
	N_0 (0t·hm^{-2})	N_1 (0.5t·hm^{-2})	N_2 (1t·hm^{-2})	N_0 (0t·hm^{-2})	N_1 (0.5t·hm^{-2})	N_2 (1t·hm^{-2})	N_0 (0t·hm^{-2})	N_1 (0.5t·hm^{-2})	N_2 (1t·hm^{-2})
0~15cm									
多酚氧化酶 (PPO, μg·g^{-1}·h^{-1})	60.20 ± 7.94c	75.87 ± 6.87b	68.57 ± 6.88bc	71.80 ± 6.04bc	93.77 ± 5.80a	77.90 ± 7.65b	68.30 ± 9.09bc	95.97 ± 8.00a	75.67 ± 5.54b
过氧化物酶 (PER, μg·g^{-1}·h^{-1})	1349.70 ± 52.51b	1370.00 ± 78.86ab	1560.60 ± 32.89a	1356.10 ± 44.93b	1402.33 ± 136.74ab	1451.13 ± 187.40ab	1551.93 ± 88.39a	1515.10 ± 95.65ab	1396.27 ± 72.86ab
15~30cm									
多酚氧化酶 (PPO, μg·g^{-1}·h^{-1})	61.50 ± 7.72cd	79.20 ± 10.16b	61.03 ± 9.39cd	71.80 ± 9.53bcd	98.30 ± 9.15a	75.23 ± 10.05bc	73.40 ± 7.25bcd	79.97 ± 9.66b	57.23 ± 7.27d
过氧化物酶 (PER, μg·g^{-1}·h^{-1})	1382.27 ± 97.65bc	1350.83 ± 12.70bc	1563.07 ± 77.49a	1311.00 ± 80.16bc	1407.23 ± 100.50bc	1372.03 ± 29.81bc	1603.07 ± 112.29a	1434.40 ± 43.24b	1275.90 ± 33.18c
30~50cm									
多酚氧化酶 (PPO, μg·g^{-1}·h^{-1})	66.37 ± 9.56b	71.37 ± 10.58b	62.90 ± 11.27b	65.43 ± 10.01b	91.10 ± 5.60a	66.67 ± 6.58b	59.27 ± 4.85b	71.30 ± 7.54b	72.17 ± 7.34b
过氧化物酶 (PER, μg·g^{-1}·h^{-1})	1338.70 ± 87.99cd	1321.10 ± 90.54cd	1740.50 ± 172.44a	1348.83 ± 149.56cd	1366.40 ± 94.71cd	1359.57 ± 36.73cd	1667.17 ± 150.57ab	1532.03 ± 81.92bc	1300.17 ± 79.15d

为 B_1N_1 处理，较对照增加 55.76%；PER 酶活性在 B_0N_2 处理下最高，较对照增加 15.63%，其次为 B_2N_0 处理，较对照增加 14.98%。在 15~30cm 土层，PPO 活性在 B_1N_1 处理下最高，较对照增加 59.84%，其次为 B_2N_1 处理，较对照增加 30.03%；PER 活性在 B_2N_0 处理下最高，较对照增加 15.97%，其次为 B_0N_2 处理，较对照增加 13.08%，但在 B_0N_1、B_1N_0、B_1N_2 和 B_2N_2 处理下均降低，其中 B_1N_0 和 B_2N_2 处理下分别降低 5.16% 和 7.70%。在 30~50cm 土层，PPO 活性在 B_1N_1 处理下最高，较对照增加 37.26%；其次是 B_2N_2 处理，较对照增加 8.74%，但在 B_0N_2、B_1N_0 和 B_2N_0 处理下分别降低 5.23%、1.42% 和 10.70%；PER 活性在 B_0N_2 处理下最高，较对照增加 30.01%；其次为 B_2N_0 处理，增加 24.54%，但在 B_0N_1 和 B_2N_2 处理下分别降低 1.31% 和 2.88%。

在相同土层间，PPO 活性在保持生物质炭添加量不变的情况下，随着氮肥添加量的增加，均是先增加后降低（B_2N_2 处理除外）。而 PER 活性在 0~15cm 土层，在单施氮肥和低生物质炭配施氮肥处理下随氮肥添加量增加均呈现出递增的现象，但在高生物质炭配施氮肥处理下随氮肥添加量增加呈递减趋势；在 15~50cm 土层，单施氮肥条件下随氮肥添加量增加呈现先降低后增加趋势，低生物质炭配施氮肥处理下随氮肥添加量增加呈先增加后降低趋势，高生物质炭配施氮肥处理下随氮肥添加量增加呈递减趋势。土层变化、配施处理变化对于 PPO 和 PER 活性影响呈现一定显著性差异（$p<0.05$）（表 4-6）。在垂直方向上，生物质炭配施氮肥处理下 PPO 和 PER 变化没有明显规律。

4.2.8 生物质炭配施氮肥对雷竹林土壤养分与土壤酶活性关系的影响

采用 Pearson 相关性分析法对雷竹林下土壤中的有机碳、氧化还原及水解酶活性和各养分指标进行分析，结果表明（表 4-7，图 4-6），SOC、STN、STP 和 SAP 与 CB、BG、NAG、LAP 和 PPO 呈极显著正相关（$p<0.01$），SOC、STN 和 SAP 均与 PER 呈正相关但相关性不显著，STP 则与 PER 呈负相关但相关性不显著；SAK 与 CB、BG、NAG 和 LAP 呈极显著正相关（$p<0.01$），与 PPO 和 PER 呈正相关但相关性不显著。

表 4-7 生物质炭配施氮肥处理下雷竹林土壤养分和酶之间的相关系数

Tab. 4-7 Correlation coefficient between soil nutrients and enzymes under biomass carbon nitrogen combined application on *Phyllostachys violascens* 'Prevernalis' plantations

指标 Indicator	纤维二糖水 解酶 CB	β-葡糖苷酶 BG	β-N-乙酰氨 基葡萄糖苷酶 NAG	亮氨酸氨基 肽酶 LAP	多酚氧化酶 PPO	过氧化物酶 PER
SOC	0.742**	0.768**	0.776**	0.838**	0.316**	0.030
STN	0.526**	0.811**	0.710**	0.742**	0.320**	0.035
STP	0.272**	0.640**	0.448**	0.529**	0.374**	−0.13
SAK	0.600**	0.707**	0.671**	0.749**	0.110	0.053
SAP	0.447**	0.786**	0.615**	0.770**	0.304**	0.048

注：**、* 分别表示 $p<0.01$、$p<0.05$。

Note: ** and * represent separately $p<0.01$ and $p<0.05$.

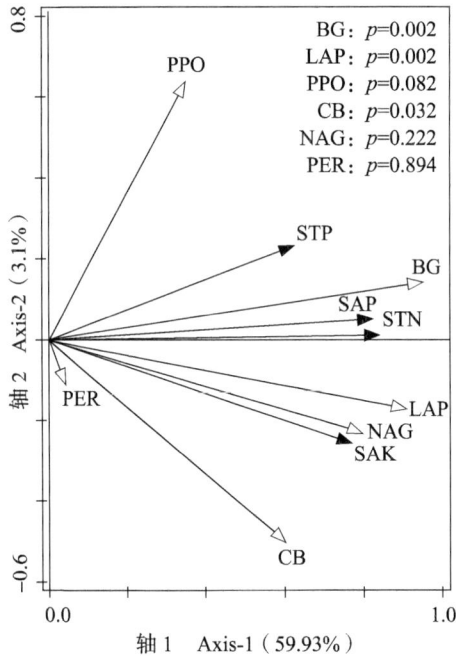

图 4-6 雷竹林土壤养分和酶之间的主成分分析

Fig. 4-6 Principal component analysis between soil nutrients and enzymes on *Phyllostachys violascens* 'Prevernalis' plantations

注：**、* 表示分别表示 $p<0.01$、$p<0.05$。

Note: ** and * regresent separately $p<0.01$ and $p<0.05$.

4.2.9　生物质炭配施氮肥对雷竹林土壤碳氮循环相关酶活性的影响

生物质炭配施氮肥对土壤 BG、LAP 和 NAG 活性影响显著（$p<0.05$）（图 4-7），BG 酶活性在 B_2N_1 处理下最高，较对照组增加了 59.55%，且与其他处理组差异显著。NAG 和 LAP 活性均是 B_2N_2 处理最高，较对照分别增加了 119.57% 和 64.02%，除 B_2N_1 和 B_1N_2（仅 NAG）外，与其他处理均具显著差异。

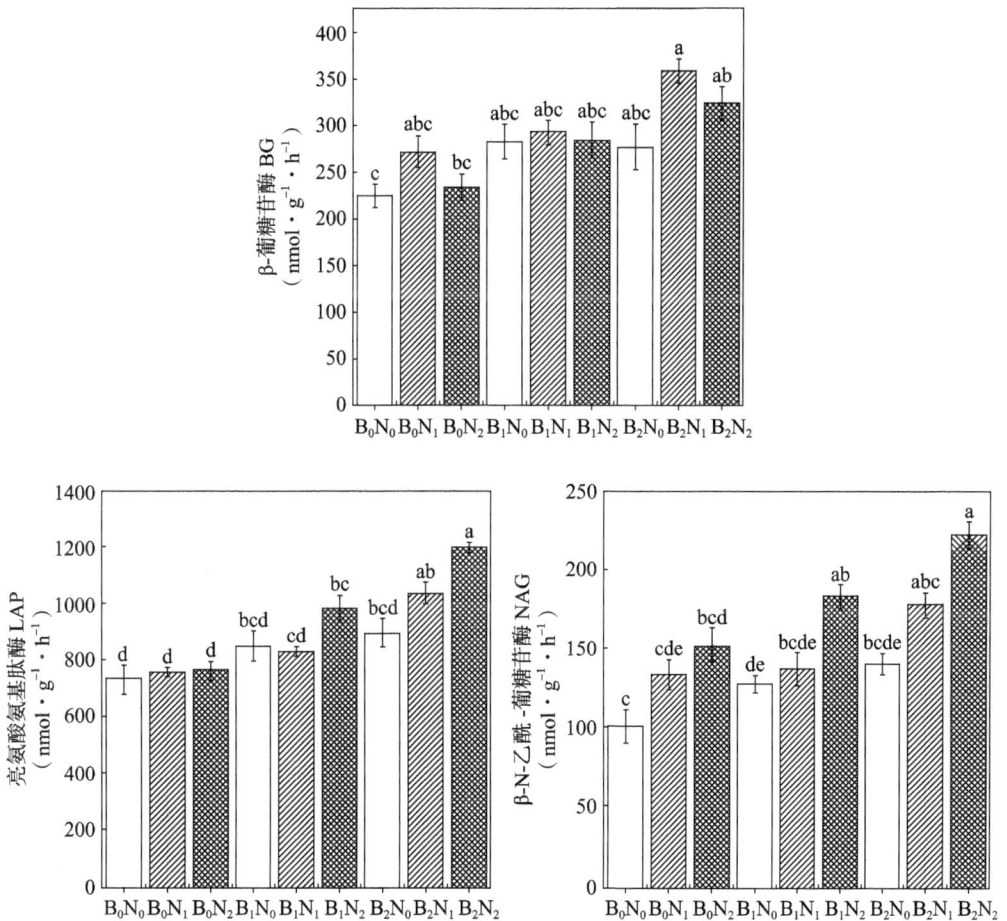

图 4-7　生物质炭配施氮肥对雷竹林土壤碳氮循环酶的影响

Fig. 4-7 Effects of combined application of biomass carbon nitrogen and fertilizer on soil carbon and nitrogen cycling enzymes on *Phyllostachys violascens* 'Prevernalis' plantations

单施氮肥处理，BG 活性仅 B_0N_1 较对照差异显著，LAP 和 NAG 活性间差异不显著；而无氮肥添加处理条件下，BG 和 LAP 活性在 B_0N_0、B_1N_0 和 B_2N_0 处理间差异不显著，NAG 活性在 B_1N_0 与 B_2N_0 处理间无显著差异，但 B_1N_0 与对照处理之间有显著差异；在同等浓度生物质炭添加处理下，高浓度氮肥处理 NAG 活性显著高于无氮肥处理，与低浓度氮肥处理间差异不显著。

4.2.10 生物质炭配施氮肥对雷竹林土壤碳氮利用效率的影响

生物质炭配施氮肥对土壤碳氮利用效率影响显著（图 4-8）。同等氮肥施用条件下，CUE 随着生物质炭施用量的增加显著提高（$p<0.05$）；CUE 在 B_1N_1 处理下达到最高值，与对照相比提升了 6.97%；CUE 随氮肥施用浓度变化无明显规律性，而在 B_0 和 B_2 生物质炭配施条件下，随着氮肥施用浓度的增加，CUE 呈现先下降后增加的趋势，在 B_1 施用条件下，CUE 则是先增加后下降。生物质炭与氮肥对 CUE 变化交互效应显著，生物质炭添加对 CUE 有显著影响，氮肥单施对 CUE 无显著影响。

同等肥力条件下，所有生物质炭配施氮肥处理组的 NUE 均下降（图 4-8），范围为 4.71%~52.03%；NUE 在 B_1N_1 处理下达到最低值，同等浓度氮肥处理下，NUE 随着生物质炭浓度的增加而降低，NUE 随氮肥施用浓度变化无明显变化规律。生物质炭与氮肥对 NUE 变化交互效应显著，生物质炭添加对 NUE 有显著影响，氮肥单施对 NUE 无显著影响。

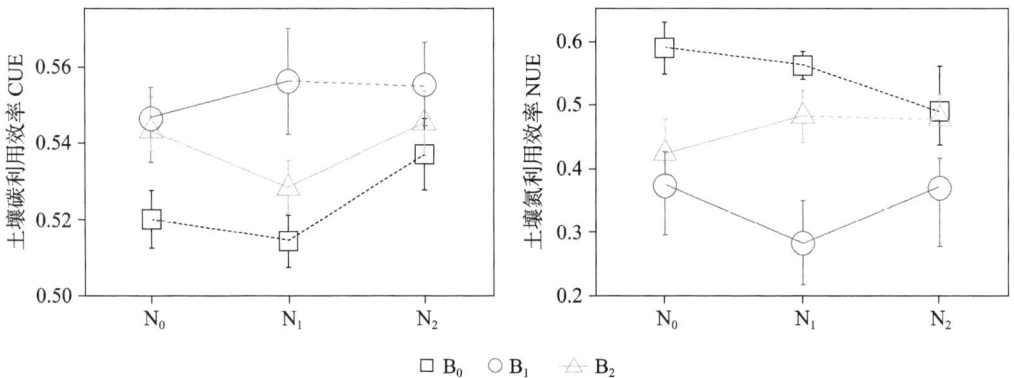

图 4-8 生物质炭配施氮肥对雷竹林土壤碳氮利用效率的影响

Fig. 4-8 Effects of combined application of biomass carbon and nitrogen fertilizer on soil carbon and nitrogen use efficiency on *Phyllostachys violascens* 'Prevernalis' plantations

4.2.11 生物质炭配施氮肥对雷竹林土壤碳氮利用效率影响因素

CUE 与土壤 NH_4^+-N 和 MBC 含量均呈显著的正相关（$p<0.05$）（图 4-9），而 CUE 和土壤碳氮相关酶活性比值 [BG：（NAG+LAP）] 呈负相关（$p<0.05$）（图 4-9）；由图 4-10 可知，NUE 与 NO_3^--N 和 NH_4^+-N 均呈显著的负相关关系（$p<0.05$）。

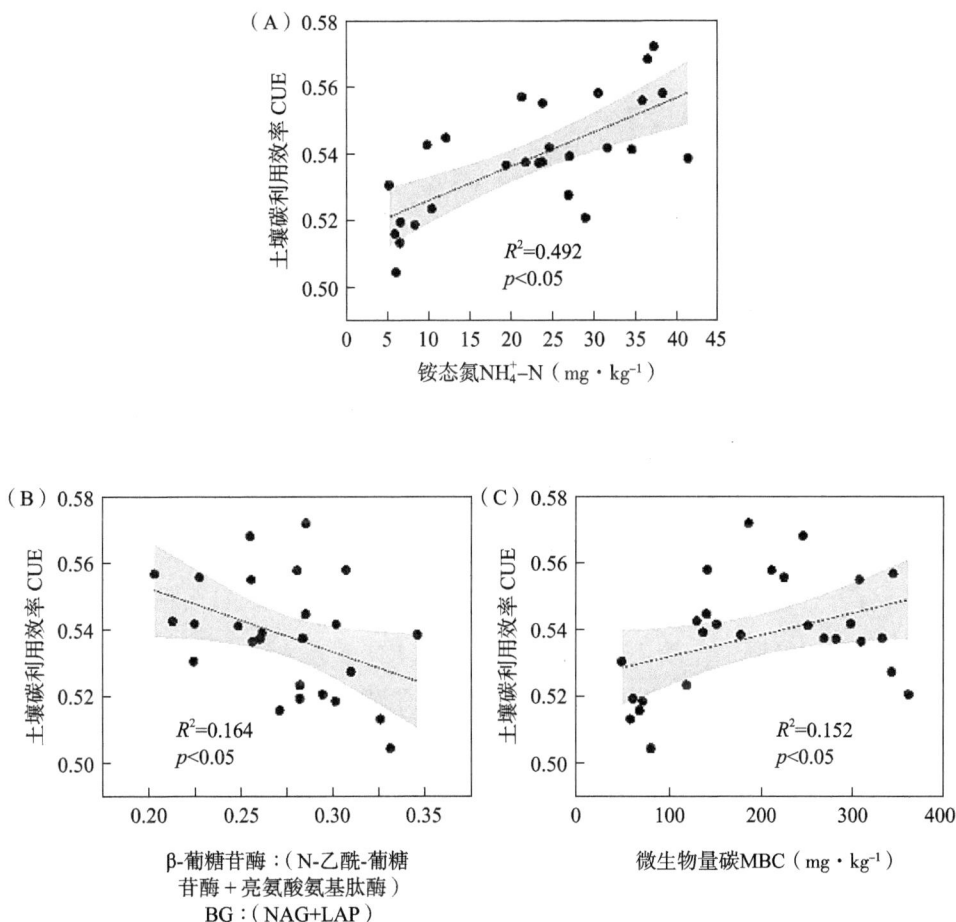

图 4-9 雷竹林土壤微生物 CUE 与土壤 NH_4^+-N、BG：（NAG+LAP）、MBC 的线性关系

Fig. 4-9 Linear relationships between soil microbial CUE and NH_4^+-N、BG: (NAG+LAP)、MBC on *Phyllostachys violascens* 'Prevernalis' plantations

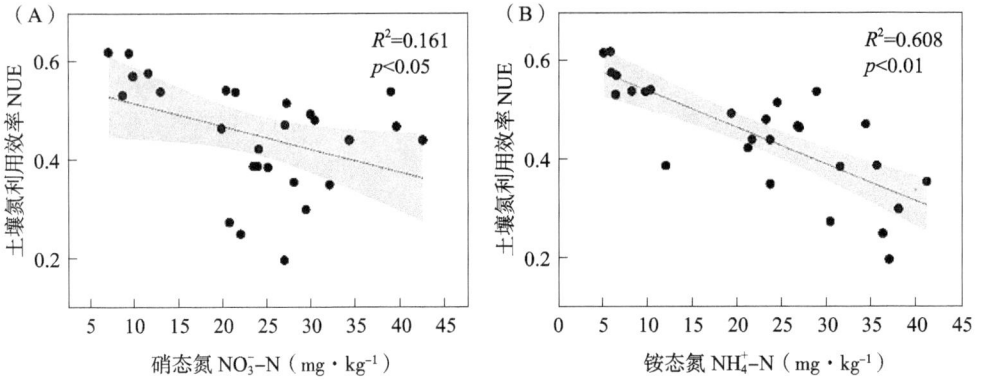

图 4-10　雷竹林土壤微生物 NUE 与土壤 NO_3^--N、NH_4^+-N 的线性关系

Fig. 4-10 Linear relationships between soil microbial NUE and NO_3^--N, NH_4^+-N on *Phyllostachys violascens* 'Prevernalis' plantations

4.3　讨　论

　　生物质炭添加可实现林业绿色废弃物的循环利用，净化人类生态环境，提高资源有效利用率，具有较高的利用价值；且可降低化肥的使用量，减少因生产化肥而消耗的大量能源。生物质炭的容重远低于森林土壤，在森林土壤中施加生物质炭可以降低土壤容重，提高土壤有效养分，促进林木根系发育和养分循环。生物质炭含碳量高达 45%~80%，且具有高度的稳定性，不仅能增加土壤中总有机碳含量，且有更好的保水和保肥能力，使氮、磷、钾等营养元素得到更好的利用，进而增加土壤肥力。此外，生物质炭灰分中含有的可溶性矿质元素能直接提高土壤中有效养分。

　　氮肥用量、氮肥种类及施肥时期均是影响竹笋硝酸盐含量的重要因素。为了追求高产高效，有些笋用竹林栽培集约化程度越来越高，肥料特别是氮肥投入量日益增加。雷竹林管理目标是提高肥料利用率、减少肥料施用总量，而生物质炭配施氮肥既能减少雷竹林施肥量，又能降低成本，对于推广绿色高效生产具有重要意义。

4.3.1　生物质炭配施氮肥对雷竹林生长及竹笋品质的影响

　　研究表明生物质炭能直接或间接影响土壤的养分可利用性，从而间接影响植物生长。生物质炭添加促进植物生长主要因为生物质炭自身的孔隙结构为微生物提供了良好的栖息地，从而增强了微生物的繁殖能力，提高了植物对病害的抵抗力并促进植物的生长。目前，有研究表明单施生物质炭对森林植物的生长没有显著影响，植物叶片养分短期内也无显著变化，但生物质炭配施氮肥能显著促进植物生长。因为多数研究采用盆栽试验，或研究对象是以农作物为主的一年生植物，但森林植被—土壤—生物质炭互作反馈时间更长，因而需要更长的试验时间来验证生物质炭添加的效果。另外，生物质炭配施氮肥能够有效缓解植物烧苗现象，不同来源的生物质炭配施氮肥可以平衡生物质炭本身的养分结构。与生物质炭单施相比，生物质炭配施氮肥提高了植物产量，主要原因是生物质炭在土壤中易氧化形成带负电荷的基团，与混合物结合后发生生物化学反应，激发生物质炭养分释放。

（1）生物质炭添加对植物生长的影响研究。曹烨（2016）在亚热带森林土壤中添加生物质炭（10t·hm^{-2}、30t·hm^{-2}）后研究发现：生物质炭添加对优势种金钱松和浙江楠的基径生长速率影响不显著，对浙江楠的树高生长速率影响不显著，使金钱松树高生长速率增加，且低生物质炭的影响大于高生物质炭的影响；生物质炭添加显著增加了草本生物量。钱九盛等（2023）以黄桃果园为研究对象，设置当地习惯施肥（CK）与分别配施 20t·hm^{-2} 水稻秸秆生物质炭、小麦秸秆生物质炭、杉木生物质炭 4 种处理，通过田间试验研究表明，小麦秸秆生物质炭添加处理下黄桃单果质量降低了 12.7%，生物质炭配施氮肥促进植物地上部分养分吸收，但短期内对黄桃产量影响较小。韦继光等（2023）研究表明，蓝莓枝生物质炭和玉米秸秆生物质炭添加显著提高了蓝莓（*Vaccinium* spp.）幼苗单株的总枝长、总叶面积、地上部干质量和总质量。陈雨欣等（2023）在春小麦中开展 3 个氮肥水平（0kg·hm^{-2}、255kg·hm^{-2}、300kg·hm^{-2}）与 4 个生物质炭水平（0t·hm^{-2}、20t·hm^{-2}、30t·hm^{-2}）配施研究表明，生物质炭配施氮肥可增加春小麦单株干物质积累量，提高花前同化物转运量、转运效率和对籽粒产量的贡献，产量较单施氮肥处理提高 22.12%。张瑄文（2018）研究表明，生物质炭添加量大于 5% 时会显著降低苦草生物量，与对照相比，生物量降低 59.7%~72.9%。时薇（2020）研究表明，加拿大蓬生物质炭（350℃）浸提液处理下小白菜地上和地下生物量分别增加 29.97% 和141.9%；小麦秸秆生物质炭（350℃）浸提液处理下小白菜地上和地下生物量分别增加 53.21% 和 55.01%。丛孟菲（2022）研究表明，15.75t·hm^{-2} 的生物质炭添加量使玉米株高显著增加 7.09%，31.50t·hm^{-2} 的添加量显著促进玉米根系生长；63.00~126.00t·hm^{-2} 的添加量抑制了玉米生长，降低了产量和养分含量，其中株高降低了 13.31%~30.14%。

（2）生物质炭配施氮肥对植物或作物品质的影响。钱九盛等（2023）在黄桃果园中开展当地习惯施肥（CK）与分别配施 20t·hm^{-2} 水稻秸秆生物质炭、小麦秸秆生物质炭、杉木生物质炭 4 种处理研究表明，小麦秸秆生物质炭添加处理下黄桃可滴定酸含量降低了 13.8%，但黄桃可溶性糖含量、糖酸比显著增加；生物质炭配施氮肥促进植物地上部分养分吸收，但短期内对黄桃品质的影响较小。陈雨欣等（2023）在春小麦中开展 3 个氮肥水平（0kg·hm^{-2}、300kg·hm^{-2}、255kg·hm^{-2}）和 4 个生物质炭水平（0t·hm^{-2}、20t·hm^{-2}、30t·hm^{-2}）配施研究表明，生物质炭配施氮肥使春小麦蛋白质（干基）含量、淀粉（湿基）含量、面筋（湿基）含量、Zeleny 沉降值和硬度分别提高 16.59%、62.12%、31.31%、46.95% 和 63.79%，氮减半配施 20t·hm^{-2} 生物质炭有利于北疆灌区春小麦高产优质生产。曹烨（2016）在亚热带森林土壤中添加生物质炭的研究发现：优势种金钱松和浙江楠叶片总碳、总氮含量和碳氮比随添加剂量的增加没有显著变化；金钱松叶片总氮含量和碳氮比呈明显季节变化规律，即秋冬季较低，春夏季较高。卓亚鲁（2017）将小麦秸秆生物质炭添加到盆栽大蒜中的研究表明：生物质炭浸提液显著提高了大蒜根系活力，改善了大蒜品质；与对照相比，大蒜可溶性糖含量增加 24.95%~27.53%，大蒜土壤微生物碳含量提高 39.0%，大蒜素含量增加 8.2%。李磊（2019）研究表明，烟秆生物质炭磷酸浸提液显著增加了黄瓜可溶性蛋白、糖含量。丛孟菲（2022）研究表明，随着生物质炭添加剂量的增加，玉米可溶性糖、蛋白质均呈现先增加后降低的趋势。本研究中，生物质炭添加至雷竹林后土壤中有效磷和有效钾的含量分别增加 28.8%~50.7% 和 21.8%~30.5%，这可能是因为生物质炭多孔的结构增强了其对营养元素的吸附能力，延长了肥料养分的释放期，降低了土壤养分的流失速率。本研究中，生物质炭配施低、高氮肥处理下的总糖含量比常规施肥量分别提高 9.8%~15.6% 和 2.9%~24.0%，可能是生物质炭通过改良土壤性质，增加有效氮、磷、钾含量。本研究推荐生物质炭添加量在 20~40t·hm^{-2} 为最适量，可达到既能提高雷竹笋产量又能改善品质的目的。

（3）生物质炭添加至土壤后的持久性研究相对有限，生物质炭的老化过程会改变其表面官能团、物理结构甚至元素组成。随着生物质炭微观结构的破坏，对土壤有效养分的吸附也会减弱并逐渐消失。丛孟菲（2022）研究表明，生物质炭添加 7 年后仍能显著促进玉米的株高、根系生长，提高玉米产量和养分含量；生物质炭老化后过量的生物质炭对玉米株高和根系生长的抑制作用消失，转化为促进作用。土壤中生物质炭的老化有助于提高养分利用率，促进植物株高和根系生长。也有研究表明，应以一定间隔重复添加生物质炭，以保持其修复效果。有关生物质炭添加对植物生长和品质的改善作用也需要长期跟踪研究。

4.3.2 生物质炭配施氮肥对雷竹林土壤水解酶活性的影响

本研究发现，生物质炭配施氮肥措施会改变雷竹林下土壤的养分情况，随着土层深度的递增在 B_2N_2 处理下明显降低了雷竹林土壤 SOC、STN、SAP 和 SAK 的含量。从 STN 分布来看，生物质炭配施氮肥处理下，表层 STN 含量最高，这可能与生物质炭中具有发达的孔隙结构有关，其有利于土壤水分的贮存，且对 NH_4^+-N、NO_3^--N 具有较强的吸附作用（刘玉学等，2015），从而显著提高了 0~15cm 土层的 STN 含量。并且，较高的生物质炭添加量反而降低了土壤氮素含量，如本研究中，在 15~50cm 土层生物质炭配施氮肥处理下 STN 含量较对照组（B_0N_0）呈下降趋势，主要原因是过量生物质炭聚集在植株根际土壤区域，土壤微生物活性受到抑制，降低了土壤氮素的有效性，从而表现为土壤氮活性的降低，与梁忠厚等（2019）的研究结果相同。同时试验出现生物质炭添加量大的处理下 SAP 含量减少的情况，如在 30~50cm 土层中，B_1N_1 处理下的有效磷含量较 B_0N_0 处理呈显著下降，这与张阿凤（2018）的研究结果类似，其研究表明适宜用量的生物质炭不仅能够减少土壤有效磷的淋溶和固定，还可以吸附一部分的磷酸根，使得土壤有效磷活性增加幅度较大，但是过高用量生物质炭对土壤的影响仅以吸附土壤的磷酸根为主，因此会导致有效磷活性增幅小。但在相同土层，生物质炭配施氮肥对雷竹林土壤各项养分指标产生的影响存在一定差异。在 0~15cm 土层中，雷竹林 SOC、STN 和 SAK 含量在 B_2N_2 处理下增幅最大，STP 含量在 B_1N_1 处理下增幅最大；在 15~30cm 土层中，生物质炭配施氮肥明显提高了 SAP 含量，说明在同一土层间，适量的生物质炭配施氮肥措施可以有效提升土壤肥力，进而促进土壤碳、氮、磷、钾的储存，这与 Laird 等（2010）研究结果一致，即生物质炭的孔隙结构对肥料养分的延长释放有作用，能够降低养分损失，增加土壤磷钾的有效性。

有研究表明，土壤水解酶活性变化是土壤生化过程改变的早期指示，可作为评估和监测土壤质量变化的指示指标（Sofi et al., 2016；郭志明等，2017），其中，BG 和 CB 均参与土壤有机质矿化分解过程（Monreal et al., 2000），NAG 和 LAP 与土壤氮素循环有关（Sinsabaugh et al., 2005）。本研究发现，生物质炭配施氮肥处理下雷竹林土壤水解酶活性变化显著。在相同土层中，CB、BG、NAG 和 LAP 活性在生物质炭添加量不变或氮肥添加量增加的情况下，均呈现出不变或递增的结果，与赵军等（2016）、李静静等（2016）报道一致。原因可能有三点：一是生物质炭的吸附功能和本身的营养物质为酶促反应提供了底物；二是生物质炭的多孔结构可以为微生物提供良好的栖息地（Lehmann et al., 2009），保护微生物和酶不受外界的侵害，从而提高了土壤酶活性；三是生物质炭的添加改善了土壤的理化性质而提高了酶活性。同时，BG 活性在 0~15cm 土层中随着氮的增加在高生物质炭添加下呈现下降趋势，在 30~50cm 土层中随着生物质炭增加在高氮配施下呈现下降趋势；NAG 活性在 30~50cm 土层中随着生物质炭增加在高氮添加条件下呈现下降趋势。并且，土层变化和不同生物质炭配施氮肥处理对于 CB、BG、NAG 和 LAP 活性的影响全部呈现显著水平（$p<0.01$），且不同土层和处理间存在明显交互作用。说明土层变化显著影响土壤酶活性，并且过高的氮肥或生物质炭会导致酶活性的减弱（徐福利等，2004；曾艳等，2014; Cleveland and Liptzin, 2007）。彭映平等（2015）在陕西长武田间试验中研究发现，当氮添加量为 135kg·hm^{-2} 时对土壤酶活性的影响最大，而当氮添加量达到 162kg·hm^{-2} 时，土壤酶活性受到抑制。并且有研究表明生物质炭可以吸附保护酶促反应的结合位点，抑制酶促反应（Czimczik and Masiello, 2008），生物质炭本身携带的多环芳烃等有毒物质也可能对酶活性造成负面影响（Rao, 2008），当然这也可能与生物质炭的种类和土壤类型有关，需要针对不同情况进一步深入分析。本研究中，与对照相比，生物质炭配施氮肥处理提高了与碳循环有关的土壤水解酶活性，其原因可能是：生物质炭配施氮肥条件下土壤碳氮比适宜，养分含量均衡，一方面促进了雷竹的生长发育，增加了底部根茎和部分凋落物；另一方面，增强植株根系生理活动和分泌物，促进了碳循环相关的土

壤水解酶活性的提高，这与 Bowles 等（2014）的研究结果一致。

4.3.3 生物质炭配施氮肥对雷竹林土壤氧化还原酶活性的影响

土壤酶活性是反映土壤生化反应活跃程度及养分物质循环状况的重要指标（Wang and Allison, 2019），BG 和 CB 均参与土壤有机质矿化分解过程（Monreal and Bergstom, 2000），NAG 和 LAP 与土壤氮素循环有关（Sinsabaugh et al., 2005），PPO 和 PER 则主要参与凋落物中难降解碳的分解过程（季晓燕等，2013；宋影等，2014；刘珊杉等，2020）。同时土壤氧化还原酶是生态系统中生物化学代谢的重要参与者，在有机质积累和养分循环等过程中起着十分重要的作用（Burns and Dick, 2002; Yang and Wang, 2004; Wang and Allison, 2019）。本研究发现，生物质炭和氮肥配施对于 PPO 和 PER 活性表现出一定的显著性（$p<0.05$）。PPO 和 PER 活性在不同生物质炭配施氮肥处理以及土层间呈现递增或递减结果，且二者与土层和处理间存在一定显著相关性。PPO 活性出现递减结果可能原因是：生物质炭可将土壤中的酚类物质氧化为醌，而后形成类腐殖质的大分子化合物（金冬霞，2002）。生物质炭添加使得土壤中微生物和植物可直接利用的养分含量增加，不需要多酚氧化酶的过多合成，从而使土壤微生物和植物根系所生产的多酚氧化酶活性较对照少。PER 活性在 B_2N_2 配施条件下较对照显著降低 6.88%，且在相同土层的高生物质炭添加处理下呈现递减结果，这可能是因为生物质炭对酶分子的吸附作用掩盖了酶活性位点，从而降低了酶活性（Jindo et al., 2012）。有研究表明，氮添加显著抑制了 PPO 和 PER 活性（张闯等，2016；Liu 等，2015）。出现递增结果可能是土壤多酚氧化酶、过氧化物酶都属于氧化还原酶类，其活性随着土壤中腐殖质含量的增加而降低（赵睿宇等，2019），且与土层的变化或者生物质炭种类，以及土层和处理的交互作用有关，需要针对不同情况进一步分析研究。

4.3.4 生物质炭配施氮肥下土壤酶活性对雷竹林土壤养分提升的影响

通常，土壤养分的变化受到成土母质、气候条件、土地利用方式与覆被变化、耕作以及施肥方式等人为和自然诸多因素的影响（关众等，2004）。Lin 等（2009）研究表明转化酶参与土壤有机质的代谢过程，对增加土壤中易溶性营养物质起着重要作用，通常土壤肥力越高，转化酶活性越强，转化酶活性反映了土壤有机碳累积与分解转化的规律（Czimczik and Masiello, 2007），并且会直接影响土壤中有效养分（王风等，2013；Deng and Tabatabai, 1996；罗珠珠等，2012；王静等，2012）。本研究发现，生物质炭配施氮肥后雷竹林土壤酶活性和养分均发生显著变化，且二者存在显著相关性，说明生物质炭配施氮肥条件下引起的土壤酶活性变化可视为土壤养分迁移的关键因素。其中，SOC、STN、STP、SAP 含量与 CB、BG、NAG、LAP 及 PPO 活性呈极显著正相关（$p<0.01$），并且 SAK 含量与 CB、BG、NAG 和 LAP 活性呈极显著正相关（$p<0.01$）。此结论与葛晓改等（2012）研究结论一致，即不同林龄马尾松林中土壤酶活性与养分关系一致，即土壤养分含量越高，蔗糖酶活性越强。而刘秀清（2007）和陈光升（2002）等研究认为土壤多酚氧化酶活性和 STN、SAP 含量均存在显著负相关关系，与本研究结果不一致；宋海燕（2007）、陈强（2009）等研究认为多酚氧化酶活性与土壤养分没有显著的相关性，则与本文结果 SAK 含量与 PPO 呈正相关但相关性不显著的结论一致。这种情况可能是因为不同种类的土壤酶活性与土壤养分的差异性受到土壤多种因素的影响（杨文彬等，2015）；生物质炭配施氮肥影响了土壤养分利用效率，生物质炭巨大的比表面积和丰富的孔隙机构增加了土壤养分的赋存能力，为土壤酶活性提供底物，从而为土壤微生物群落的繁殖提供物质来源和庇护场所（Bosatta and Argren, 1994; Sofi et al., 2016）。本研究对 SOC、STN、SAP、STP 含量与 PER 活性的相关性研究结果与杨阳等（2013）研究结果不一致，究其原因可能与土壤类型、特定环境或者生物质炭配施氮肥的比例有关，具体原因需进一步深入研究。

土壤养分状况是影响土壤水解酶活性和有机碳含量的重要因子，土壤养分含量高，其土壤水解酶活性和有机碳含量也随之增加（郭志明等，2017; Zhang et al., 2015）。本研究通过冗余分析发现生物质炭配施氮肥处理对土壤养分各指标（STP、SAP、STN、SAK 含量）均有显著影响。这可能是因为不同比例生物质炭配施氮肥处理或土层变化影响了土壤碳循环水解酶活性，进而影响土壤有机碳含量和各养分指标。此研究结果与 Xiao（2015）的研究结果一致。同时，研究表明土壤水解酶（CB、BG、NAG 和 LAP）活性与土壤 SOC 含量间均呈显著正相关。这是因为生物质炭配施氮肥影响了土壤养分含量，而可利用养分的增加为土壤微生物群落和土壤水解酶活性提供更多的能量和物质来源（石丽红等，2021）。

4.3.5 生物质炭配施氮肥下土壤酶活性对雷竹林土壤碳氮循环的影响

研究表明生物质炭配施氮肥可以提高雷竹林土壤肥力。随着生物质炭配施氮肥浓度增加，雷竹林土壤各种养分含量均显著增加，生物质炭作为新型土壤改良剂，可改善土壤理化性质，增加土壤养分（曾冬萍，2015）。在相同生物质炭剂量处理下，土壤养分含量随氮肥浓度增加变化较小，而相同施氮水平下添加生物质炭均能显著提高土壤各种养分含量，特别是低施氮量和高施氮量（N_1 和 N_2）条件下，生物质炭促进效应更显著。在本研究中，生物质炭和氮肥对土壤养分含量存在显著的交互效应，而生物质炭对土壤养分含量的促进效应比氮肥更显著。在 B_2N_1 处理下土壤各种养分含量较高，土壤碳氮利用相关酶活性也较高，且 B_2N_2 处理下多项指标与 B_2N_1 相比有所下降。因此，从整体来看，B_2N_1 处理效果相对最为理想；合理控制配施氮肥浓度是改善雷竹林退化土壤的重要措施，可为生物质炭配施氮肥在区域施用提供参考。

另外，生物质炭与氮肥均提高了与碳、氮循环有关的水解酶活性，加速了微生物的周转，但生物质炭配施氮肥效果明显比单施生物质炭或氮肥要好得多，即配施具有正向组合效应。本研究显示，氮添加显著提高了 BG 活性，BG 活性在中氮处理下（$0.5t \cdot hm^{-2}$）活性最高，原因可能是中氮浓度是增加土壤有效性物质的最适浓度（陈倩妹等，2019）。生物质炭添加也增加了 BG 活性，原因可能是土壤溶解养分直接参与酶的分泌，即生物质炭富含的丰富碳聚合物主要被 BG 分解为可溶性有机碳（DOC）；反过来，DOC 的积累刺激微生物产生更多的生态酶，导致 DOC 与 BG 活性密切相关（Kivlin et al., 2014）。同时，生物质炭通过吸附植物根系中易溶碳源，增加 BG 的反应底物，这也是促进 BG 活性的原因之一；另一方面，有研究指出，根据生物质炭和土壤类型，生物质炭可以提供有效易溶养分或帮助提高营养物质的利用效率（Ippolito et al., 2012；姜培坤等，1999；邬奇峰等，2014）。

NAG 和 LAP 是与土壤氮转化相关的酶，在含氮物质的分解过程中发挥了关键作用，NAG 可降解土壤腐殖质中几丁质和肽聚糖，LAP 可水解蛋白质和氨基酸（Schime and Weintraub, 2003）。生物质炭配施氮肥显著提高了 NAG 和 LAP 活性，可能是外源氮添加加速了微生物对几丁质和肽聚糖、蛋白质和氨基酸的分解，刺激了土壤微生物活性，从而促进了 NAG 和 LAP 酶的活性（Chen et al., 2018）。有研究表明，生物质炭添加可能会降低可溶性酚类物质浓度，这些酚类物质（如苯酚）是某些微生物（例如硝化细菌）和养分循环相关的水解酶抑制剂，所以生物质炭添加会提高水解酶活性（Berglund et al., 2004; Mackenzie and Deluca, 2006）。可溶性酚类物质浓度降低可能与生物质炭自身的比表面积和孔隙结构吸附酚类化合物有关（Lehmann et al., 2011; Xu et al., 2012）。从这个角度来看，由于生物质炭抑制了土壤微生物分泌有害的酚类物质，BG、NAG 和 LAP 的活性可能相应地增加，与本研究结果一致。有研究表明不同土壤酶活性对添加生物质炭的响应不是单纯的促进或抑制，土壤酶活性的改变程度与其自身特性以及生物质炭的特性、添加量之间具有更强的相关关系（Xu et al., 2012; Mark et al., 2013; Kookana et al., 2011）。由于生物质炭改变了土壤的营养状况，微生物的活性可能会随着相关酶的表达或生产的调整而受到影响（Arnosti et al., 2011; Ayuso et al., 2011; Geisseler and Horwath, 2009）。

4.3.6 生物质炭配施氮肥对雷竹林土壤微生物碳氮利用效率的影响

本研究发现土壤微生物 CUE 和 NUE 随着配施浓度的增加虽无明显变化，但总体上 CUE 提高、NUE 下降（图 4-8）。原因可能是生物质炭和氮添加加速了森林凋落物分解速率，从而产生了大量 DOC 等可溶性物质（雷赵枫，2019），而 DOC 作为微生物生长所需要的底物刺激了微生物活性，使与碳相关的土壤酶活性增加，而土壤水解酶活性的增加加速其对碳的需求，从而显著增加 MBC 含量。因此，MBC 含量与土壤 CUE 呈显著正相关。

相同氮肥配施条件下，CUE 在低生物质炭添加时提高，在高生物质炭添加时降低，NUE 的变化趋势与之相反（图 4-8）。线性分析（图 4-9、图 4-10）表明，CUE 与 NH_4^+-N 和 MBC 含量呈正相关，与碳氮相关酶比值呈负相关；而 NUE 与土壤 NH_4^+-N 和 NO_3^--N 呈负相关，说明生物质炭配施氮肥的氮源是导致 CUE 增大的主要因素。这与白岚方等（2021）研究结果一致，其试验表明施入氮肥不同程度地增加了青贮玉米（*Zea mays*）土壤酶活性及微生物量，从而有效促进了土壤氮素的分解及微生物对碳和氮的固持。较高的 CUE 意味着更多的碳固持，而较高的 NUE 意味着土壤生物量氮的有效固持和较少的氮矿化（Mooshammer et al., 2014）。大多数研究显示氮添加使土壤微生物 CUE 升高（Saiya-Cork et al., 2002; Gallo et al., 2004; Michelr and Matzner, 2003; Liu et al., 2018; Keiblinger et al., 2010）。首先，氮添加直接提高了土壤氮有效性，使微生物获取氮所需的能量代价变低（Michelr and Matzner, 2003），且释放了被氮限制的碳源，提高了土壤碳可利用性，促进土壤微生物将更多的碳分配于生长，较少的碳用于分解代谢的呼吸作用，对微生物呼吸能力投入降低（张燕等，2022），使 CUE 增大。其次，有研究发现氮添加也可能引起土壤 pH 值降低，微生物呼吸速率下降而导致 CUE 上升（Silva-Sánchez et al., 2019），这是微生物降低呼吸维持生存的结果。长期施用氮肥会使土壤 pH 值下降，通过改变细胞内或细胞外酶的活性来影响微生物（Michelr and Matzner, 2003; Liu et al., 2018; Keiblinger et al., 2010），并抑制土壤酶活性，降低获得氮的能量需求，在一定程度上缓解了在氮添加下对碳或其他元素的限制（Gallo et al., 2004; Silva-Sánchez, et al., 2019），这可能是氮添加下土壤微生物 CUE 增大的生态学意义或适应机理（张燕等，2022）。

NUE 表征在生长和向环境释放无机氮（即氮矿化）之间吸收的有机氮的分配（Saiya-Cork et al., 2002），当氮有限时，微生物保留了大部分固定化的有机氮（高 NUE），导致低氮矿化（Sinsabaugh et al., 2012）。本研究中，NUE 与 NH_4^+–N 和 NO_3^-–N 呈显著的负相关，说明随着配施浓度的增加，土壤中的氮作为无机氮释放回环境的部分越来越多（即高氮矿化）。Li 等（2021）研究表明，NUE 在有机土壤中随着氮添加率的增加而降低，过量的氮通过氮矿化释放，与本研究结果一致。基于阈值元素比（TER），通常认为土壤微生物的生长受到氮限制（Sinsabaugh et al., 2012），在添加氮的情况下，微生物的代谢控制从氮限制切换到碳限制，随着 CUE 的提高，NUE 将保持不变或者减少，更多的无机氮将渗出到土壤环境中（Mooshammer et al., 2014），这是微生物群落应对资源失衡的基本策略。

总之，生物质炭和氮肥配施对 CUE 和 NUE 的影响国内外尚无充分研究，生物质炭和氮肥配施如何调控 CUE 和 NUE 的变化以及潜在机制尚不明确。目前已有学者提出，土壤微生物 CUE 的最强预测因素是群落组成和多样性，而非生物因素调节了它们之间的关系，但在逆境条件下，其多样性和生态功能（CUE、NUE）的相关性会变弱（Domeignoz-Horta et al., 2020）；也有研究认为 pH（石思博等，2018）、水分（Craine et al., 2007）等非生物因素才是影响微生物养分利用效率的主要控制因素，而生物因素只对微生物的生存质量有影响。因此，本研究阐明了生物质炭和氮肥在提高雷竹林土壤养分、调节 CUE 和 NUE 的作用，但生物质炭与氮肥配施对土壤微生物代谢功能的影响尚不明确，需要对其进行深入的研究。

4.4 结 论

本研究发现生物质炭配施氮肥可显著增加土壤养分含量、微生物量碳、微生物量氮、碳和氮获取酶活性以及 CUE，同时降低 NUE；CUE、NUE 均与土壤氮含量变化密切相关；说明添加的氮是导致两者变化的主要因素。生物质炭配施氮肥总体上造成 CUE 增加、NUE 降低，意味着土壤微生物从较高的净养分固持向净养分矿化转变。总之，添加生物质炭可以显著改变氮沉降对土壤生态酶活性及微生物碳氮利用效率的影响，为氮沉降日益增强背景下促进雷竹林可持续性经营提供了一种有效途径；为加强土壤养分、生态酶活性与雷竹林生态系统功能及微生物碳氮循环之间的联系和影响提供更全面准确的科学参考。

本研究发现一定比例的生物质炭和氮肥配施显著增加了雷竹林同一土层间的土壤养分以及酶活性，土壤养分随土层深度的递增呈减少趋势，初步揭示了土壤养分和酶之间存在显著正相关关系，说明适量的生物质炭和氮肥配施能够在一定程度上提高雷竹林土壤酶活性，进而对土壤养分产生积极作用，使土壤向一个更加健康的环境改变。生物质炭配施肥增强土壤生物与非生物间的相互作用，对土壤有机碳的形成和固持有积极影响，正向调控土壤微生物活性，提高微生物碳氮利用效率，为综合提升竹林经营管理水平提供参考，对充分发挥竹林生态功能有重要意义。

第5章

生物质炭添加对毛竹林
土壤碳排放的激发效应

　　大气中温室气体 CO_2 浓度升高导致的全球变暖及一系列其他生态问题已引起世界各国的高度关注，成为科学研究领域的热点问题（Marland and Marland, 2003；徐涌，2012；Mitchell et al., 2015）。森林作为陆地生态系统的主体，在减缓大气 CO_2 浓度升高，调节全球碳平衡方面有着重要作用；在森林生态系统中，生物质炭是森林火干扰的主要产物，影响土壤物理、化学和生物过程，在森林生态系统中普遍存在，但生物质炭的生物功能在森林生态系统中却被忽略（DeLuca et al., 2006）。有研究证实，生物质炭具有高度稳定性和较强的吸附性能，因而可长期存在于环境中，在稳定土壤有机碳库、增加土壤碳库容量、减缓土壤碳释放方面有重要意义（Lal, 2007），在应对全球气候变化及环境系统中发挥着重要作用（Sohi et al., 2009）。目前，生物质炭因其增加植物生产力和作物产量等功能，在农业系统中被广泛应用，而在林业上的应用和关注则较少（Mitchell et al., 2015）。然而，在森林土壤中添加生物质炭也能增加森林生产力（Thomas and Gale, 2015），更重要的是，生物质炭有潜在的碳吸存能力并能减缓大气 CO_2 排放。因此，生物质炭在林业上的应用研究很有必要，添加生物质炭对森林土壤碳矿化、吸存及土壤物理化学性质的影响将日益受到关注。

　　生物质炭是由植物生物质在完全或部分缺氧的情况下裂解产生的一类含碳量高达 60%~85% 的高度芳香化物质（Lehmann et al., 2006）。生物质炭主要包括易溶和顽固碳库两部分；实验室培养试验研究表明生物质炭易溶碳库部分的半衰期是 27~438 天，顽固碳库部分的半衰期是 114~1120 年（Zimmerman et al., 2011）；而野外生物质炭非常稳定，生物质炭的半衰期在 3.3 年到数百万年（Zimmermann et al., 2012）。由于生物质炭特殊的理化性质及其在全球碳循环、气候变化和环境系统中的重要作用，近年来已成为研究热点（Lehmann et al., 2006）。在当今大气温室气体 CO_2 浓度升高导致全球变暖及其一系列生态问题的背景下（Mitchell et al., 2015），研究生物质炭在缓解气候变化和环境系统中的潜在作用，为森林生态系统长期碳吸存贡献研究奠定基础，为应对气候变化提供有效途径和科学依据（Cross and Sohi, 2011; Forbes et al., 2006）。

土壤激发效应是指由各种有机质添加等处理引起的土壤有机质周转强烈的短期改变（Kuzyakov et al., 2000）。土壤中添加生物质炭后激发原位土壤碳排放增加（Zimmerman et al., 2011; Luo et al., 2011）或降低（Ameloot et al., 2014）均有报道，其激发效应的持久性、大小、方向和机制不清楚，生物质炭在土壤碳吸存和稳定性方面的应用尚存在争议。短期培养试验（Zhao et al., 2015a; Kuzyakov et al., 2014）表明生物质炭在土壤中高度稳定，也有一些研究发现（Kuzyakov et al., 2000; Zimmermann et al., 2012）生物质炭在生物和非生物因素下快速分解并转化。生物质炭在土壤中的矿化及稳定性与炭化温度（Zimmerman et al., 2011）、土壤环境（Fang et al., 2015）和植被覆盖情况有关（Ventura et al., 2015）；土壤有机碳矿化率与原位土壤有机碳、植物根系生长和土壤颗粒大小的分布关系密切（Kerré et al., 2016）。Singh 等（2014）研究表明，生物质炭可以吸收根系来源的易溶碳，土壤有机碳矿化影响生物质炭表面的氧化作用，而生物质碳—根系—土壤互作对碳排放的贡献还未见报道。Ventura 等（2015）在意大利和英国开展生物质炭添加试验研究表明，根系对生物质炭分解具有正激发作用，与断根处理相比，在保存根系处理中生物质炭分解分别快 2% 和 5%。以上研究均表明，植物根系—生物质炭—土壤相互作用及根系对生物质炭稳定性的影响明显，相关研究亟须展开（Ventura et al., 2015）。

研究表明，生物质炭添加明显影响原位土壤有机碳矿化（Herath et al., 2015）。土壤呼吸速率是研究土壤碳矿化的重要指标，是陆地生态系统碳循环的重要过程，全球年平均土壤呼吸通量为 $91Pg \cdot a^{-1}$（1965~2012 年为 $87~95Pg \cdot a^{-1}$）（Hashimoto et al., 2015），因此，土壤呼吸的强弱在很大程度上决定了全球气候变化与碳循环间的反馈关系（葛晓改等，2016）。生物质炭对原位土壤有机碳排放的影响存在不确定性（He et al., 2016）：一方面，生物质炭添加促进原位土壤碳矿化（正激发效应），这可能诱发土壤理化性质的改变或生物质炭自身碳矿化（Wardle et al., 2008）或为微生物提供养分而增加微生物活性；另一方面，生物质炭添加抑制原位土壤碳矿化（负激发效应），生物质炭表面吸附原位土壤易溶物或促进土壤团聚体及原位土壤有机碳的稳定性（Herath et al., 2015）。研究表明，生物质炭的正激发效应随着时间延长会降低，甚至转化成负激发效应（Zimmerman et al., 2011）。目前，生物质炭添加实验大多基于室内培养或短期的野外试验研究，培养试验过程通常是在最优化状态下进行，如常温状态和田间持水量在 60.0%~70.0% 的情况，不能代表野外干湿状态下真实的土壤呼吸状态（Yuste et al., 2007）；生物质炭添加增加了土壤水分含量且明显影响土壤呼吸温度敏感性（Q_{10}）（He et al., 2016）。因此，有必要开展野外生物质炭添加对土壤呼吸激发效应的大小、持久性和温度敏感性的相关研究。然而，当前生物质炭添加试验是室内培养矿化研究，少数野外生物质炭研究仅测定生物质炭—土壤混合物中总碳矿化或者土壤碳含量（Novak et al., 2010），并没有测定分析生物质炭自身碳源和根系碳源对原位土壤有机碳矿化的相对影响及根系分泌物中的碳动态。目前国内外对生物质炭在农业领域开展了一些研究，但针对生物质炭输入对森林生态系统影响等方面的研究甚少。

竹林是我国重要的森林资源类型，中国现有竹林面积约 601 万 hm^2（国家林业局，2014）。竹林具有生长速度快、隔年连续采伐和长期利用等特点，且每年有大量新笋成竹向周围扩展，因而竹林固定 CO_2 的潜力巨大，对平衡大气中 CO_2 浓度具有重要作用。然而，中国每年竹材砍伐量 800 万~900 万 t，相当于 1000 余万 m^3 木材，但在竹材被砍伐加工利用的同时，大约 38%~84% 的生物量在燃烧过程中释放（Hughes et al., 1999）。如果地上竹材加工和砍伐副产品通过砖窑技术转变成生物质炭并应用到土壤，这些废弃物中碳的 50% 以上将以高度稳定的形式被吸存（Lehmann et al., 2006）在土壤中，对全球碳循环和缓解全球气候变化具有重要影响（Forbes et al., 2006）。目前，多数土壤中添加生物质炭研究采用短期（数周）实验室培养法，因为生物质炭的稳定性及其与土壤微生物的相互作用研究时间较短，可能会高估生物质炭对土壤微生物活性的影响（Sagrilo, 2014），而野外试验环境较复杂（如受到人为干扰、干湿交替等影响），野外条件下生物质炭中易溶碳复合物在数天或数月中矿化；另外，生物质炭随时间的延长可能改变生物质炭 pH 值、离子交换力、表面积/氧化碳的比率，这些因素可能进一步影响生物质炭修复后原位土壤的微生物群落结构（Ameloot et al., 2014）。

目前，国内外关于生物质炭对农业土壤开展了一些研究，但针对生物质炭还林后对竹林生态系统影响等方面的研究甚少，结合目前生物质炭的研究现状，本研究拟采用野外试验和同位素 δ¹³C 示踪法，以毛竹林为研究对象，探讨生物质炭添加对竹林原位土壤呼吸及土壤活性碳组分的时空动态影响，生物质炭添加对竹林原位土壤碳排放的激发效应。我们假设：①毛竹根系—生物质炭互作刺激微生物活性，促进根系吸收土壤易溶碳，三种碳源（生物质炭、土壤、根系）互作促进负激发效应；②生物质炭添加处理中非生物因子降雨和土壤水分增加使产生的 CO_2 生成碳酸盐且能明显降低原位土壤的 CO_2 排放量，这个过程致使土壤 pH 值升高。因此，我们有必要开展以下研究验证上述假设：野外开展不同碳源（生物质炭、土壤和根系）对土壤原位有机碳的周转及其激发效应的敏感性研究，探讨土壤微生物活性、土壤水分、温度、pH 值、碳酸盐等生物和非生物响应过程，阐明生物质炭输入后土壤自养呼吸和异养呼吸通量对三种碳源的敏感性及其激发机制，为竹林土壤有机碳激发效应研究的系统性、完整性和深入性奠定科学基础，对生物质炭人为输入的变化规律、稳定机理及其与土壤相互作用的深入研究有重要意义。

5.1　研究区域

研究区域位于浙江省杭州市富阳区国家林业和草原局钱江源森林生态系统定位研究站庙山坞林区，地理位置为 119.93°—120.03° E、30.05°—30.10° N。属浙西低山丘陵区天目山系余脉。山体主脉呈东西走向，构成本林区与其他相邻单位的分界线；由主脉延伸的多条南北向支脉为本林区的主体，峡谷相间，谷向朝南，濒临秀丽的富春江。庙山坞自然保护区植被主要由青冈（*Cyclobalanopsis glauca*）、苦槠（*Castanopsis sclerophylla*）、木荷、红楠（*Machilus thunbergii*）等树种组成，山林的坡中上部，天然次生阔叶树及灌丛生长茂密，山林的坡中下部与山谷地带，则多为生长状态、管理水平均较高的人工林。庙山坞自然保护区总面积 803.87hm²，其中有林地 780.34hm²，苗圃地 3.09hm²，辅助生产林地 4.01hm²，非林地 16.43hm²；其中生态公益林面积 639.63hm²，商品林 147.91hm²。乔木树种活立木总蓄积量为 51647m³，毛竹总蓄积量为 63720 根，杂竹总蓄积量为 10870 根。土壤类型主要为红壤、黄红壤、幼红壤 3 个亚类，绝大部分属于红壤土类（FAO，2015）。在极少面积的区域，分布有潮红土和沼泽土。红壤是本林区分布面积最大的亚类，占总面积的 61%，土壤 pH 值平均为 5.72，其分界线基本与丘陵地的界线一致。黄红壤主要分布在高丘陵地带。幼红壤亚类处于区域性局部分布状态，面积较小，仅占 8%，主要分布在陡坡地区或经人工整地推除表层后形成的地区。庙山坞自然保护林区核心区面积 348.8hm²，海拔 11~536m。

研究区具有典型的亚热带季风气候特征，年平均气温为 16.9℃，最热月平均温度 25.4℃，最冷月平均温度 4.5℃（周本智，2006；Ge et al.，2019）。夏春秋冬，雨量依次减少，多年平均降水量为 1513mm。年平均日照时数达 1995h，全年无霜期达 237d。冬季盛行西北风，天气晴冷干燥；夏季多东南风，气温高，光照强，空气湿润；春秋两季气旋活动频繁，冷暖变化大。春季及初夏多锋面雨，夏秋之际多台风，季风环流的方向与主要山脉走向基本正交，山脉起着阻滞北方寒流和台风的作用。研究区地带性植被为常绿阔叶林，由于过去用材和薪炭的需求，以及农业活动的发展，地带性植被已被破坏，现在主要植被类型包括毛竹林、杉木林、马尾松林、天然次生林、灌木林等，其中人工毛竹林占总面积的 30%。

5.2 试验设计和数据处理

本项目采用野外试验与室内分析相结合的方法来研究生物质竹炭对竹林原位土壤碳的激发效应影响。野外试验地点设在庙山坞自然保护区，保护区现有林地面积 780.34hm²，森林覆盖率 90% 以上。

5.2.1 试验设计

生物质炭（简称竹炭，下同）还林试验：在毛竹林试验区选立地和土壤状况均匀一致的毛竹林样地 4 块（样地面积，20m×30m），每个样地分别设置 4 个 5m×5m 的小样方，用作生物质炭处理试验，分 6 种处理，即：对照（B_0N_0 或 B_0），低生物质炭浓度（B_1N_0 或 B_1，5t·hm⁻²），低生物质炭浓度配施氮肥（B_1N_1，$5t \cdot hm^{-2}$ 生物质炭 $+50kg \cdot hm^{-2} NH_4NO_3$），中生物质炭浓度（$B_2N_0$ 或 B_2，$10t \cdot hm^{-2}$），中生物质炭浓度配施氮肥（B_2N_1，$10t \cdot hm^{-2}$ 生物质炭 $+50kg \cdot hm^{-2} NH_4NO_3$）高生物质炭浓度（$B_3$，$20t \cdot hm^{-2}$）。为防止干扰，小样方间至少相隔 5m。样地概况见表 5-1。

表 5-1　研究林分特征

Tab. 5-1 General characteristics of the forest stands studied

林分 Stand	海拔 Eleva-tion （m）	树高 Tree height （m）	胸径 DBH （cm）	坡度 Slope （°）	坡向 As-pect	凋落物层厚度 LLD （cm）	土壤有机碳 SOC （$g \cdot kg^{-1}$）	总氮 TN （$g \cdot kg^{-1}$）	总磷 TP （$g \cdot kg^{-1}$）
1	141	12.8	10.2	10	S	2.04	33.10 ± 9.06	2.86 ± 0.79	0.56 ± 0.93
2	115	13.0	10.3	15	S	2.22	30.1 ± 8.04	2.59 ± 0.48	0.37 ± 1.03
3	86	13.3	10.7	20	S	2.47	28.8 ± 8.21	2.38 ± 0.29	0.43 ± 1.09
4	157	12.2	10.1	20	S	2.60	34.1 ± 8.04	2.59 ± 0.29	0.72 ± 1.09

Note: DBH, diameter at breast height; LLD, litter layer depth.

生物质炭施肥方式：平铺法。在上述试验区毛竹林内选择环境条件和土壤状况均匀一致的毛竹林，取 0~15cm 深的土壤全部挖出集中堆放（约 100kg，土壤密度为 $1.04g \cdot kg^{-1}$），剔除石砾等杂质，风干过筛后均匀混合约 90kg，分成 6 份，每份约 15kg。6 份土壤与生物质炭分别按 0、0.32%、0.32%、0.64%、0.64% 和 1.28% 混合备用（分别对应上述对照、低生物质炭浓度、低生物质炭浓度配施氮肥、中生物质炭浓度、中生物质炭浓度配施氮肥和高生物质炭浓度），以防生物质炭流失。在对照、低生物质炭、中生物质炭和高生物质炭处理样方中分别添加上述对应的混合土，每样方生物质炭混匀土均匀覆盖 $1kg \cdot m^{-2}$ 的风干土，配施氮肥即添加 $5g \cdot m^{-2}$ NH_4NO_3。同时测定风干土有机碳含量，每林分 3 次重复。供试生物质炭在 450℃ 条件下炭化所得，炭粒直径在 1~2mm（分别过 1mm 和 2mm 筛）。生物质炭的初始理化性质为：表观密度 $0.15g \cdot ml^{-1}$，比表面积 $295m^2 \cdot g^{-1}$，孔体积 $0.06cm^3 \cdot g^{-1}$，碳（C）78.5%，氮（N）0.79%，磷（P）$1.24g \cdot kg^{-1}$，钾（K）$7.81g \cdot kg^{-1}$，灰分 17.4%，pH 值 9.02。

背景值调查：对样方内的毛竹进行每木检尺和样地植被调查，每样方分别用直径为 5cm 的土钻沿 "S" 形在深度为 0~10cm、10~20cm、20~40cm

土层各取 9 钻,任意 3 钻的同层土壤分别合并,每土样重复 3 次。同时每个小样方各层同步取环刀,每层共 9 次重复。进行土壤总有机碳、土壤微生物量碳、水溶性有机碳和易氧化碳测定。

土壤呼吸试验:在选定的样方内布置 36 个(3 林分 ×4 处理 ×3 重复)内径为 20cm、高为 10.5cm 的 PVC 土壤环;PVC 土壤环一端削尖,压入土中,在整个观测过程中保持位置不变。采用 LI-8100 土壤 CO_2 排放通量全自动测量系统测定各处理后的土壤呼吸速率,每月中旬上午 9 时至 11 时测定一次(避开雨天)。在测定土壤呼吸的同时,用与 LI-8100 配套的土壤温度、湿度传感器测定土壤表面下 5cm 处的土壤温度和湿度。土壤环布置完毕后,至少 24h 后开始第一次测量。

土壤样品采集:在选定的样方内于 0、12 和 24 个月分别取一次土壤样品(分 2 层:0~10cm、10~20cm),共 216 个样品(3 林分 ×4 处理 ×2 层 ×3 次重复 ×3 次取样)。同时每个土壤样品取环刀。土壤样品分两份:一份放冰箱保存,测土壤容重、土壤微生物量碳(MBC)、水溶性有机碳和土壤微生物群落结构(−20℃保存);一份风干后过筛测土壤总有机碳(SOC)、土壤团聚体、土壤碳酸盐等。

土壤温湿度:在每个竹林样地中具有代表性的样方中各放置 1 套 EM50 自计数据采集器(Decagon,USA),测定土壤温度和湿度。数据采集器包含 4 温度、4 湿度探头,温度、湿度测量探头分别埋至土壤 0~10cm、10~20cm、20~30cm、30~50cm 深处,每小时记录 1 次数据。自 2016 年 1 月起每 3 个月取一次数据。

5.2.2 样品测定

用磷脂脂肪酸法(PLFA)分析土壤微生物群落结构组成(wu et al., 2011)。该方法以酯化 C19:0 为内标,用安捷伦 6890 气相色谱仪(Hewlett-Packard 6890,美国安捷伦)进行测定。单个的脂肪酸种类用 nmol·g^{-1} 干土表示,每种脂肪酸的浓度基于 C19:0 内标的浓度来计算。本研究中用 i14:0、i15:0、a15:0、15:0、i16:0、16:1ω7c、i17:0、a17:0、17:0、cy17:0、18:1ω7c、cy19:0 来 指 示 细 菌,其 中 i14:0、i15:0、a15:0、i16:0、a17:0 和 i17:0 用来指示 Gram[+],16:1ω7c、cy17:0、cy19:0 用来指示 Gram[-];18:2ω6c、9c 和 18:1ω9c 用来指示真菌,16:1ω5c 用来指示丛枝菌根真菌。真菌:细菌(F:B)用 18:2ω6c、9c、18:1ω9c 的量和各细菌指示物的总量比来计算。

其他种类如 16:0、16:1 2OH、10Me16:0、10Me17:0 仍然用来计算微生物的总量和群落组成。以上各菌群 PLFA 总和代表本研究区域微生物群落总的 PLFAs。

微生物量碳和微生物量氮的测定采用氯仿熏蒸浸提法测定（Vance et al., 1987）。将土壤样品用 0.5mol·L^{-1} K$_2$SO$_4$ 溶液振荡浸提 30min，浸提液用中速定量滤纸过滤，并通过 0.45μm 微孔滤膜，然后采用全有机碳自动分析仪（TOC-VCPH，带氮测定模式）测定上述浸提法得到 SOC 和 TN。土壤微生物量碳（MBC，mg·kg^{-1}）和土壤微生物量氮（MBN，mg·kg^{-1}）分别用下式计算：

$$MBC = E_c \times 2.22$$

$$MBN = E_n \times 2.22$$

式中：E_c、E_n 分别为熏蒸与未熏蒸土样浸提液中的 SOC、TN 的差值；2.22 为校正系数。

同位素 δ^{13}C 的测定：δ^{13}C 丰度采用同位素比值质谱仪（MAT 253）测定（林光辉，2013）。生物质炭样品、土壤样品和提取出来的各组分预先用（2mol·L^{-1}盐酸）去除其中含有的无机碳，然后过 100 目筛子。根据含碳量，称取 20~40mg，与 CuO 以 1：50 的比例装入石英管，在 900℃纯氧气的条件下充分反应，使样品中的有机碳完全氧化，生成 CO$_2$，再利用质谱仪进行测定。

5.2.3 数据处理

5.2.3.1 土壤呼吸数据处理

土壤呼吸速率 R_s（μmol·m^{-2}·s^{-1}）与土壤温度的关系拟合采用如下模型：

$$R_s = a_1 e^{a_2 T}$$

式中：T 为土壤表面下 5cm 深处温度（℃）；a_1 是温度为 0℃的土壤呼吸速率；a_2 为土壤呼吸的温度反应系数。

土壤呼吸的温度敏感性（Q_{10}）采用如下模型：

$$Q_{10} = e^{10a_2}$$

式中：a_2 为温度反应系数。

土壤呼吸与土壤湿度的关系采用如下模型（Saiz et al., 2006）：

$$R_s = b_1 + b_2 \times W + b_3 \times W^2$$

式中：W 为土壤湿度（土壤体积含水量，%）；b_1、b_2、b_3 为方程拟合参数。

土壤呼吸与土壤温度、湿度的关系，采用如下模型（Saiz *et al.*, 2006）：

$$R_s = (c_1 e^{c_2 T})(c_3 W + c_4 W^2)$$

式中：T 为土壤表面下 5cm 深处温度（℃）；W 是土壤表面下 5cm 深处湿度（%）；c_1、c_2、c_3、c_4 为方程拟合参数。

土壤碳排放量 R_c（$kg\,CO_2 \cdot m^{-2} \cdot a^{-1}$）计算根据如下模型：

$$R_c = \sum_{i-1}^{12} R_{si} \times t_i \times 10^{-9} \times 44$$

式中：R_{si} 为各个月呼吸速率平均值（$\mu mol \cdot m^{-2} \cdot s^{-1}$）；$t_i$ 为研究期间各个月时间（s）；44 为 CO_2 摩尔质量（$g \cdot mol^{-1}$）。

5.2.3.2　生物质炭激发效应估算

生物质炭自身碳矿化占竹林原位土壤碳矿化的百分比采用如下模型（Kuzyakov and Bol, 2006）计算：

$$f_B = \frac{(\delta_T{}^{13}CO_2 - \delta_C{}^{13}CO_2)}{(\delta_B{}^{13}CO_2 - \delta_C{}^{13}CO_2)} \times 100$$

式中：$\delta_T{}^{13}CO_2$ 表示添加生物质炭土壤处理中矿化产生的 $\delta^{13}C$；$\delta_C{}^{13}CO_2$ 表示对照处理中矿化产生的 $\delta^{13}C$；$\delta_B{}^{13}C$ 表示新鲜生物质炭中的 $\delta^{13}C$。

根系活动对生物质炭矿化的激发作用（$P_{根系}$）的计算采用如下模型（Ventura et al., 2015）：

$$P_{根系} = R_{SB} - R_{HB}$$

式中：$P_{根系}$ 是指根系对生物质炭矿化的激发作用；R_{SB} 是生物质炭添加处理后计算的土壤总碳排放量；R_{HB} 是生物质炭添加且断根处理计算的土壤异养呼吸累积量。

在生物质炭处理样方中原位土壤有机质分解的异养呼吸累积量（$R_{H\text{-}SOM}$）的计算采用如下模型（Ventura et al., 2015）：

$$R_{H\text{-}SOM} = R_H B - R_{HB}$$

式中：$R_{H\text{-}SOM}$ 是指生物质炭处理样方中原位土壤有机质分解的异养呼

吸累积量；$R_H B$ 是生物质炭添加且断根处理样方实测土壤异养呼吸累积量；R_{HB} 是生物质炭添加且断根处理土壤异养呼吸计算累积量。

根系—生物质炭互作驱动竹林原位土壤碳激发效应（$P_{生物质炭}$）的计算采用如下模型（Fang et al., 2015）：

$$P_{生物质炭} = R_{H-SOM} - R_H$$

式中：$P_{生物质炭}$ 是指生物质炭驱动原位土壤有机碳分解的激发作用；R_{H-SOM} 是指生物质炭处理样方中原位土壤有机质分解的异养呼吸累积量；R_H 表示断根处理样方实测土壤异养呼吸累积量。

利用 Excel 2007 和 SPSS 16.0 软件进行统计分析，生物质炭添加处理下土壤呼吸速率和土壤年碳排放量之间的差异采用单因子方差分析和最小显著差异法（LSD）分析，显著性水平设定为 α=0.05；土壤呼吸速率与土壤温度、土壤湿度关系采用回归分析。采用 Sigma Plot 12.0（Systat Software，USA）评估不同生物质炭间土壤呼吸速率和微生物组成的差异并作图。对 3 个 PVC 土壤环 24 个月内每月获得的数据进行重复测量方差分析，以评估土壤呼吸速率、土壤温度、土壤湿度和土壤微生物生物量间的差异，以生物质炭添加量为主体间因素，以时间（季节或年度水平）为主体内因素，使用 SPSS Statistics 17.0（SPSS Inc., Chicago，USA）进行分析。显著方差分析用 Tukey 检验比较平均值。基于 Canoco version 4.5（Wageningen，Netherlands）软件，采用主成分分析（PCA）评估不同生物质炭处理土壤微生物群落组成和年土壤 CO_2 排放量的差异。所有统计学检验的显著性水平均为 $p<0.05$。

5.3 研究结果

5.3.1 生物质炭添加对毛竹林土壤呼吸动态的影响

5.3.1.1 生物质炭添加对毛竹林土壤呼吸速率月动态的影响

生物质炭添加和对照中土壤呼吸速率均呈明显的季节变化和单峰模式，土壤呼吸速率均在 6~7 月最高（只有林分 1 的 B_1 处理是 8 月份最高），1 月或 2 月最低（图 5-1）。生物质炭添加显著降低了年平均土壤呼吸速率（林分 3 的 B_3 处理除外）（$p<0.01$），毛竹林 B_0、B_1、B_2 和 B_3 处理的年平均土

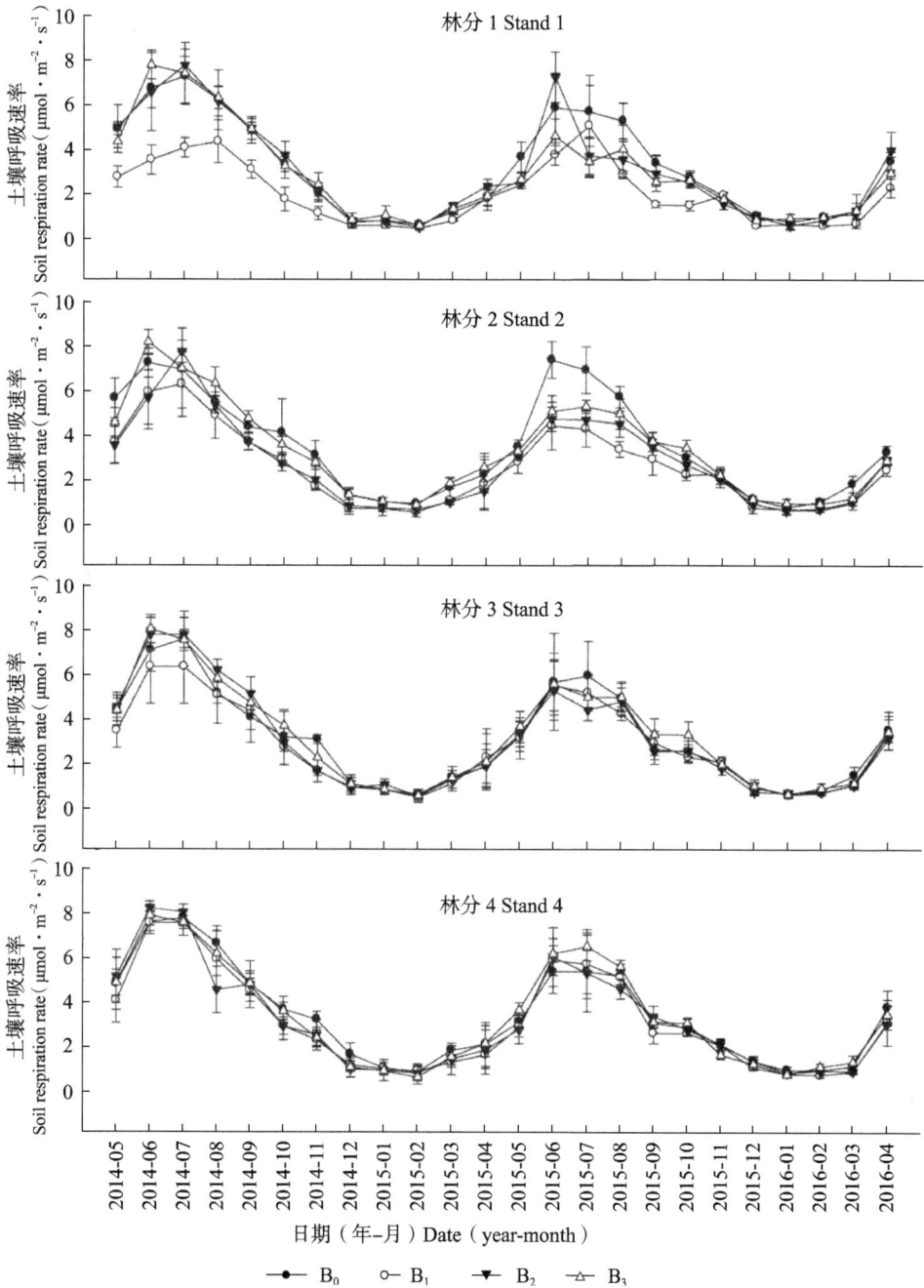

图 5-1 生物质炭添加下毛竹林土壤呼吸速率月动态（平均值 ± 标准偏差）

Fig. 5-1 Monthly dynamics of soil respiration rate in *Phyllostachys edulis* forest stands with different biochar addition treatments (mean ± *SD*)

壤呼吸速率分别为 $3.32 \pm 0.16 \mu mol \cdot m^{-2} \cdot s^{-1}$、$2.66 \pm 0.45 \mu mol \cdot m^{-2} \cdot s^{-1}$、$3.04 \pm 0.18 \mu mol \cdot m^{-2} \cdot s^{-1}$ 和 $3.24 \pm 0.19 \mu mol \cdot m^{-2} \cdot s^{-1}$，即随着添加量的增加土壤呼吸降低量变小。林分 1 到林分 3 中年平均土壤呼吸速率均是 B_0 最高，B_3、B_2 次之，B_1 最低；林分 3 的年平均土壤呼吸速率则是 B_3 最高，B_0、B_2 次之，B_1 最低。与对照相比，B_1、B_2、B_3 处理下土壤呼吸速率分别降低 2.33%~54.72%、1.28%~44.21% 和 0.09%~39.22%。

　　生物质炭添加对生长季（4~10 月）和非生长季（11 月到次年 3 月）土壤呼吸速率影响显著（$p<0.01$）（图 5-2、表 5-2），生物质炭添加处理与季节的交互作用仅对林分 1 影响显著（$p<0.01$）（表 5-2）。林分 1 到林分 3 中 B_1 处理均明显降低生长季土壤呼吸速率（$p<0.01$）。与对照相比，林分 1 中

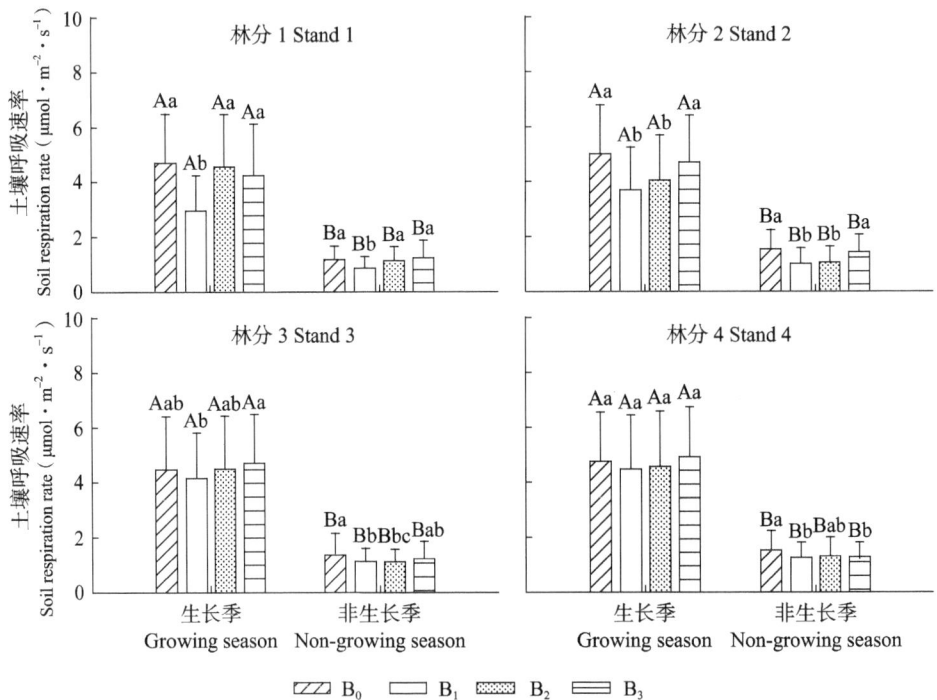

图 5-2　生物质炭添加下毛竹林生长季和非生长季土壤呼吸速率（平均值 ± 标准偏差）

Fig. 5-2 Soil respiration rate in growing and non-growing seasons in *Phyllostachys edulis* forest stands with different biochar treatments (mean ± *SD*)

注：不同小写字母表示相同季节不同生物质炭处理间差异显著；不同大写字母表示同一生物质炭处理不同季节差异显著。

Note: Different lowercase letters indicate significant differences among biochar treatments within seasons, and different capital letters indicate significant differences among seasons within biochar treatments.

生长季的土壤呼吸速率在 B_1、B_2、B_3 处理下分别降低 37.02%、3.06% 和 9.69%，林分 2 中分别降低 25.70%、19.11% 和 5.52%，林分 3 中 B_1 处理降低 7.25%，B_2 和 B_3 处理分别增加 0.79% 和 5.73%；林分 4 中 B_1、B_2 处理分别降低 6.19% 和 4.09%，B_3 处理增加 3.59%。非生长季中所有林分的 B_1 处理、林分 2 和 3 中 B_2 处理、林分 4 中 B_3 处理较对照显著降低（$p<0.01$）（图 5–2），林分 1~4 中 B_1 处理较对照分别降低 27.69%、32.42%、17.95% 和 18.68%，林分 2 和 3 中 B_2 处理较对照分别降低 28.77% 和 17.78%，林分 4 中 B_3 处理比对照降低 16.22%。

表 5–2　生物质炭添加和季节对毛竹林土壤呼吸速率影响的双因子方差分析

Tab. 5–2 Two-way ANOVA for the effects of biochar addition treatments and seasons on soil respiration rate in *Phyllostachys edulis* forest stands

林分 Stands	季节 Season		生物质炭添加 Biochar addition		季节 × 生物质炭添加 Season × biochar addition	
	F	p	F	p	F	p
林分 1 Stand 1	673.41	0.00	16.66	0.00	7.64	0.00
林分 2 Stand 2	731.47	0.00	13.36	0.00	2.30	0.08
林分 3 Stand 3	695.20	0.00	1.54	0.204	0.77	0.51
林分 4 Stand 4	655.78	0.00	1.14	0.334	0.64	0.60

5.3.1.2　生物质炭添加对毛竹林土壤温度和湿度的影响

生物质炭添加对土壤湿度影响显著，尤其是 B_3 处理（图 5–3）。在试验的 24 个月中，B_1 处理下，林分 1 中仅有 3 个月湿度增加（0.97%~17.39%），林分 2 中 14 个月湿度增加（1.65%~75.58%），林分 3 中 12 个月湿度增加（0.87%~18.58%），林分 4 中有 15 个月湿度增加（0.62%~41.49%）；B_2 处理下，林分 1 到林分 4 中分别有 5 个月（3.65%~16.43%）、18 个月（1.59%~48.18%）、13 个月（0.87%~18.58%）、9 个月（1.11%~36.34%）湿度增加；B_3 处理下，林分 1 到林分 4 中分别有 13 个月（0.89%~21.18%）、21 个月（2.33%~50.40%）、17 个月（0.86%~74.73%）和 17 个月（0.68%~39.24%）湿度增加。生物质炭添加对毛竹林土壤温度影响不明显（图 5–4）；且最高土壤温度均是在 2015 年 7 月，最低土壤温度均是在 2015 年 2 月。

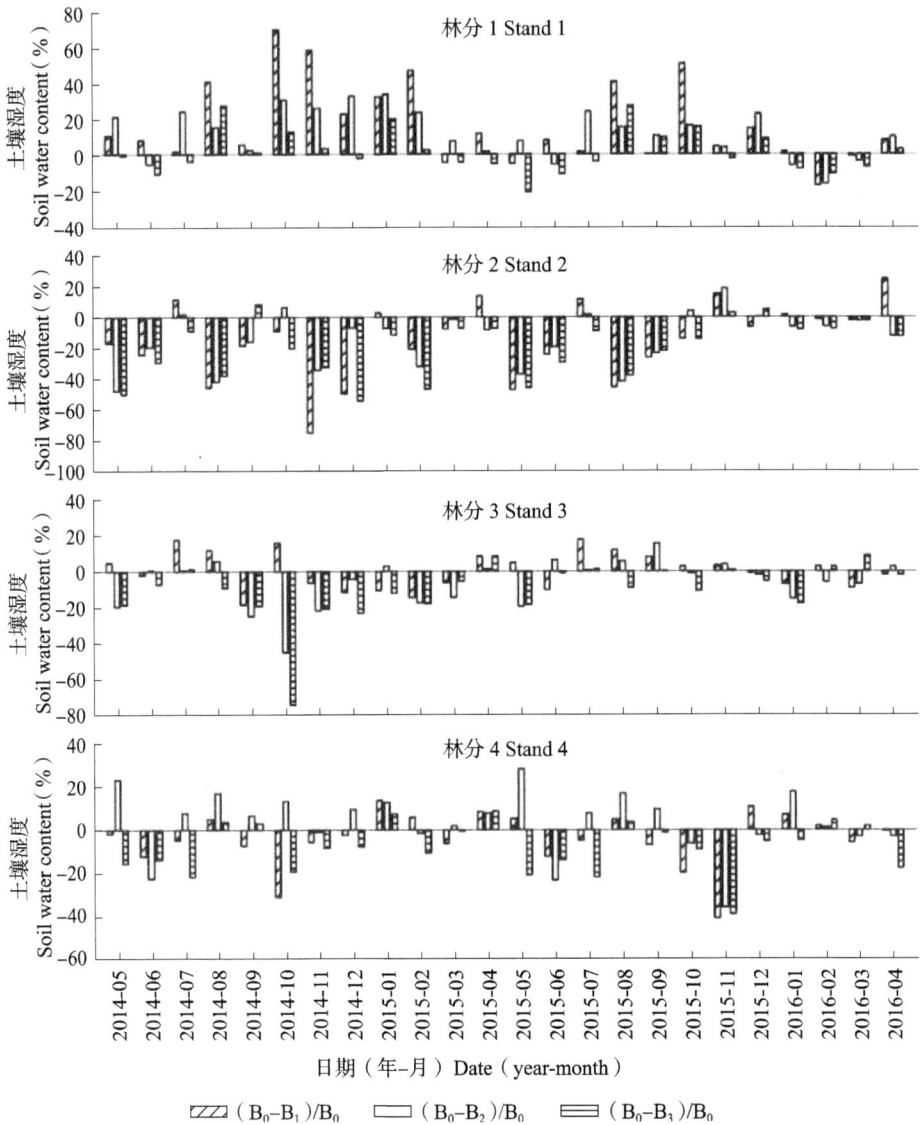

图 5-3　生物质炭添加对毛竹林土壤湿度月动态的影响

Fig. 5-3 The effects of biochar addition on monthly soil moisture in *Phyllostachys edulis* forest stands The Y-axis means the percent of soil moisture difference by biochar addition to the control

注：（B_0-B_1）/B_0、（B_0-B_2）/B_0、（B_0-B_3）/B_0 分别表示低、中、高生物质炭添加处理下土壤湿度较对照降低（负的表示增加）的百分比。下同。

Note:（B_0-B_1）/B_0,（B_0-B_2）/B_0 and（B_0-B_3）/B_0 seperately mean the decreased (minus value indicates a increase) percent of soil moisture on LB, MB and HB treatment, compared with control treatment. The same below.

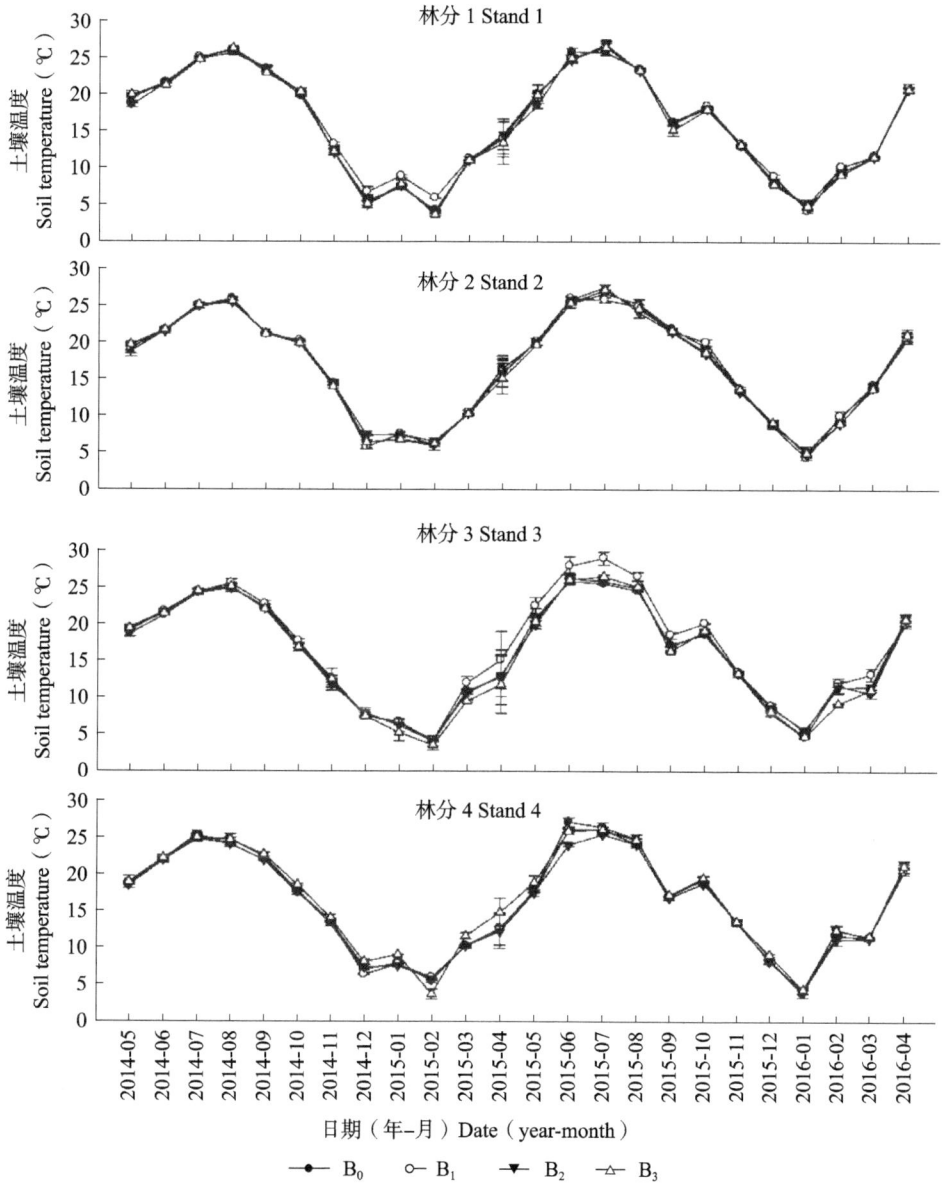

图 5-4 生物质炭添加下毛竹林土壤温度月动态特征

Fig. 5-4 The characteristics of monthly soil temperaturein *Phyllostachys edulis* forest stands with different biochar addition treatments

5.3.1.3 生物质炭添加下毛竹林土壤呼吸与土壤温度和湿度的关系

生物质炭添加下各林分土壤呼吸均与土壤温度呈显著正相关关系（图5-5）。基于土壤温度的非线性模型拟合发现，与对照相比，林分1到林分2中生物质炭添加处理后土壤温度对土壤呼吸的解释量（R^2）均降低，林分3和林分4（除 B_2 处理）中温度对土壤呼吸变量的解释量则增加。生物质炭添加处理改变土壤呼吸温度敏感性（Q_{10}），与对照相比，林分1中生物质炭添加处理 Q_{10} 均降低，林分2仅 B_3 处理 Q_{10} 降低，林分3中仅 B_1 处理 Q_{10} 降低，林分4中生物质炭添加处理 Q_{10} 均增加。

生物质炭添加处理后，利用线性模型拟合发现土壤呼吸与土壤湿度

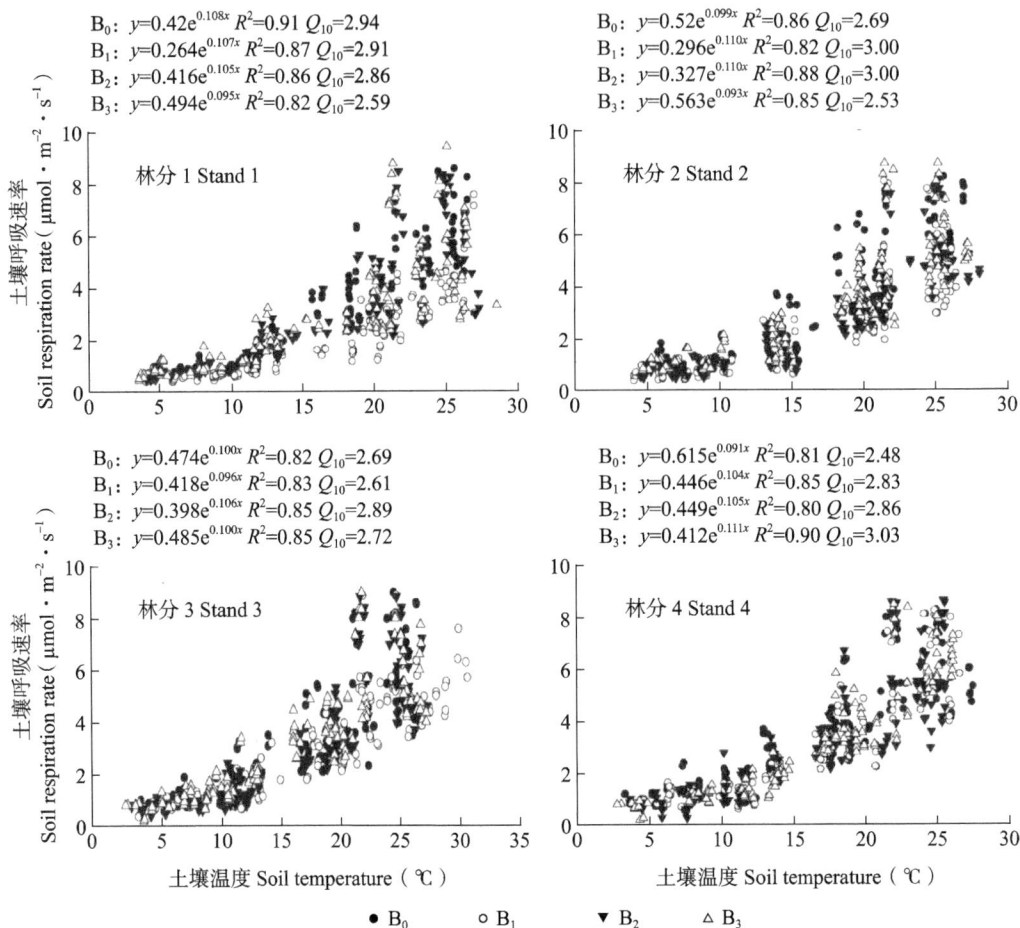

B_0: $y=0.42e^{0.108x}$ $R^2=0.91$ $Q_{10}=2.94$
B_1: $y=0.264e^{0.107x}$ $R^2=0.87$ $Q_{10}=2.91$
B_2: $y=0.416e^{0.105x}$ $R^2=0.86$ $Q_{10}=2.86$
B_3: $y=0.494e^{0.095x}$ $R^2=0.82$ $Q_{10}=2.59$

B_0: $y=0.52e^{0.099x}$ $R^2=0.86$ $Q_{10}=2.69$
B_1: $y=0.296e^{0.110x}$ $R^2=0.82$ $Q_{10}=3.00$
B_2: $y=0.327e^{0.110x}$ $R^2=0.88$ $Q_{10}=3.00$
B_3: $y=0.563e^{0.093x}$ $R^2=0.85$ $Q_{10}=2.53$

B_0: $y=0.474e^{0.100x}$ $R^2=0.82$ $Q_{10}=2.69$
B_1: $y=0.418e^{0.096x}$ $R^2=0.83$ $Q_{10}=2.61$
B_2: $y=0.398e^{0.106x}$ $R^2=0.85$ $Q_{10}=2.89$
B_3: $y=0.485e^{0.100x}$ $R^2=0.85$ $Q_{10}=2.72$

B_0: $y=0.615e^{0.091x}$ $R^2=0.81$ $Q_{10}=2.48$
B_1: $y=0.446e^{0.104x}$ $R^2=0.85$ $Q_{10}=2.83$
B_2: $y=0.449e^{0.105x}$ $R^2=0.80$ $Q_{10}=2.86$
B_3: $y=0.412e^{0.111x}$ $R^2=0.90$ $Q_{10}=3.03$

图 5-5 生物质炭添加下毛竹林土壤呼吸速率和土壤温度的关系

Fig. 5-5 Relationships between soil respiration rate and soil temperature in *Phyllostachys edulis* forest stands with different biochar addition treatments

没有显著相关关系，但土壤呼吸与温度、湿度交互呈显著的非线性相关关系（$p<0.01$，表 5–3）。与对照相比，林分 1 和林分 2（除 B_1 处理）中生物质炭添加处理的 R^2 值均降低，林分 3（除 B_1 处理）和林分 4（除 B_2 处理）的 R^2 值均增加，B_0 处理的土壤温度、湿度共同解释土壤呼吸变量的 72.3%~80.2%，B_1 处理解释变量的 68.6%~79.5%，B_2 处理解释变量的 64.9%~75.6%，B_3 处理解释变量的 64.9%~85.8%。年平均土壤呼吸的温度敏感性与土壤温度、湿度的相关关系不显著（$p>0.05$，图 5–6），表明土壤湿度对 Q_{10} 的影响较小。

表 5–3　生物质炭添加下毛竹林土壤呼吸速率（y）与土壤温度（x）、
湿度（W）关系的拟合方程

Tab. 5–3 Regression models of soil respiration rate with soil temperature and moisture in
Phyllostachys edulis forest stands with different biochar addition treatments

林分 Stand	对照 B_0			低生物质炭添加 B_1		
	拟合方程 Fitted equation	R^2	p	拟合方程 Fitted equation	R^2	p
1	$y=0.025e^{0.095x}(2.609W-0.066W^2)$	0.80	**	$y=0.067e^{0.097x}(0.523W-0.012W^2)$	0.79	**
2	$y=0.029e^{0.088x}(2.372W-0.056W^2)$	0.76	**	$y=0.112e^{0.093x}(0.437W-0.010W^2)$	0.69	**
3	$y=0.018e^{0.085x}(3.968W-0.096W^2)$	0.72	**	$y=0.098e^{0.072x}(0.819W-0.020W^2)$	0.72	**
4	$y=0.030e^{0.077x}(2.828W-0.060W^2)$	0.73	**	$y=0.021e^{0.093x}(0.387W-0.068W^2)$	0.80	**

林分 Stand	中生物质炭添加 B_2			高生物质炭添加 B_3		
	拟合方程 Fitted equation	R^2	p	拟合方程 Fitted equation	R^2	p
1	$y=0.080e^{0.086x}(0.653W-0.012W^2)$	0.65	**	$y=0.091e^{0.083x}(0.510W-0.008W^2)$	0.65	**
2	$y=0.024e^{0.091x}(1.776W-0.035W^2)$	0.76	**	$y=0.096e^{0.078x}(0.769W-0.017W^2)$	0.71	**
3	$y=0.009e^{0.086x}(6.901W-0.157W^2)$	0.73	**	$y=0.032e^{0.079x}(2.237W-0.049W^2)$	0.74	**
4	$y=0.062e^{0.090x}(1.059W-0.025W^2)$	0.69	**	$y=0.015e^{0.095x}(3.825W-0.087W^2)$	0.86	**

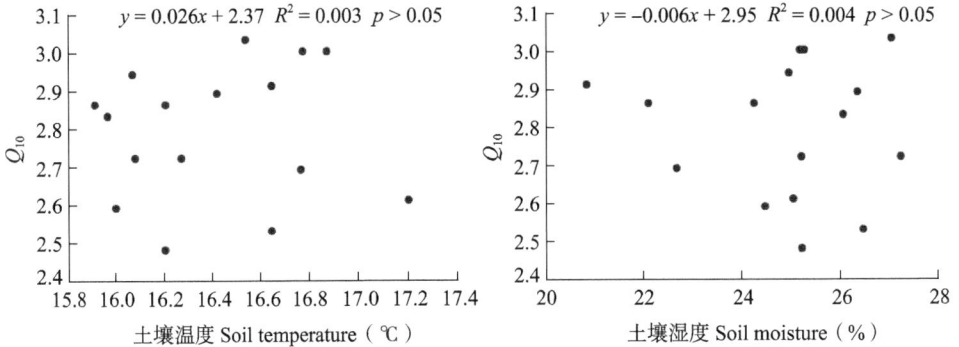

左图：$y = 0.026x + 2.37$ $R^2 = 0.003$ $p > 0.05$，纵轴 Q_{10}，横轴 土壤温度 Soil temperature（℃）

右图：$y = -0.006x + 2.95$ $R^2 = 0.004$ $p > 0.05$，纵轴 Q_{10}，横轴 土壤湿度 Soil moisture（%）

图 5-6　生物质炭添加下毛竹林土壤呼吸温度敏感性系数（Q_{10}）
与土壤温度、湿度的关系

Fig. 5-6 Relationships of soil temperature sensitivity (Q_{10}) with soil temperature and moisture in *Phyllostachys edulis* forest stands with biochar addition

5.3.1.4　生物质炭添加对毛竹林土壤年碳排放量的影响

生物质炭添加处理降低了土壤年碳排放量（林分 3 中 B₃ 处理除外）（图 5-7）。各林分土壤年碳排放量均是 B₁ 处理最低，B₀ 处理最高（林分 3 中 B₃ 处理除外）。林分 1 中 B₀ 处理土壤年碳排放量为 4.47kg $CO_2 \cdot m^{-2} \cdot a^{-1}$，B₁ 处理为 2.88kg $CO_2 \cdot m^{-2} \cdot a^{-1}$，B₂ 处理为 4.33kg $CO_2 \cdot m^{-2} \cdot a^{-1}$，B₃ 处理为 kg $CO_2 \cdot m^{-2} \cdot a^{-1}$，与 B₀ 相比，B₁、B₂ 和 B₃ 处理分别降低 35.09%、3.07% 和 7.68%；林分 2 中，B₁（3.58kg $CO_2 \cdot m^{-2} \cdot a^{-1}$）<B₂（3.87kg $CO_2 \cdot m^{-2} \cdot a^{-1}$）<B₃（4.63kg $CO_2 \cdot m^{-2} \cdot a^{-1}$）<B₀（4.89kg $CO_2 \cdot m^{-2} \cdot a^{-1}$），与 B₀ 相比，B₁、B₂ 和 B₃ 处理的土壤年碳排放量分别降低 27.00%、20.63% 和 5.53%；林分 3 中 B₁（4.01kg $CO_2 \cdot m^{-2} \cdot a^{-1}$）<B₂（4.31kg $CO_2 \cdot m^{-2} \cdot a^{-1}$）<B₀（4.42kg $CO_2 \cdot m^{-2} \cdot a^{-1}$）<B₃（4.56kg $CO_2 \cdot m^{-2} \cdot a^{-1}$），且与 B₀ 相比，B₁ 和 B₂ 处理分别降低 8.34%、1.48%，B₃ 处理则增加 4.71%；林分 4 中 B₁（4.34kg $CO_2 \cdot m^{-2} \cdot a^{-1}$）<B₂（4.46kg $CO_2 \cdot m^{-2} \cdot a^{-1}$）<B₃（4.74kg $CO_2 \cdot m^{-2} \cdot a^{-1}$）<B₀（4.75kg $CO_2 \cdot m^{-2} \cdot a^{-1}$），与 B₀ 相比，B₁、B₂ 处理的土壤年碳排放量分别降低 7.98%、5.77%，B₃ 则增加 0.86%。

5.3.2　生物质炭配施氮肥对毛竹林土壤呼吸动态的影响

5.3.2.1　生物质炭配施氮肥对毛竹林土壤呼吸速率月动态的影响

在两年研究期间，生物质炭单独添加降低了土壤呼吸速率（p=0.001，表 5-4），土壤呼吸速率受到生物质炭、氮肥和时间的双向和三向互作的显

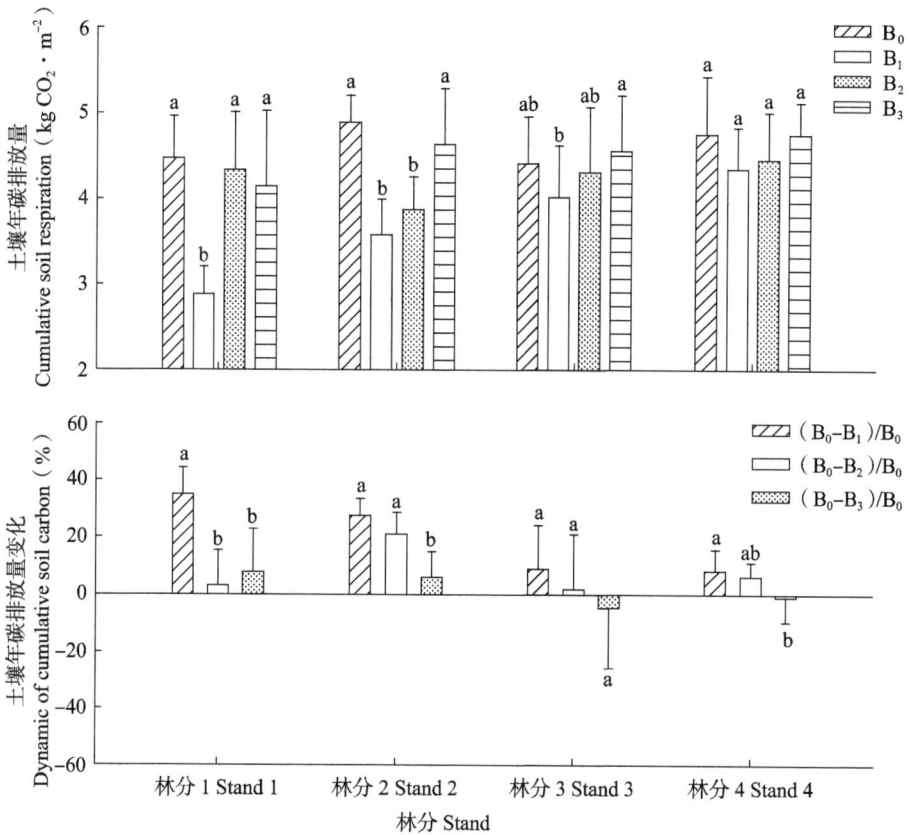

图 5-7　生物质炭添加对毛竹林土壤年碳排放量的影响（平均值 ± 标准偏差）
Fig. 5-7 The effects of biochar addition on annual cumulative soil respiration in *Phyllostachys edulis* plantations (mean ± *SD*)

注：不同小写字母表示相同林分不同处理间差异显著。（B_0-B_1）/B_0、（B_0-B_2）/B_0、（B_0-B_3）/B_0 分别表示低、中、高生物质炭添加处理中土壤年碳排放量较对照降低的比重。
Note: Different lowercase letters indicate significant differences among biochar treatments within forest stands. （B_0-B_1）/B_0，（B_0-B_2）/B_0 and （B_0-B_3）/B_0 seperately mean the decrease percent of annual cumulative soil respiration on LB, MB and HB treatment, compared with control treatment.

著影响（p=0.001，表 5-4）。所有处理的土壤呼吸速率具有明显的季节性动态变化，6 月或 7 月土壤呼吸速率最大，1 月或 2 月土壤呼吸速率最小（图 5-8）。2 年平均土壤呼吸速率依次为 B_1N_0（$2.66 \pm 0.45\mu mol \cdot m^{-2} \cdot s^{-1}$）、$B_2N_1$（$2.89 \pm 0.42\mu mol \cdot m^{-2} \cdot s^{-1}$）、$B_1N_1$（$2.94 \pm 0.49\mu mol \cdot m^{-2} \cdot s^{-1}$）、$B_0N_1$（$3.18 \pm 0.37\mu mol \cdot m^{-2} \cdot s^{-1}$）、$B_2N_0$（$3.24 \pm 0.19\mu mol \cdot m^{-2} \cdot s^{-1}$）、$B_0N_0$（$3.32 \pm 0.16\mu mol \cdot m^{-2} \cdot s^{-1}$）。添加生物质炭降低了土壤呼吸速率，与 N 添加量不相关（图 5-8）。

表5-4 生物质炭添加（3水平）、月动态（24个月）、氮肥添加（2水平）重复测定方差分析及其交互作用对毛竹林土壤呼吸速率、温度、湿度的影响

Tab. 5-4 Results（*F* and *p* values）of repeated measurements analysis of variance: effects of biochar addition（B，3 levels），time in month dynamic（T，24 months），N fertilizer（N，2 levels），and their interactive effects on soil respiration，soil temperature and soil moisture of *Phyllostachys edulis* plantations

作用 Effects	d_f	土壤呼吸 Soil respiration		土壤温度 Soil temperature		土壤湿度 Soil moisture	
		F	p	F	p	F	p
生物质炭 Biochar（B）	2	18.01	**0.000**	13.38	0.055	7.93	**0.001**
时间 Time（T）	23	1.25E3	**0.000**	6.98E3	**0.000**	125.25	**0.000**
氮肥 Nitrogen（N）	1	1.21	0.273	0.17	0.077	0.03	0.853
B × T	46	4.42	**0.000**	14.19	**0.002**	2.87	**0.000**
N × T	23	3.16	**0.001**	2.28	**0.049**	30.10	0.313
B × N	2	8.65	**0.000**	4.62	**0.011**	2.90	0.059
B × N × T	46	2.78	**0.000**	3.34	**0.000**	1.92	**0.005**

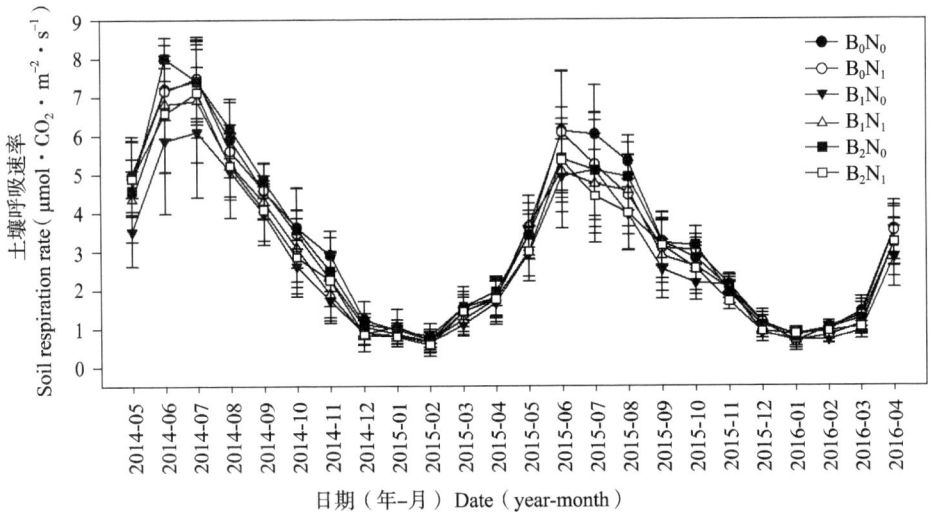

图5-8 生物质炭配施氮肥对毛竹林土壤呼吸月动态的影响

Fig. 5-8 The effects of biochar and N addition on soil respiration rate dynamic on *Phyllostachys edulis* plantations

在生物质炭添加两年的试验中，生物质炭添加均是对毛竹林生长季土壤呼吸速率的影响大于非生长季，各处理下生长季土壤呼吸速率第一年高

于第二年，非生长季则差异不显著（图 5-9）。与 B_0 相比，第一年生长季 B_1N_0 的土壤呼吸速率显著降低了 20.1%，B_1N_1 降低了 11.6%，B_2N_1 降低了 8.4%（图 5-9），即低生物质炭添加、低生物质炭配施氮肥、高生物质炭配施氮肥均显著降低生长季土壤呼吸速率。

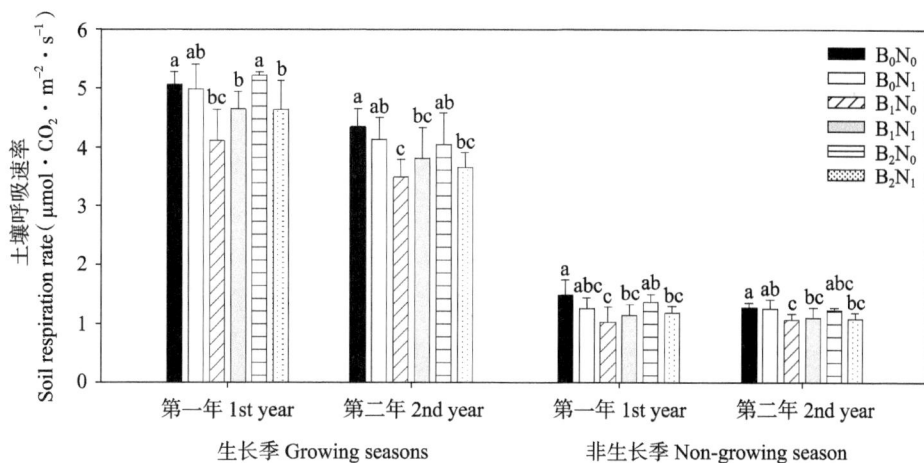

图 5-9　生物质炭配施氮肥对毛竹林生长季和非生长季土壤呼吸速率的影响

Fig. 5-9 The effect of biochar and N addition on growing season and non-growing season of soil respiration rate on *Phyllostachys edulis* plantations

注：不同小写字母表示同一年份相同生长季土壤呼吸速率在 $p \leqslant 0.05$ 水平上差异显著。

Note: Different lowercase letters above bars in the same year of the same growing season mean significant differences at $p \leqslant 0.05$.

5.3.2.2　生物质炭配施氮肥对毛竹林土壤温度和湿度月动态的影响

氮肥单施对土壤温度和湿度均无显著影响（$p > 0.05$，表 5-4），但土壤温度受生物质炭、氮肥和添加时间的双向和三向相互作用显著（所有 $p < 0.05$，表 5-4）。生物质炭单独添加（$p < 0.01$）对土壤湿度有显著影响（图 5-10、表 5-4），生物质炭 × 时间、生物质炭 × 氮肥 × 时间交互作用对土壤湿度有显著影响（$p < 0.01$，表 5-4）。不同处理的年平均土壤温度和土壤湿度：B_0N_0 为 16.3℃和 24.6%；B_0N_1 为 16.6℃和 25.2%；B_1N_0 为 16.7℃和 24.3%；B_1N_1 为 16.6℃和 24.8%；B_2N_0 为 16.3℃和 26.3%；B_2N_1 为 16.4℃和 25.4%（图 5-10 a、b）。

5.3.2.3　生物质炭配施氮肥处理对土壤呼吸与温度、湿度关系的影响

在研究期间，土壤温度可以解释不同处理土壤呼吸速率的月动态变化（R^2 值在 0.78~0.85，图 5-11）。添加氮肥均能提高 Q_{10}，各处理下的 Q_{10} 值

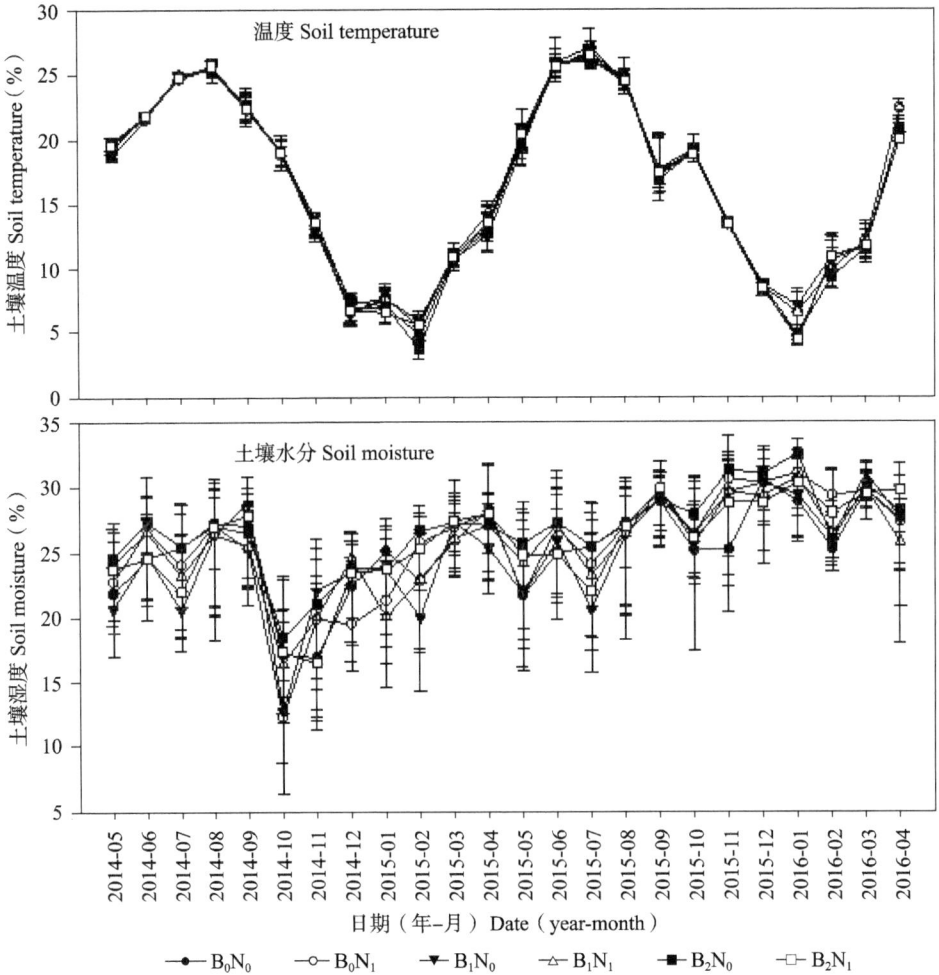

图 5-10　生物质炭配施氮肥对毛竹林土壤 0~5cm 温度、湿度的影响

Fig. 5-10 The effects of biochar and N addition on soil temperature and soil moisture in 5 cm soil depth on *Phyllostachys edulis* plantations

分别为：2.83（B_0N_1）>2.72（B_0N_0）；2.92（B_1N_1）>2.80（B_1N_0）；2.77（B_2N_1）>2.72（B_2N_0）（图 5-11）。在每个氮肥处理水平（即 N_0 或 N_1）内，添加较低生物质炭（B_1）的 Q_{10} 值最高（图 5-11）。

　　生物质炭配施氮肥各处理土壤呼吸速率与土壤湿度之间相关关系不显著（图 5-11）。在不同处理之间，毛竹林土壤呼吸速率均与 5cm 土壤温度、土壤湿度显著相关（表 5-5）。与对照相比，单施氮肥或者生物质炭，拟合方程回归系数均降低，生物质炭配施氮肥回归系数也降低。

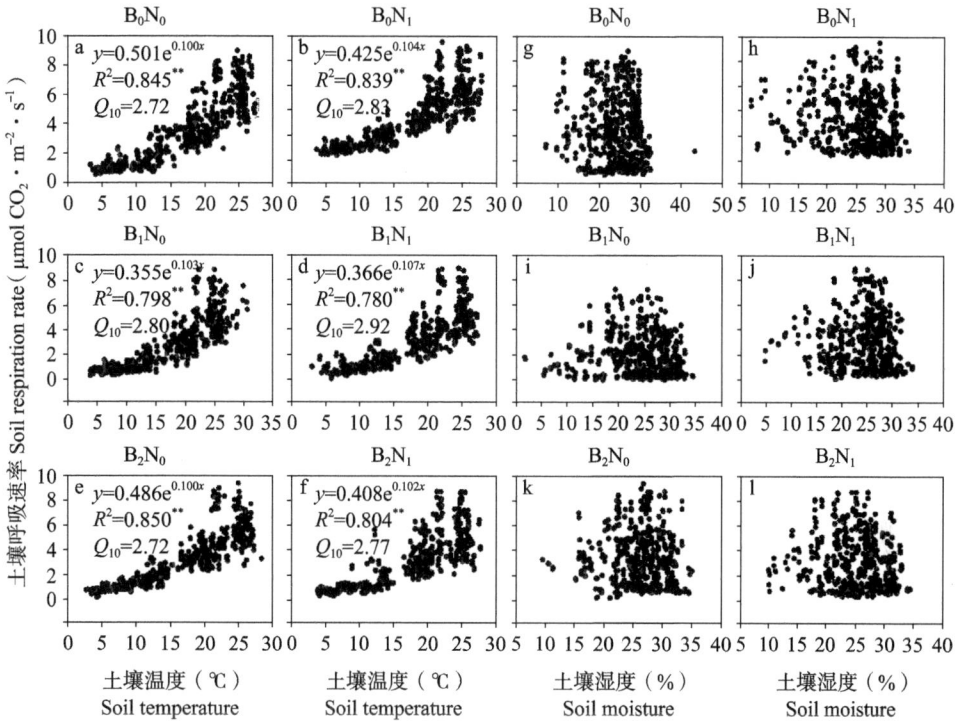

图 5-11 生物质炭配施氮肥对毛竹林土壤呼吸速率与 5cm 土壤温度和湿度关系的影响

Fig. 5-11 The relationships between soil respiration rate and soil temperature as well as soil moisture in 5cm soil depth under biochar and N addition on *Phyllostachys edulis* plantations

表 5-5 生物质炭配施氮肥下毛竹林土壤呼吸与温度、湿度关系拟合参数

Tab. 5-5 Model parameters derived for the regression equations relating soil temperature (T) and moisture (W) to soil respiration under different biochar and N fertilizer addition on *Phyllostachys edulis* plantations

处理 Deal	$Rs=(c_1 e^{c_2 T})(c_3 W + c_4 W^2)$	R^2	P
B_0N_0	$Rs=(0.038 e^{0.085T})(2.031W - 0.050W^2)$	0.75	0.000
B_0N_1	$Rs=(0.034 e^{0.083T})(1.988W - 0.045W^2)$	0.70	0.000
B_1N_0	$Rs=(0.040 e^{0.084T})(1.394W - 0.032W^2)$	0.69	0.000
B_1N_1	$Rs=(0.009 e^{0.088T})(6.050W - 0.134W^2)$	0.69	0.000
B_2N_0	$Rs=(0.033 e^{0.083T})(1.817W - 0.037W^2)$	0.73	0.000
B_2N_1	$Rs=(0.143 e^{0.082T})(0.459W - 0.011W^2)$	0.65	0.000

5.3.2.4 生物质炭配施氮肥对毛竹林土壤年碳排放量的影响

低生物质炭单施、生物质炭配施氮肥处理均显著降低土壤年碳排放量

（图 5-12）。与对照相比，B_0N_1、B_1N_0、B_1N_1、B_2N_0、B_2N_1 处理土壤年碳排放量分别降低 4.07%、20.11%、11.56%、2.48%、13.03%，但只有 B_1N_0、B_1N_1、B_2N_1 处理土壤年碳排放量降低显著，氮肥单独添加对土壤年碳排放量影响不明显（图 5-12）。

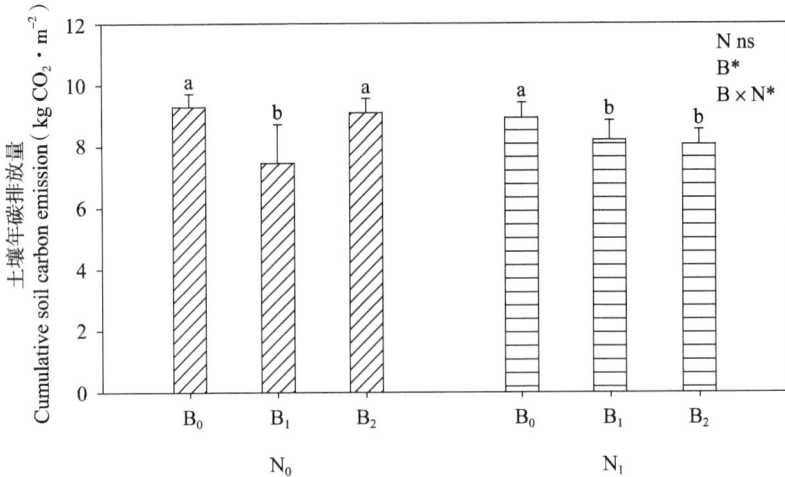

图 5-12　生物质炭配施氮肥对毛竹林土壤年碳排放量的影响

Fig. 5-12 Effect of biochar and N addition on soil cumulative CO_2 emission

注：小写字母代表相同处理间差异显著（$p \leqslant 0.05$）。

Note: Different lowercase letters above bars in the same treatment mean significant differences at $p \leqslant 0.05$ on *Phyllostachys edulis* plantations.

5.3.3　生物质炭添加对毛竹林土壤理化性质的影响

5.3.3.1　生物质炭添加对毛竹林土壤物理性质的影响

生物质炭添加明显影响毛竹林土壤物理性质（图 5-13）。生物质炭添加均增加了 0~10cm 和 10~20cm 土层土壤容重，与对照相比，0~10cm 土层 B_1、B_2、B_3 处理分别增加 12.3%、7.9%、7.2%，10~20cm 土层 B_1、B_2、B_3 处理分别增加 21.5%、17.8%、16.8%；除了 0~10cm 土层 B_2 处理外，生物质炭添加均使土壤通气度降低，0~10cm 土层 B_1、B_2、B_3 处理分别降低 26.9%、+4.4%（表示增加）、9.9%，10~20cm 土层分别降低 22.1%、21.3%、22.8%。生物质炭添加均显著降低 10~20cm 土层土壤持水量，0~10cm 土层 B_1、B_2、B_3 处理最大持水量分别降低 20.4%、5.8%、8.8%，10~20cm 土层最大持水量分别降低 24.5%、20.8%、20.1%；10~20cm 土层最小持水量分别降低 13.3%、6.2% 和 15.1%；毛管持水量 0~10cm 土层增加 3.7%~10.9%，10~20cm 土层则增加 1.1%~12.5%。

生物质炭添加降低 0~10cm 和 10~20cm 土层非毛管孔隙度和总孔隙度（除 0~10cm 土层 B_2 处理外）（图 5-13）。总孔隙度 0~10cm 土层 B_1、B_2、B_3 处理分别降低 10.8%、+1.8%（表示增加）、2.1%，10~20cm 土层分别降低 8.4%、7.1%、6.7%；非毛管孔隙度 0~10cm 土层 B_1、B_2、B_3 处理分别降低 42.7%、17.9%、20.1%，10~20cm 土层分别降低 25.4%、42.1%、20.5%；毛管孔隙度 0~10cm 土层 B_1、B_2、B_3 处理分别增加 3.9%、10.8%、6.2%，10~20cm 土层分别增加 0.8%、11.8%、0.7%。

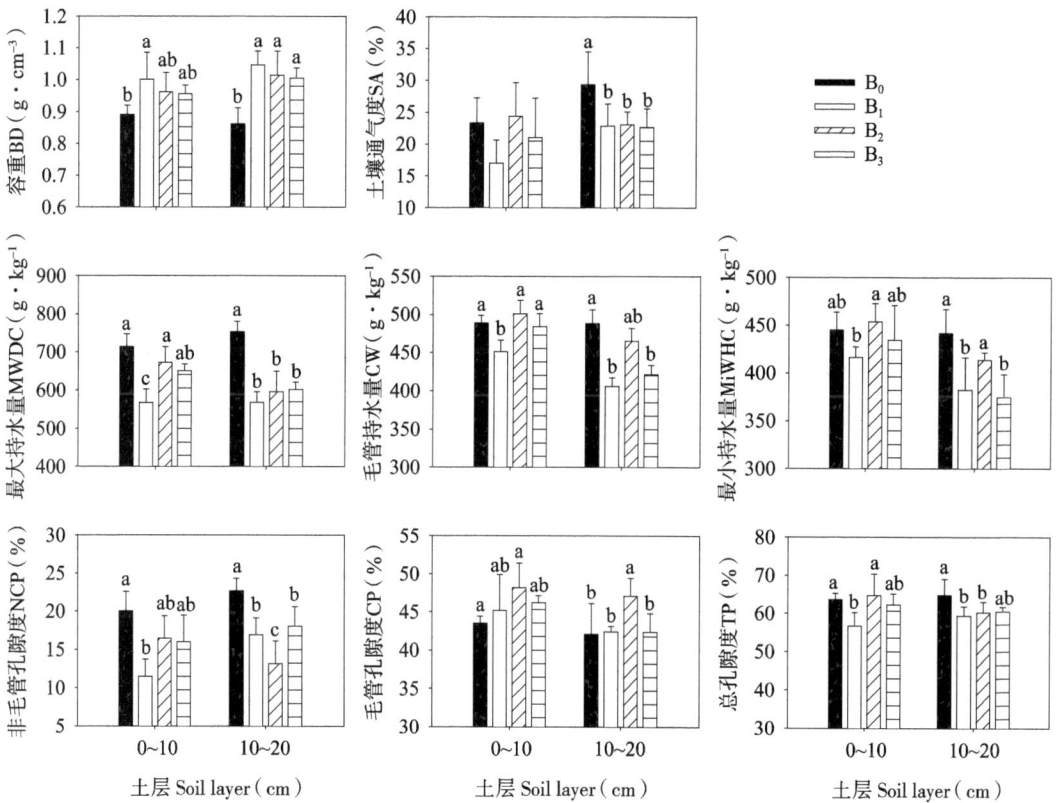

图 5-13 生物质炭添加对毛竹林 0~20cm 土壤物理性质的影响

Fig. 5-13 Effect on biochar addition on physical properties of 0-20cm soil on *Phyllostachys edulis* plantations

Note: BD; Bulk density; SA: Soil aeration; MWDC: Maximum water holding capacity; CW: Capillary water capacity; MiWHC: Minimum water holding water capacity; NCP: Non-capillary porosity; CP: Capillary porosity; TP: Total porosity.

5.3.3.2 生物质炭添加对毛竹林土壤化学性质的影响

生物质炭添加明显影响土壤有机碳含量（图 5–14）。生物质炭添加 1 年后明显增加了土壤有机碳含量，且在垂直方向均减低，0~10cm 土层 B_1、B_2、B_3 处理分别增加 0.9%、13.9%、15.6%，10~20cm 土层分别增加 12.0%、20.8%、20.8%；添加 2 年后 0~10cm 土层 B_1、B_2、B_3 处理有机碳含量分别降低 6.6%、7.0%、5.7%，10~20cm 土层分别降低 22.6%、0.7%、+20.5%（表示增加）。

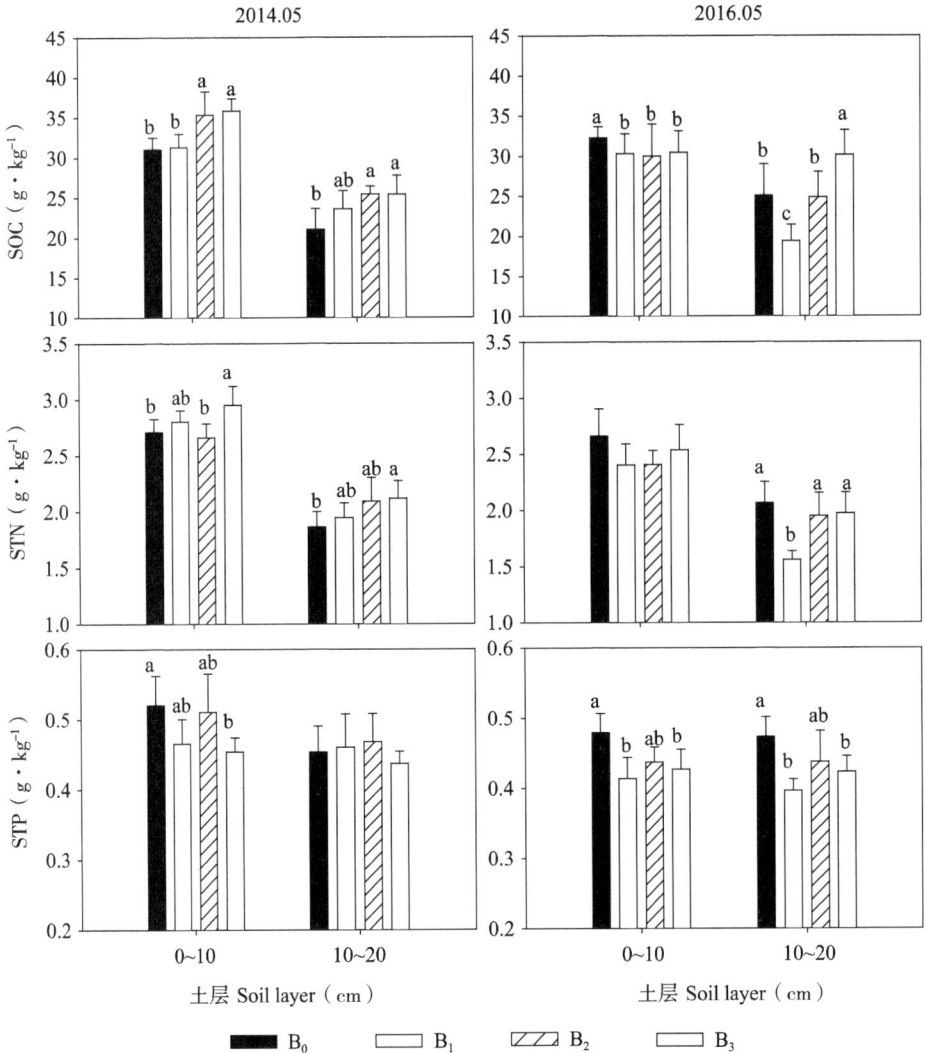

图 5–14　生物质炭添加对毛竹林 0~20cm 土壤有机碳、总氮和总磷的影响

Fig. 5-14 Effect of biochar addition on 0-20cm soil organic carbon, soil total nitrogen and total phosphorus on *Phyllostachys edulis* plantations

生物质炭添加对土壤总氮影响显著（图 5-14）。生物质炭添加 1 年后，0~10cm 土层 B_1、B_2、B_3 处理分别增加 3.4%、−1.8%（表示降低）、8.9%，10~20cm 土层分别增加 4.4%、12.3%、13.7%；添加 2 年后，土壤总氮均降低，0~10cm 土层 B_1、B_2、B_3 处理分别降低 9.7%、9.6%、4.7%，10~20cm 土层分别降低 24.4%、5.6%、4.5%。

生物质炭添加显著降低土壤总磷含量（图 5-14）。与对照相比，添加 1 年后，0~10cm 土层 B_1、B_2、B_3 处理分别降低 10.6%、1.8%、12.7%；添加 2 年后，0~10cm 土层 B_1、B_2、B_3 处理分别降低 13.6%、8.7%、10.8%，10~20cm 土层分别降低 16.1%、7.5%、10.5%。

5.3.4 生物质炭配施氮肥对毛竹林土壤理化性质的影响

5.3.4.1 生物质炭配施氮肥对毛竹林土壤物理性质的影响

生物质炭配施氮肥各处理均使 0~20cm 土壤容重增加，对 10~20cm 土层的影响大于 0~10cm 土层（图 5-15a）。B_0N_1、B_1N_0、B_1N_1、B_2N_0、B_2N_1 处理分别使 0~10cm 土壤容重增加 5.00%、12.33%、1.75%、7.21%、5.78%，分别使 10~20cm 土壤容重增加 11.16%、21.49%、21.91%、16.78%、7.82%。

生物质炭配施氮肥各处理均使 0~20cm 土壤通气度降低（图 5-15 b）。B_0N_1 对 0~10cm 土壤通气度几乎没有影响，B_1N_0、B_1N_1、B_2N_0、B_2N_1 处理分别使 0~10cm 土壤通气度降低 26.99%、5.23%、+6.67%（表示增加）、16.30%；B_0N_1、B_1N_0、B_1N_1、B_2N_0、B_2N_1 处理分别使 10~20cm 土壤通气度降低 10.12%、19.12%、41.72%、19.61%、10.65%。

生物质炭配施氮肥各处理明显影响 0~20cm 土壤毛管持水量、最大持水量和最小持水量（图 5-15 c~e）。B_0N_1 处理对 0~10cm 土壤毛管持水量几乎没有影响，B_1N_0 和 B_2N_0 处理均使 0~10cm 土壤毛管持水量降低，分别降低 7.60% 和 0.91%（图 5-15 c）；B_1N_1、B_2N_1 分别使 0~10cm 毛管持水量增加 7.68% 和 8.36%；B_0N_1、B_1N_1、B_2N_1 处理分别使 10~20cm 土壤毛管持水量增加 12.57%、9.83%、4.10%，B_1N_0、B_2N_0 分别使 10~20cm 土壤毛管持水量降低 16.81%、13.64%。氮肥配施生物质炭各处理均使 0~20cm 土壤最大持水量降低（图 5-15 d）；B_0N_1、B_1N_0、B_1N_1、B_2N_0、B_2N_1 处理分别使 0~10cm 土壤最大持水量降低 5.00%、20.43%、0.85%、8.79%、5.00%，分别使 10~20cm 土壤最大持水量降低 9.63%、21.18%、15.49%、20.05%、5.30%。B_0N_1、B_1N_0、B_2N_0 处理分别使 0~10cm 土壤最小持水量降低 1.85%、6.47%

和2.40%（图5-15e），B_1N_1、B_2N_1分别使0~10cm最小持水量增加6.74%和8.33%；B0N1、B_1N_1、B_2N_1处理分别使10~20cm土壤最小持水量增加5.85%、11.09%和4.66%，B_1N_0、B_2N_0分别使10~20cm土壤最小持水量降低13.33%、15.06%。

生物质炭配施氮肥各处理均使0~20cm土壤非毛管孔隙度、毛管孔隙度和总孔隙度明显降低（图5-15 f~h）。B_0N_1、B_1N_0、B_1N_1、B_2N_0、B_2N_1处理分别使0~10cm土壤非毛管孔隙度降低28.47%、42.60%、19.14%、18.76%27.34%，分别使10~20cm土壤非毛管孔隙度降低19.73%、30.01%、29.82%、17.41%、23.44%（图5-15 f）；B_0N_1、B_1N_0、B_1N_1、B_2N_0、B_2N_1处理分别使0~10cm土壤毛管孔隙度增加8.17%、8.10%、14.28%、11.10%、19.75%，分别使10~20cm土壤毛管孔隙度增加7.12%、1.14%、21.42%、1.35%、12.83%（图5-15 g）；B_0N_1、B_1N_0、B_2N_0处理分别使0~10cm土壤总孔隙度降低1.80%、10.61%、0.84%，B_1N_1、B_2N_1处理分别使0~10cm

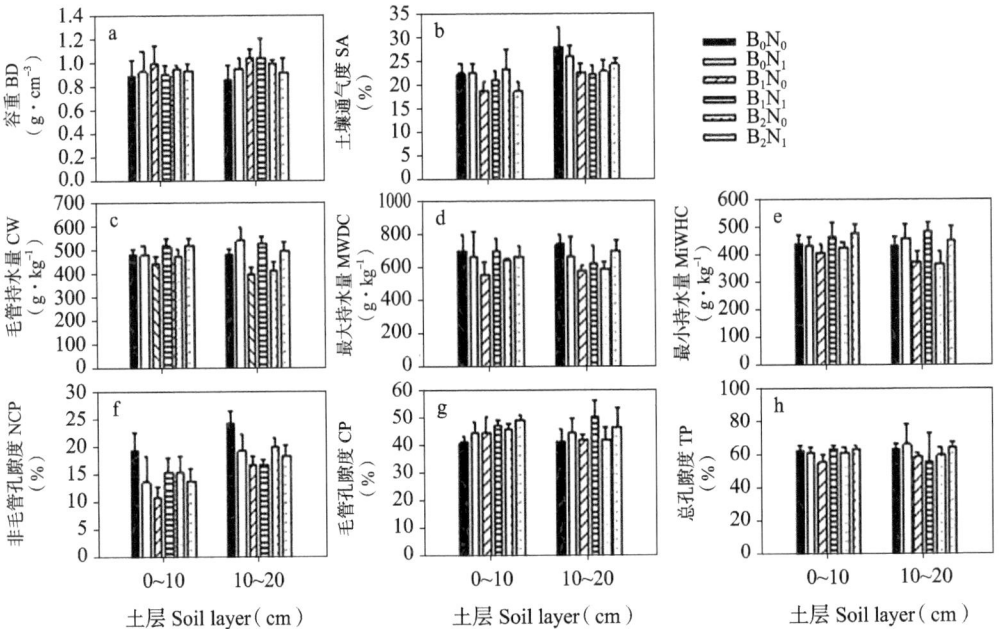

图5-15 生物质炭配施氮肥对毛竹林0~20cm土壤物理性质的影响

Fig. 5-15 Effect on biochar addition with nitrogen fertilizer on physical properties of 0-20 cm soil on *Phyllostachys edulis* plantations

Note: BD: Bulk density; SA: Soil aeration; MWHC: Maximum water holding capacity; CW: Capillary water capacity; MiWHC: Minimum water holding capacity; NCP: Non-capillary porosity; CP: Capillary porosity; TP: Total porosity.

土壤总孔隙度增加 1.54% 和 1.44%（图 5-15 h）；B_0N_1 和 B_2N_1 处理分别使 10~20cm 土壤总孔隙度增加 5.01% 和 3.03%；B_1N_0、B_1N_1、B_2N_0 处理分别使 10~20cm 土壤总孔隙度降低 6.78%、11.83% 和 4.98%。

5.3.4.2 生物质炭配施氮肥对土壤养分的影响

在 0~10cm 土层，添加生物质炭对 SOC（$p = 0.006$），NH_4^+-N（$p = 0.000$），MBN（$p = 0.000$）均有显著影响（表 5-6），在 10~20cm 土层中，添加生物质炭对 SOC（$p = 0.007$）、STN（$p = 0.010$）和 MBN（$p = 0.002$）有显著影响（表 5-6）。氮肥对 0~10cm 土层的影响较小，仅对 MBC（$p = 0.050$）和 MBN（$p = 0.000$）有显著影响；而对 10~20cm 土层的 SOC（$p = 0.035$）、STN（$p = 0.009$）、NH_4^+-N（$p = 0.004$）和 MBN（$p = 0.004$）均有显著影响（表 5-6）。2015 年，10~20cm 土层 STN 在 B_1N_1 处理下显著高于 B_0N_0、

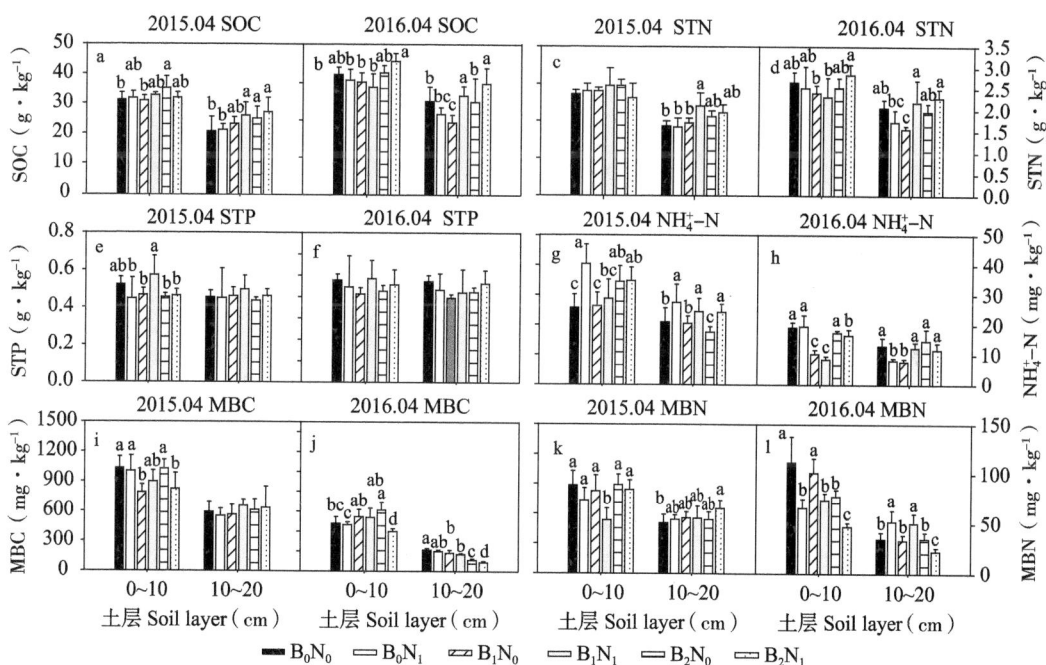

图 5-16 生物质炭配施氮肥对毛竹林 0~20cm 土壤有机碳、土壤总氮、
土壤 NH_4^+-N、微生物量碳和微生物量氮的影响

Fig. 5-16 Effect of biochar and N addition on soil organic C, soil total N, soil NH_4^+-N, MBC and MBN of 0~20cm soil on *Phyllostachys edulis* plantations

注：同一土壤层的小写字母代表差异显著（$p \leqslant 0.05$）。

Note: Different lowercase letters above bars in the same soil layer mean significant differences at $p \leqslant 0.05$.

表5-6 生物质炭添加、时间、氮肥添加重复测定方差分析及其交互作用对毛竹林 0~20cm 土壤有机碳、土壤总氮、土壤 NH$_4^+$-N、微生物量碳和微生物量氮的影响

Tab. 5-6 Results (F and P values) of repeated measurements analysis of variance: effects of biochar addition, time dynamic, N fertilizer and their interactive effects (B×N×T) on soil organic C, soil total N, soil NH$_4^+$-N, MBC and MBN of moso bamboo plantations

作用 Effects	生物质炭 Biochar (B)		时间 Time (T)		氮肥 N fertilizer (N)		生物质炭×时间 B×T		氮肥×时间 N×T		生物质炭×氮肥 B×N		生物质炭×氮肥×时间 B×N×T	
	F	p	F	p	F	p	F	p	F	p	F	p	F	p
0~10cm														
SOC	6.79	**0.006**	1.59	0.224	0.21	0.886	1.66	0.218	0.08	0.784	0.06	0.938	4.90	**0.020**
STN	0.81	0.459	6.56	**0.020**	0.00	0.974	1.69	0.213	0.08	0.777	0.05	0.951	2.05	0.157
STP	0.89	0.430	2.82	0.111	0.79	0.386	0.657	0.530	0.05	0.825	3.79	**0.042**	0.30	0.744
NH$_4^+$-N	16.71	**0.000**	215.82	**0.000**	4.33	0.052	1.60	0.229	8.33	**0.010**	4.29	**0.030**	3.11	0.069
MBC	1.30	0.297	408.70	**0.000**	4.30	0.050	11.04	**0.001**	1.12	0.304	8.99	**0.002**	1.20	0.324
MBN	7.50	**0.000**	1.38	0.255	52.11	**0.000**	25.48	**0.000**	54.01	**0.000**	0.99	0.392	2.93	0.079
10~20cm														
SOC	6.72	**0.007**	0.05	0.818	5.17	**0.035**	1.00	0.386	0.19	0.669	3.57	0.050	1.13	0.345
STN	6.05	**0.010**	1.48	0.239	8.48	**0.009**	1.74	0.204	0.03	0.860	10.13	**0.001**	1.09	0.357
STP	0.05	0.950	1.98	0.176	0.40	0.534	1.58	0.233	1.11	0.749	0.63	0.546	0.18	0.840
NH$_4^+$-N	0.90	0.424	100.68	**0.000**	11.07	**0.004**	2.62	0.100	9.17	**0.007**	2.09	0.153	2.85	0.084
MBC	1.48	0.255	374.29	**0.000**	0.21	0.650	2.21	0.139	0.08	0.780	0.88	0.430	0.88	0.432
MBN	8.96	**0.002**	205.68	**0.000**	10.93	**0.004**	15.48	**0.000**	4.35	0.051	11.79	**0.001**	15.28	**0.000**

B_0N_1 和 B_1N_0 处理（图 5-16 c）；2016 年，0~10cm 土层 STN 在 B_2N_1 处理下显著高于 B_1N_0 和 B_1N_1 处理（图 5-16 d）。2015 年，0~10cm 土层 STP 在 B_1N_1 处理下显著高于 B_0N_1、B_1N_0、B_2N_0 和 B_2N_1 处理（图 5-16 e）；2016 年，与 B_0N_0 处理相比，B_1N_0、B_1N_1 和 B_2N_1 处理均使 0~10cm 土层的土壤 NH_4^+-N 浓度显著降低（图 5-16 h）。

5.3.4.3 生物质炭配施氮肥对毛竹林土壤养分与年碳排放量关系的影响

在 0~10cm 土层，年碳排放量与 SOC、STP 和 MBN 无明显相关性（$p>0.05$），但与 STN（$R^2=0.10$，$p=0.028$）、土壤 NH_4^+-N（$R^2=0.404$，$p=0.000$）和 MBC（$R^2=0.342$，$p=0.000$）明显正相关（图 5-17）。在 10~20cm 土层，年碳排放量与 NH_4^+-N（$R^2=0.535$，$p=0.000$）和 MBC（$R^2=0.586$，$p=0.000$）呈极显著的正相关关系，但与 MBN 显著负相关（$R^2=0.461$，$p=0.001$）（图 5-18）。

去趋势对应分析（DCA）表明，生物质炭和氮添加对土壤养分的影响在 0~10cm 土层高于 10~20cm 土层，且随着时间的推移影响逐渐减弱（图

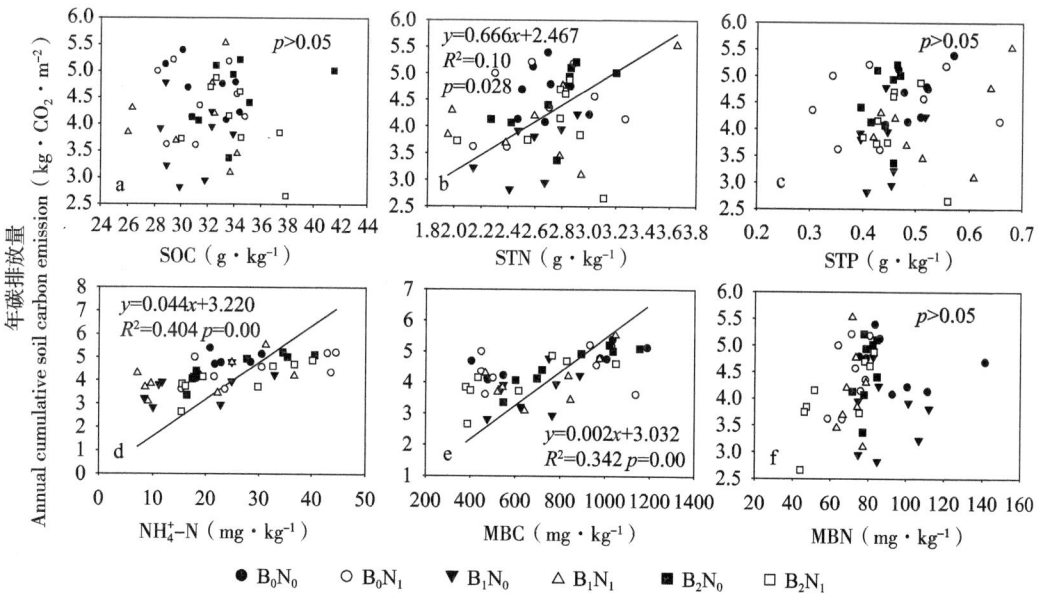

图 5-17 毛竹林年碳排放量与 0~10cm 土壤有机碳、总氮、
NH_4^+-N、微生物量碳、微生物量氮的关系

Fig. 5-17 The relationships between annual cumulative soil CO_2 emissions and soil organic C, soil total N, soil total P, soil NH_4^+-N, MBC and MBN in 0-10 cm soil layer on *Phyllostachys edulis* plantations

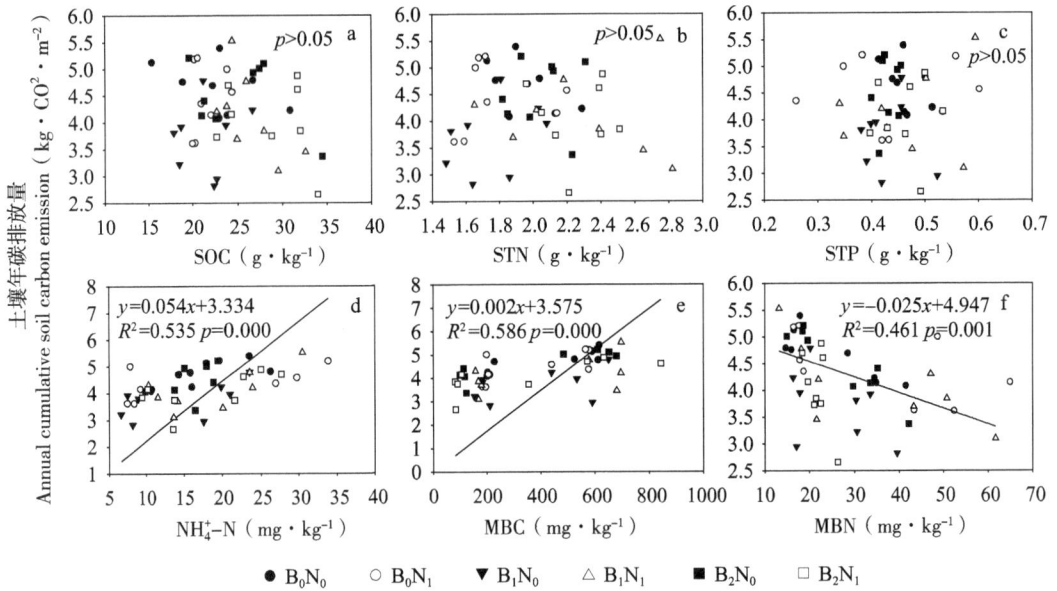

图 5-18　毛竹林土壤年碳排放量与 10~20cm 土壤有机碳、土壤总氮、
土壤 NH_4^+-N、土壤微生物量碳、土壤微生物量氮关系

Fig. 5-18 The relationships between annual soil cumulative CO_2 emission and soil organic C, soil total N, soil NH_4^+-N, MBC and MBN in 10~20cm soil layer on *Phyllostachys edulis* plantations

5-19）。土壤 NH_4^+-N、MBC 和 MBN 与土壤年碳排放量高度相关，而与 SOC、STN 和 STP 的相关性较低。

5.3.5　生物质炭添加对毛竹林土壤微生物的影响

5.3.5.1　生物质炭添加对毛竹林土壤微生物多样性的影响

低生物质炭添加处理显著降低细菌序列数，高生物质炭添加处理显著增加细菌序列数；高生物质炭添加处理显著降低 Chao 丰度，低生物质炭添加处理显著降低细菌的 Shannon's 指数，明显增加细菌的 Simpson's 指数和覆盖率（表 5-7）。

对照和生物质炭添加的细菌主要有变形菌门、酸杆菌门、放线菌门、绿弯菌门、浮霉菌门、厚壁菌门、疣微菌门、芽单孢菌门、其他 8 个优势菌群（图 5-20）。在 B_0、B_1、B_2、B_3 中处理中，变形菌门分别占 35.6%、36.6%、34.4%、35.3%，酸杆菌门分别占 25.5%、25.1%、28.0%、20.8%，放线菌门分别占 14.1%、15.9%、14.4%、16.7%，绿弯菌门分别占 11.9%、

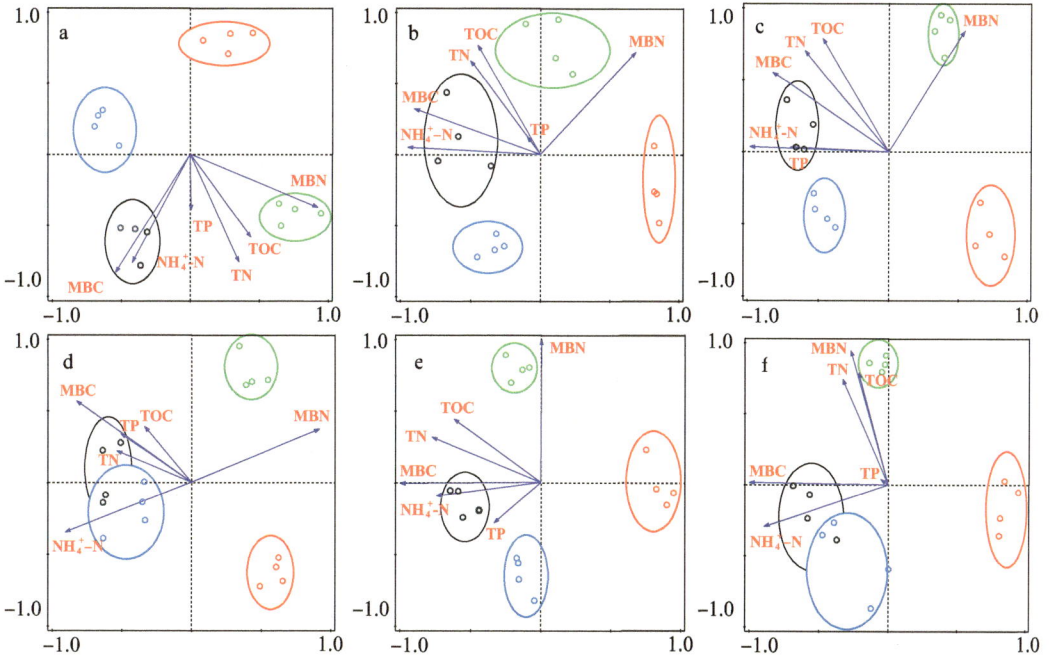

图 5-19　毛竹林土壤年碳排放量与土壤养分去趋势对应分析（DCA）

Fig. 5-19 The DCA between annual soil cumulative carbon emission and 0-20cm soil nutrients on *Phyllostachys edulis* plantations

注：黑色空心圈表示 2014 年 0~10cm 土壤，绿色空心圈表示 2016 年 0~10cm 土壤；空心蓝色圈表示 2014 年 10~20cm 土壤，红色空心圈表示 2016 年 10~20cm 土壤。

Note: Black hollow circle 0~10cm soil in 2014, green hollow circle means 0-10cm soil in 2016, blue hollow circle means 10~20cm soil in 2014, red hollow circle means 10-20cm soil in 2016.

表 5-7　基于 16SrRNA 基因的 Illumin Miseq 细菌序列数据和细菌群落多样性

Tab. 5-7 Illumin Miseq bacterial sequence data and bacterial community diversity based on 16SrRNA gene

样品 Sample	细菌序列 bacterial sequence	丰度 Chao	香农指数 Shannon's indicator	辛普森指数 Simpson's indicator	覆盖率 Coverage （%）
对照 B_0	52987b	1864.20a	5.94	0.0068b	0.9899b
低生物质炭 B_1	50818c	1831.82ab	5.76	0.0088a	0.9883b
中生物质炭 B_2	51972ab	1872.82a	5.83	0.0079ab	0.9889b
高生物质炭 B_3	54237a	1802.0b	5.84	0.0078ab	0.9902a

群落条形图分析
Commmunity barplot analysis

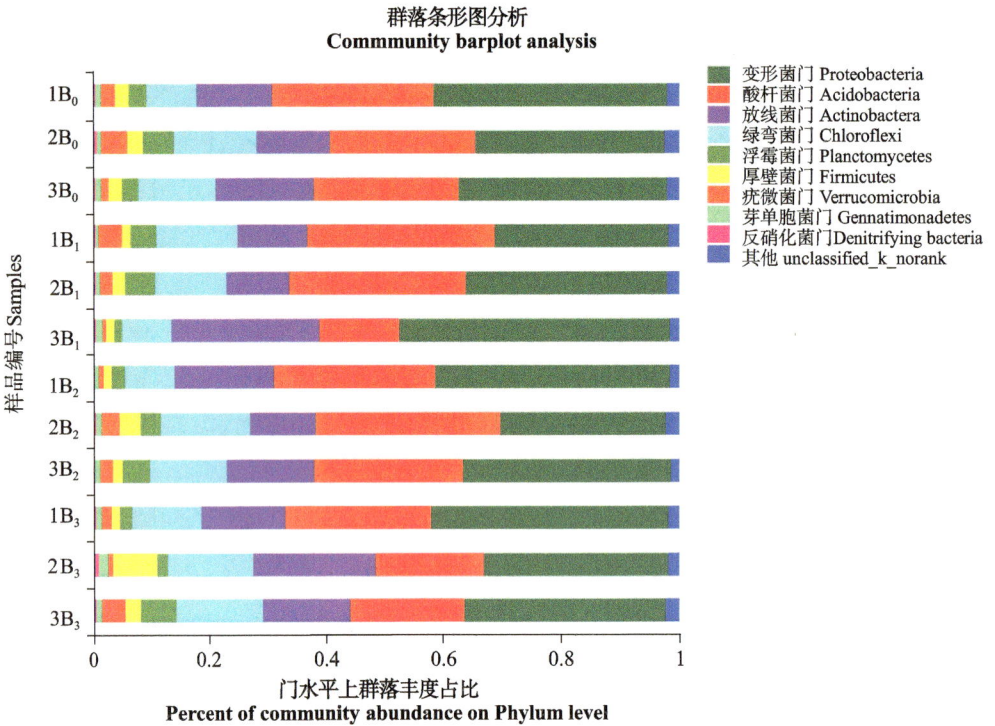

图 5-20　生物质炭添加对毛竹林土壤细菌多样性的影响

Fig. 5-20 Effect of biochar addition on the soil bacterial diversity of *Phyllostachys edulis* plantations

11.6%、12.2%、13.8%，浮霉菌门分别占 3.7%、3.6%、3.7%、3.3%，厚壁菌门分别占 2.5%、1.7%、2.1%、6.0%，疣微菌门分别占 2.9%、2.4%、2.3%、2.0%，芽单胞菌门分别占 0.9%、0.8%、0.8%、1.3%，其他菌门分别占 0.8%、0.7%、0.6%、0.8%（图 5-21）。

　　生物质炭添加后土壤微生物多样性受土壤养分的调节（图 5-22）。易溶养分土壤微生物量碳和微生物量氮对微生物群落及多样性影响最大，其次是土壤总氮、土壤总磷、土壤有机碳、pH 值、土壤有机碳。冗余分析结果表明排序轴 1 和 2 对毛竹土壤菌群多样性的解释分别为 54.2% 和 21.1%。

5.3.5.2　生物质炭添加对毛竹林土壤微生物群落结构的影响

　　生物质炭添加明显影响 10~20cm 土壤微生物群落结构生物量及其组分（图 5-23）。生物质炭添加 1 年（2015 年 4 月）和 2 年（2016 年 4 月）后 10~20cm 土壤中革兰氏阳性细菌（Gram+）、阴性细菌（Gram-）和微生物总

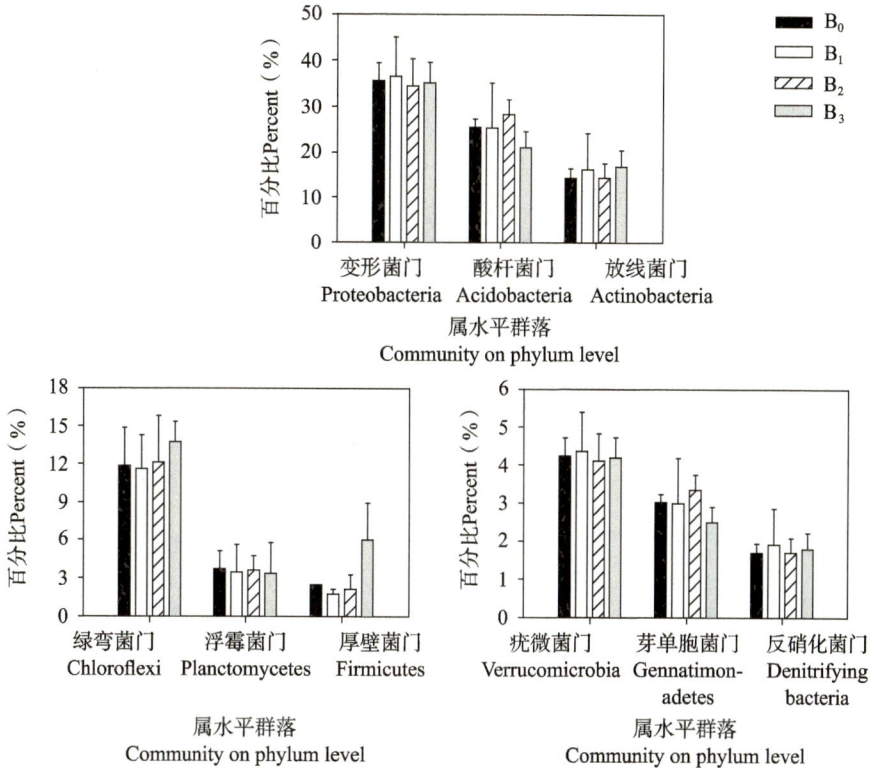

图 5-21 生物质炭添加对毛竹林土壤细菌群落的影响

Fig. 5-21 Effect of biochar addition on the soil bacterial community of *Phyllostachys edulis* plantations

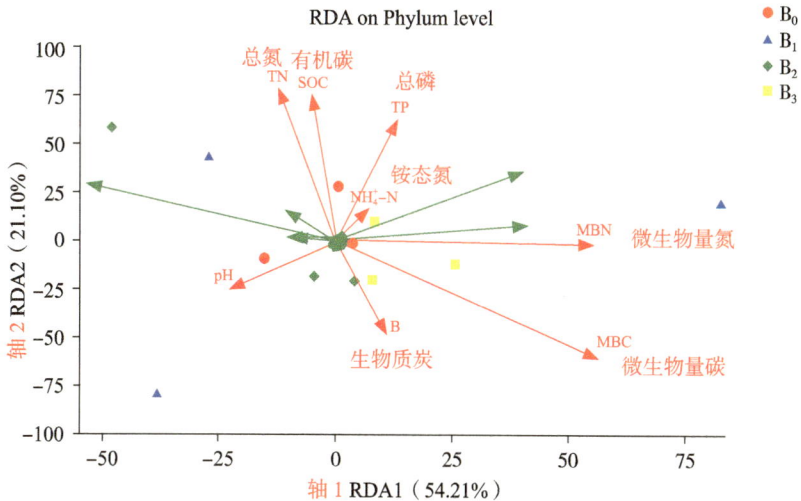

图 5-22 主要土壤养分与土壤微生物群落的冗余分析

Fig. 5-22 Redundancy analysis of major soil nutrients and soil microbial communities

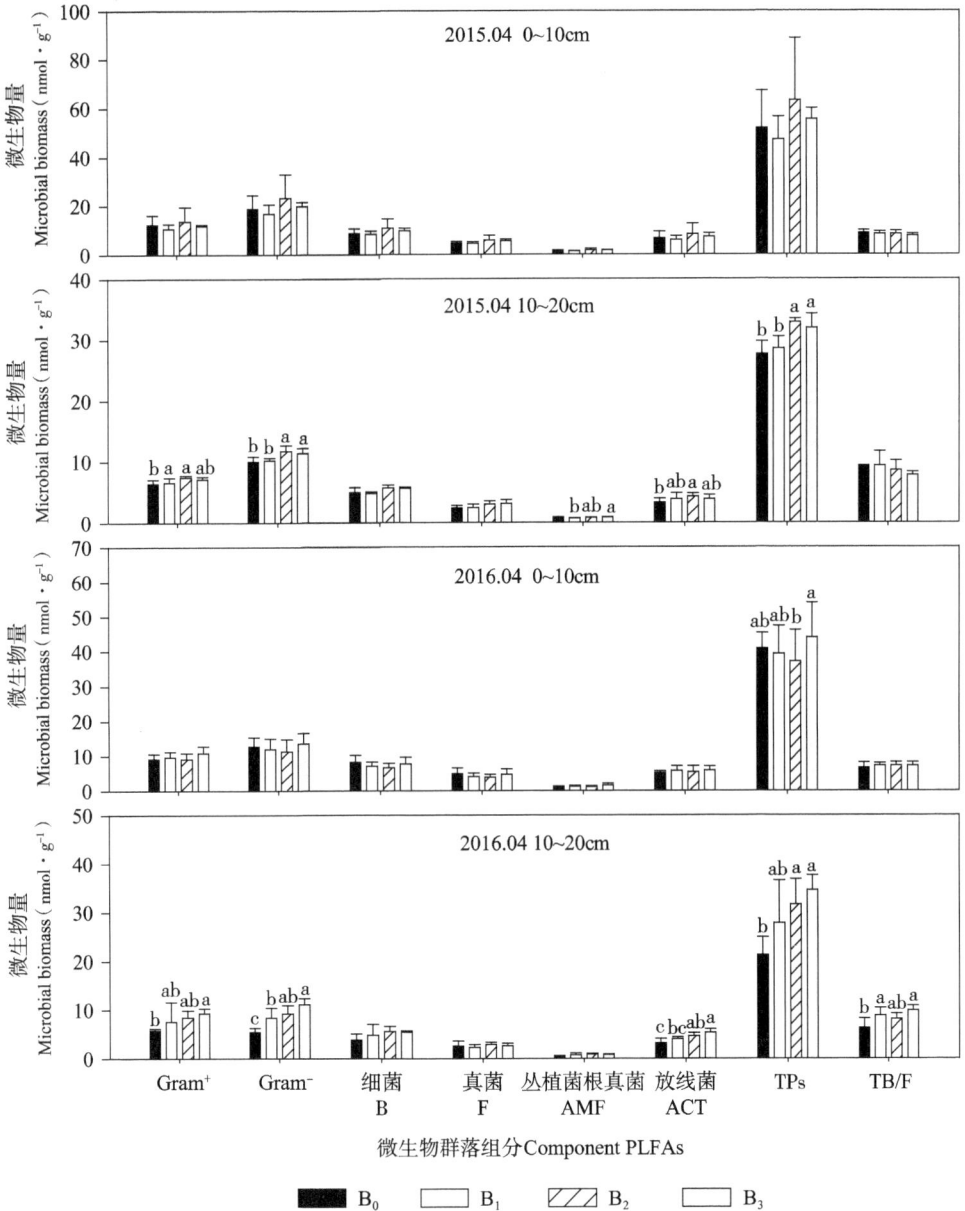

图 5-23 生物质炭添加对毛竹林土壤微生物群落结构生物量的影响

Fig. 5-23 Effect of biochar addition on soil microbial community structure biomass on *Phyllostachys edulis* plantations

生物量（TPs）均较对照增加且差异显著；生物质炭添加 1 年后，10~20cm 土层中 Gram⁺ 生物量在 B₁、B₂、B₃ 处理下分别增加 2.9%、16.0% 和 11.4%，添加 2 年后分别增加 32.5%、47.6% 和 61.2%；Gram⁻ 分别增加 2.2%、17.5%、13.7% 和 55.4%、70.9%、106.9%；微生物总生物量分别增加 3.4%、19.0%、15.6% 和 30.9%、48.6%、62.6%。生物质炭添加对 0~10cm 土壤微生物群落结构及其组分影响不显著，与对照相比，B₁ 处理下微生物总生物量 2015 年 4 月和 2016 年 4 月分别降低 9.1% 和 3.5%，B₂ 处理下则是第 1 年增加 22.0%，第 2 年降低 9.0%，B₃ 处理下在第 1 年和第 2 年分别增加 7.1% 和 7.8%。

生物质炭添加对微生物总生物量的影响在垂直方向上均降低，且第 2 年的降幅大于第 1 年（图 5-23）。添加 1 年后 B₀、B₁、B₂ 和 B₃ 处理下微生物总生物量在垂直方向上分别降低 46.8%、39.4%、48.1% 和 42.5%，添加 2 年后分别降低 47.8%、29.1%、14.7%、21.2%；Gram⁺ 分别降低 47.1%、37.8%、45.6%、39.3% 和 36.8%、21.1%、6.2%、14.7%；Gram⁻ 分别降低 46.5%、39.0%、49.1%、42.5% 和 57.3%、29.6%、18.6%、17.7%。

生物质炭添加对微生物组分年际变化影响显著。随着生物质炭添加，0~10cm 土层 B₁ 处理细菌和真菌分别降低 13.1% 和 17.1%，B₂ 处理分别降低 18.2% 和 21.3%，B₃ 处理分别降低 4.7% 和 4.7%。B₁、B₂ 和 B₃ 处理总细菌：真菌则分别降低 10.8%、9.6% 和 10.3%。与添加生物质炭 1 年后相比，10~20cm 土层添加 2 年后 B₁、B₂、B₃ 处理 Gram⁺ 分别增加 15.3%、13.8%、29.5%，放线菌分别增加 6.2%、7.9%、39.7%，丛枝菌根真菌 B₁ 和 B₂ 处理分别增加 5.1%、16.3%，B₃ 处理总细菌：真菌和微生物总生物量分别增加 27.1% 和 8.5%；Gram⁻ 分别降低 18.3%、21.9%、2.2%，细菌分别降低 0.2%、1.1%、3.0%，放线菌分别降低 3.3%、2.3%、14.5%，B₁、B₂ 处理中总细菌：真菌分别增加 5.4% 和 5.7%，微生物总生物量分别增加 2.3% 和 3.7%。

添加生物质炭不影响 0~10cm 土层微生物总生物量（$p \geq 0.05$），不影响该土层微生物类群（Gram⁺、Gram⁻、细菌、真菌、放线菌和丛枝菌根真菌）的生物量（$p \geq 0.05$，表 5-8）。相比之下，生物质炭显著影响了 10~20cm 土层微生物总生物量以及 Gram⁻ 和放线菌的生物量，且与时间的相互作用对 Gram⁻ 和该土层总细菌与真菌的比例有显著影响（$p < 0.01$；表 5-8）。微生物群落及其组分生物量（2016 年 B₃ 处理除外）在 10~20cm 土

层均低于 0~10cm 土层，且随时间的推移呈下降趋势（$p<0.05$，图 5–23、表 5–8）。

表 5–8　生物质炭添加对微生物群落结构重复方差分析

Tab. 5–8 Repeated ANOVA of biochar addition on soil microbial community structure

变量 Variation	生物质炭添加 Biochar（B）			时间 Time（T）			生物质炭 × 时间 B×T		
	df	F	p	df	F	p	df	F	p
0~10cm									
微生物总生物量 TPs	3	0.69	0.575	1	14.64	**0.002**	3	1.22	0.346
革兰氏阳性细菌 Gram⁺	3	0.60	0.628	1	6.61	**0.024**	3	0.94	0.451
革兰氏阴性细菌 Gram⁻	3	0.70	0.572	1	28.09	**0.000**	3	1.28	0.326
细菌 B	3	0.52	0.678	1	11.91	**0.005**	3	1.81	0.199
真菌 F	3	0.73	0.555	1	3.56	0.084	3	1.71	0.218
丛植菌根真菌 AMF	3	1.82	0.197	1	5.71	**0.034**	3	0.99	0.429
放线菌 ACT	3	0.64	0.606	1	5.40	**0.038**	3	0.74	0.546
总细菌：真菌 TB：F	3	0.19	0.902	1	8.94	**0.011**	3	0.83	0.501
10~20cm									
微生物总生物量 TPs	3	6.07	**0.009**	1	0.98	0.34	3	1.80	0.20
革兰氏阳性细菌 Gram⁺	3	2.73	0.090	1	2.51	0.139	3	1.10	0.387
革兰氏阴性细菌 Gram⁻	3	11.83	**0.001**	1	36.23	**0.000**	3	5.48	**0.013**
细菌 B	3	3.04	0.071	1	0.83	0.381	3	0.49	0.698
真菌 F	3	2.44	0.115	1	0.14	0.717	3	0.42	0.740
丛植菌根真菌 AMF	3	2.89	0.08	1	0.00	0.965	3	0.59	0.634
放线菌 ACT	3	6.22	**0.009**	1	5.60	**0.036**	3	2.72	0.091
总细菌：真菌 TB：F	3	2.10	0.15	1	0.67	0.430	3	3.66	**0.044**

5.3.5.3　生物质炭添加对毛竹林土壤酶活性的影响

生物质炭添加对土壤氧化还原酶影响明显。生物质炭添加均使 0~10cm 土层多酚氧化酶活性增加，10~20cm 土层多酚氧化酶活性降低；B_1 和 B_2 处理促进 0~10cm 土壤层过氧化物酶活性，B_3 处理过氧化物酶活性降低但差异显著，在垂直方向上均呈降低趋势。

生物质炭添加对水解氧化酶活性影响明显（图 5-24）。生物质炭添加对蔗糖酶和脲酶活性影响类似，0~10cm 土层均显著增加，且随着生物质炭剂量的增加均是先增加后降低，10~20cm 土层均降低但差异不显著；生物质炭添加使 0~10cm 土层纤维素酶活性降低，B_2 处理使 10~20cm 土层纤维素酶活性显著增加。

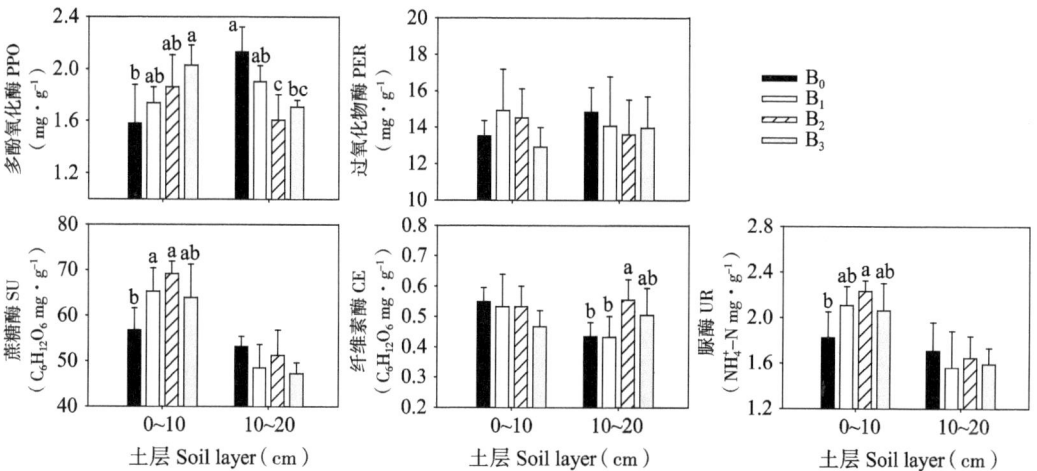

图 5-24　生物质炭添加对毛竹林土壤水解酶和氧化还原酶活性的影响

Fig. 5-24 Effect of biochar addition on soil hydrolase and oxidoreductase activities on *Phyllostachys edulis* plantations

Note: PPO: Polyphenol oxidase; PER: Peroxidase; SU: Sucrase; CE: Cellulase; UR: Urease.

5.3.5.4　生物质炭添加下毛竹林土壤微生物群落与土壤年碳排放量的关系

土壤年碳排放量与微生物群落结构组分呈正相关关系（图 5-25）。细菌（$R^2=0.372$，$p<0.05$）、Gram$^-$（$R^2=386$，$p<0.05$）、丛植菌根真菌（$R^2=0.382$，$p<0.05$）和微生物总生物量（$R^2=0.365$，$p<0.05$）与年碳排放量均呈显著正相关关系；与 Gram$^+$（$R^2=0.310$，$p>0.05$）、真菌（$R^2=0.325$，$p>0.05$）、TB：F（$R^2=0.134$，$p>0.05$）和放线菌（$R^2=0.268$，$p>0.05$）没有显著关系。

主成分分析表明土壤微生物群落结构组分与土壤年碳排放量关系紧密（图 5-26）。B_0、B_1、B_2 和 B_3 处理第一和第二主成分分别解释土壤年碳排放量变化的 59.0% 和 39.5%、74.8% 和 14.2%、77.8% 和 19.7%、73.1% 和 17.5%。主成分轴 1 和轴 2 主要受 Gram$^+$、丛植菌根真菌、Gram$^-$ 等影响较大。

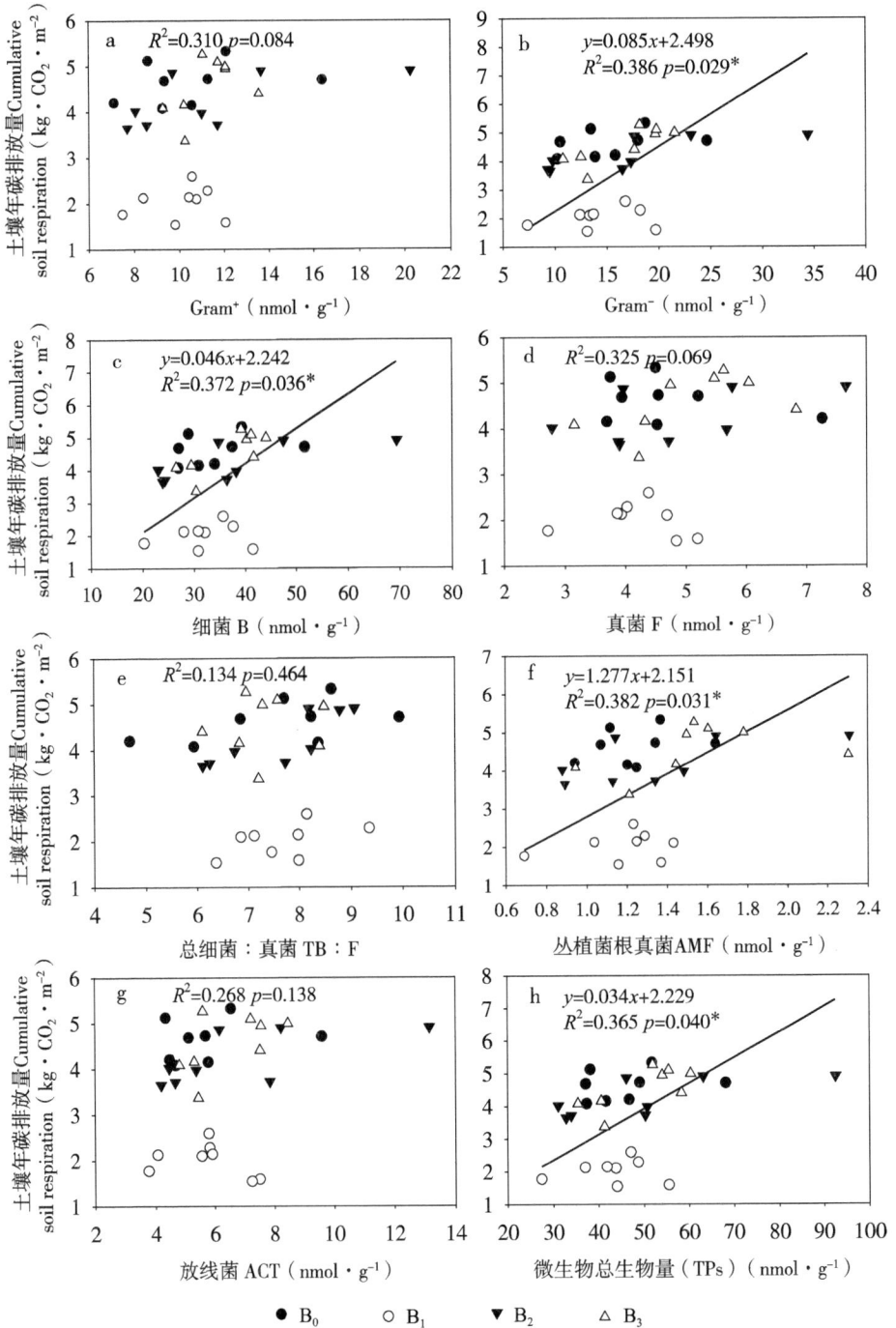

图 5-25 毛竹林土壤年碳排放量与微生物群落结构关系

Fig. 5-25 Relationships between cumulative soil carbon emissions and microbial community structure on *Phyllostachys edulis* plantations

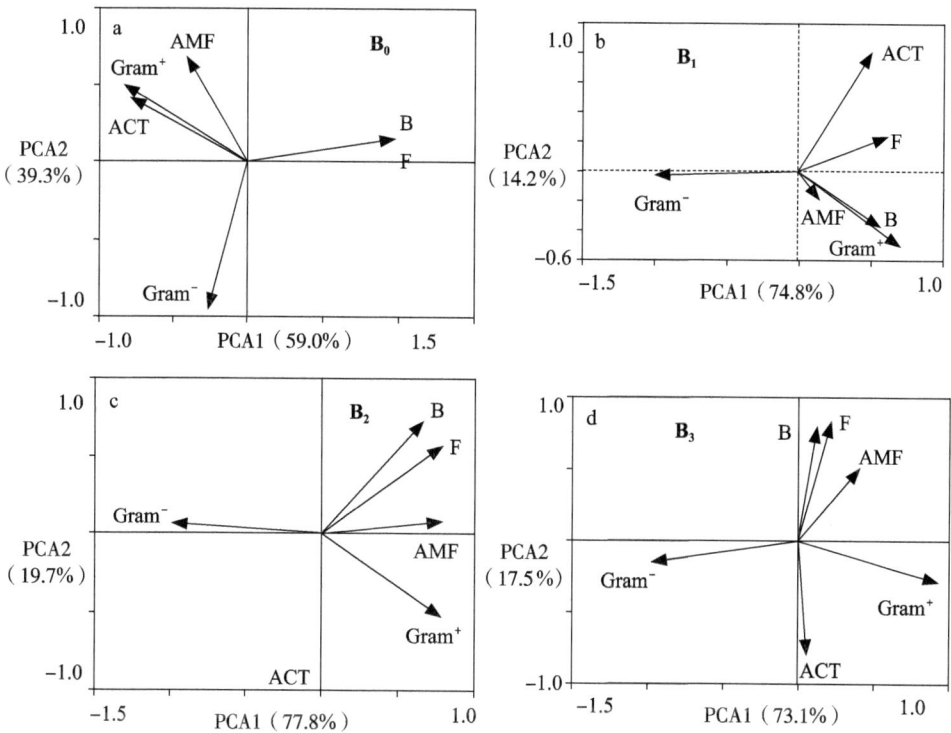

图 5-26　生物质炭添加下毛竹林土壤年碳排放量与微生物群落结构组分主成分分析

Fig. 5-26 Principal component analysis of soil cumulative carbon emissions and microbial community structure components under biochar addition on *Phyllostachys edulis* plantations

5.3.6　生物质炭配施氮肥对毛竹林土壤微生物的影响

5.3.6.1　生物质炭配施氮肥对毛竹林土壤微生物群落结构的影响

0~10cm 土壤中，B_2N_0 处理第 1 年，微生物总生物量增加 12.87%，$Gram^+$ 增加 11.40%、$Gram^-$ 增加 13.87%、细菌增加 12.56%、真菌增加 21.58%、丛植菌根真菌增加 17.36%、放线菌增加 16.00%、总细菌∶真菌增加 12.19%（图 5-27）；B_0N_1 和 B_1N_0 处理第 1 年，土壤微生物总生物量分别降低 4.50% 和 4.16%，效果相当。10~20cm 土壤中，B_2N_0、B_2N_1 处理第 1 年，微生物总生物量分别增加 7.79% 和 16.80%、$Gram^+$ 分别增加 19.36% 和 28.41%、$Gram^-$ 分别增加 7.18% 和 16.40%、丛植菌根真菌分别增加 32.32% 和 23.20%、放线菌分别增加 15.10% 和 35.48%、总细菌∶真菌分别增加 10.33% 和 9.00%；B_1N_1 处理第 1 年，土壤微生物总生物量降

低 3.75%；B_0N_1 和 B_1N_0 处理第 1 年，土壤微生物总生物量分别增加 1.88% 和 3.44%，差异不显著。

B_2N_0、B_2N_1 处理第 2 年对微生物总生物量、群落结构组分影响比较大（图 5-27）。0~10cm 土壤中，B_2N_0、B_2N_1 处理分别使土壤微生物总生物增加 7.79% 和 16.80%；B_1N_1 处理使土壤微生物总生物量降低 10.12%；B_2N_0、B_2N_1 处理分别使 $Gram^+$ 增加 19.36% 和 28.41%、$Gram^-$ 增加 7.18% 和 16.40%、丛植菌根真菌增加 32.32% 和 23.20%、放线菌增加 15.10% 和 35.48%、总细菌：真菌增加 10.33% 和 9.00%；B_1N_1 处理下，$Gram^+$ 增加 6.27%、$Gram^-$ 降低 14.66%、细菌降低 17.33%、真菌降低 24.56%、丛植菌根真菌降低 10.56%、放线菌降低 14.98%；B_0N_1 和 B_1N_0 处理分别使细菌降低 10.02% 和 13.08%、放线菌增加 1.14% 和 12.20%、总细菌：真菌降低 8.32% 和增加 10.80%。

10~20cm 土壤中，B_0N_1、B_1N_0、B_2N_0、B_2N_1 处理第 2 年，土壤微生物总生物量分别增加 20.76%、23.87%、62.60%（显著）和 33.86%，B_1N_1 处理土壤微生物总生物量显著降低 10.55%。B_0N_1、B_1N_0、B_2N_0、B_2N_1 处理分别使 $Gram^+$ 增加 26.32%、19.38%、61.19%、31.20%，分别使细菌增加 22.32%、12.50%、42.46%、28.86%，分别使 $Gram^-$ 显著增加 35.40%、50.78%、106.88%、57.44%，分别使真菌降低 15.19%、10.62%、35.28%、9.96%，分别使丛植菌根真菌增加 10.99%、32.05%、44.64%、37.17%，分别使放线菌增加 15.38%、27.13%、67.82%、31.03%；B_1N_1 处理使放线菌降低 18.84%。B_0N_1、B_1N_0、B_1N_1、B_2N_0、B_2N_1 分别使总细菌：真菌增加 35.76%、40.35%、29.92%、57.49% 和 36.74%。

5.3.6.2 生物质炭配施氮肥处理下毛竹林土壤微生物群落与土壤年碳排放量关系

生物质炭配施氮肥处理下土壤年碳排放量与 0~10cm 土壤微生物群落组分生物量关系显著（图 5-28）。土壤年碳排放量与 0~10cm 土壤微生物总生物量、$Gram^-$、丛枝菌根真菌均呈显著正相关（$p<0.05$）；与 0~10cm 土层的 $Gram^+$、细菌、真菌、放线菌、总细菌：真菌关系不显著（图 5-28）。

生物质炭配施氮肥处理下土壤年碳排放量与 10~20cm 土壤微生物群落组分生物量相关但相关性不显著（$p>0.05$）（图 5-29）。土壤年碳排放量与 10~20cm 土壤微生物总生物量、$Gram^-$、丛枝菌根真菌、$Gram^+$、细菌、真菌、放线菌、总细菌：真菌相关但相关性均不显著（图 5-29）。

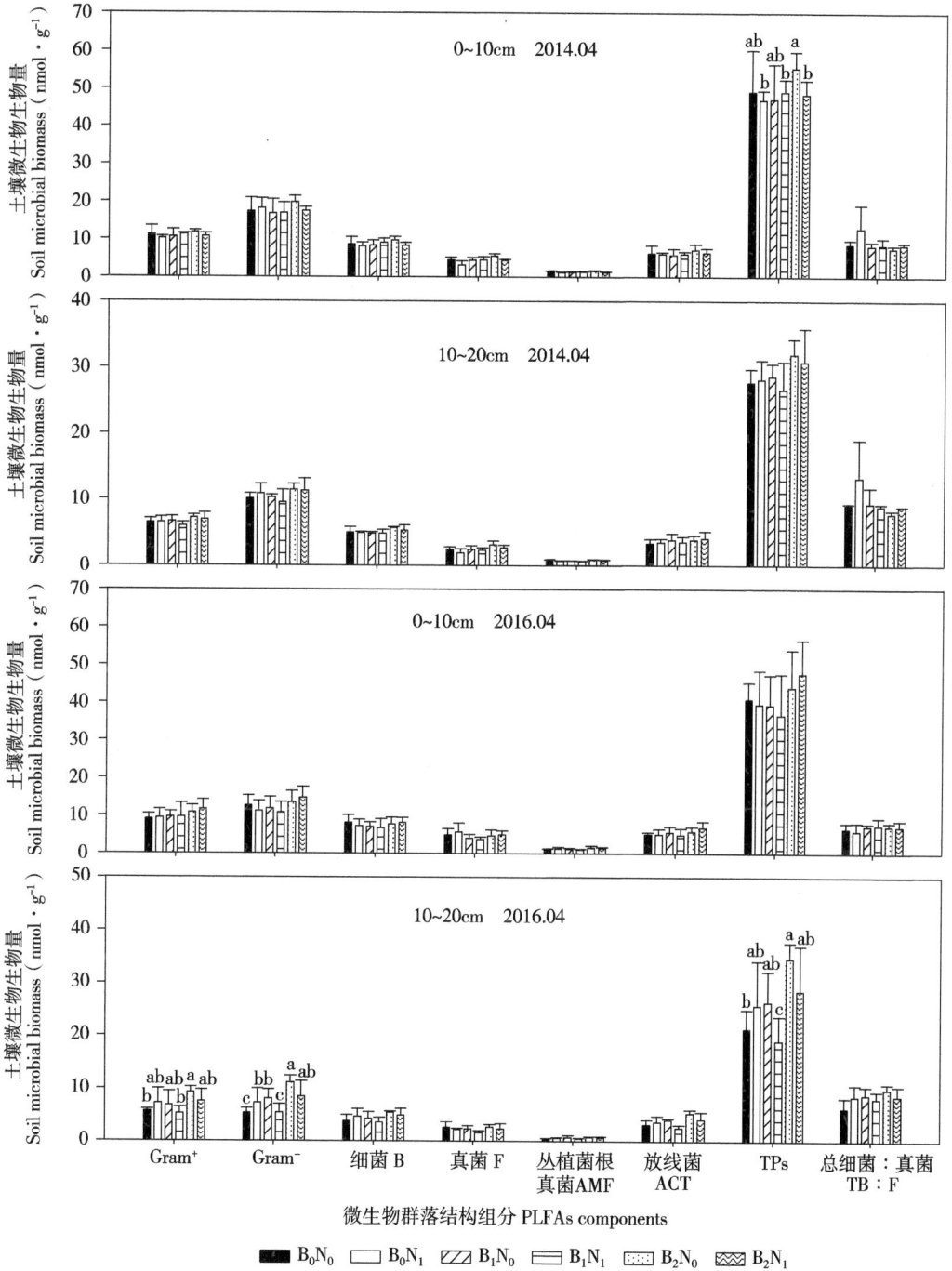

图 5-27 生物质炭配施氮肥对毛竹林土壤微生物群落结构的影响

Fig. 5-27 Effect of biochar addition with nitrogen fertilizer on soil microbial community structure of *phyllostachys edulis* plantations

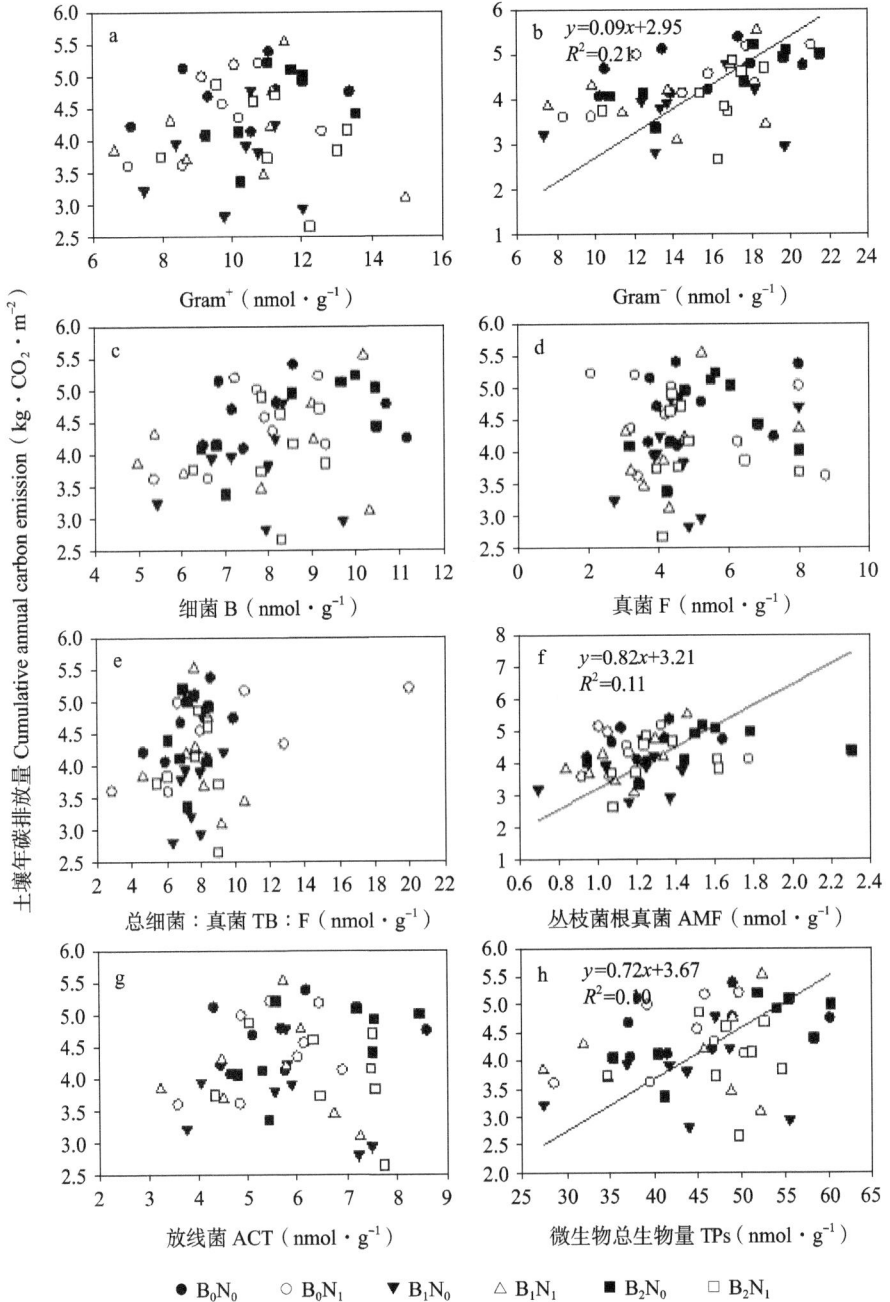

图 5-28 生物质炭配施氮肥下毛竹林土壤年碳排放量与 0~10cm
土壤微生物群落结构关系

Fig. 5-28 Relationships between soil cumulative carbon emissions and 0~10 cm soil
microbial community structure components under biochar addition with nitrogen fertilizer on
Phyllostachys edulis plantations

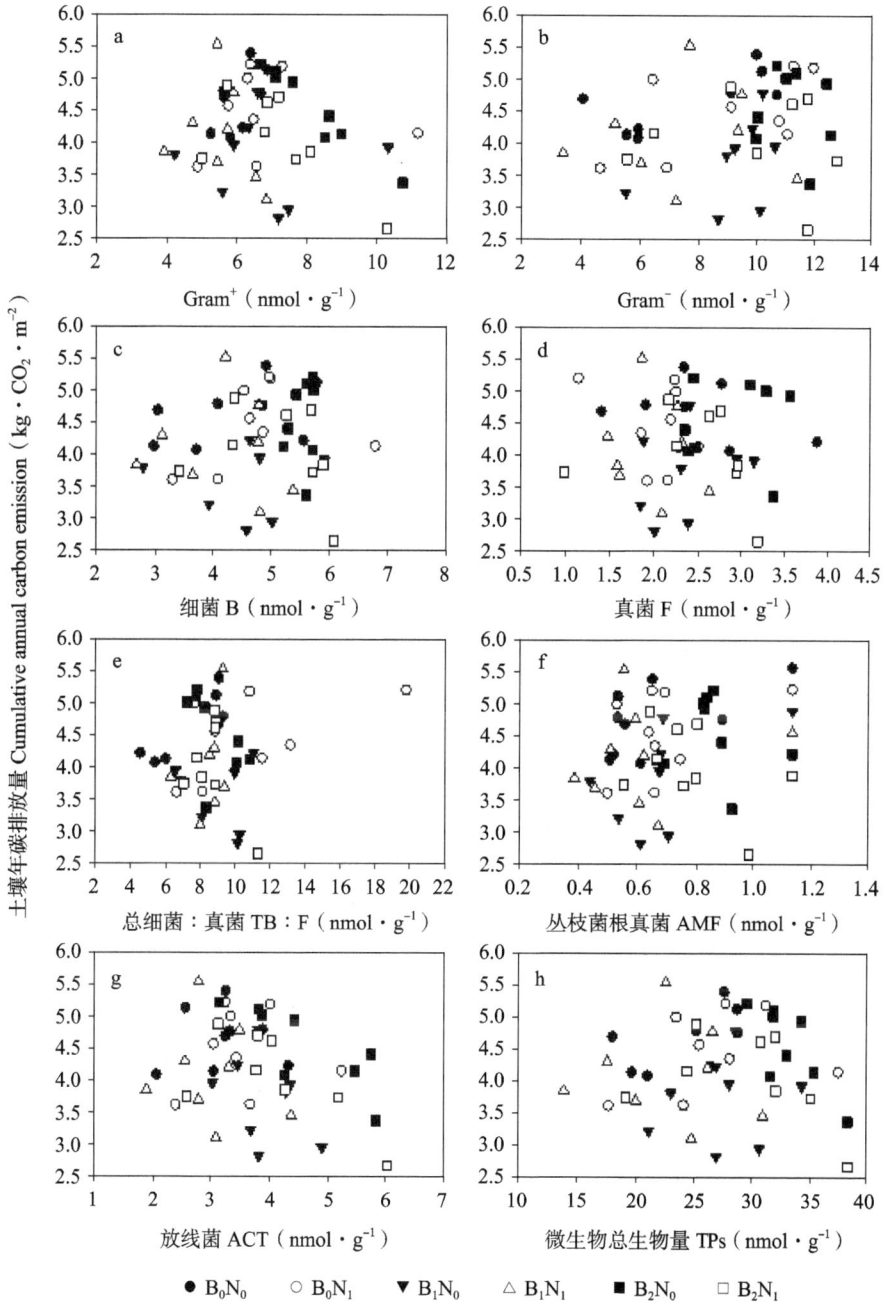

图 5-29 生物质炭配施氮肥下毛竹林土壤年碳排放量与 10~20cm
土壤微生物群落结构关系

Fig. 5-29 Relationships between soil cumulative carbon emissions and 10~20cm soil microbial community structure components under biochar addition with nitrogen fertilizer on *Phyllostachys edulis* plantations

5.3.7 生物质炭添加对毛竹林土壤团聚体有机碳的影响

生物质炭添加处理对不同大小团聚体百分比分布影响不显著（表 5-9）。无论断根与否，所有处理均是 >2000μm 比重最大，250~2000μm、53~250μm 次之，<53μm 最小，且不同大小团聚体间差异显著（表 5-11）。不同土层间团聚体百分比差异不显著（$p>0.05$），但生物质炭与团聚体间交互作用显著（$p<0.05$），团聚体与土层间交互作用显著（$p<0.05$）。

生物质炭添加明显影响土壤团聚体有机碳含量（表 5-10）。0~10cm 土层中，生物质炭添加处理均是 53~250μm 有机碳含量最高，>2000μm 中有机碳含量最低；10~20cm 土层中，250~2000μm 有机碳含量最高，>2000μm 中有机碳含量最低。无论断根与否，生物质炭添加、不同团聚体和土层间有机碳含量均差异显著（$p<0.05$）；仅生物质炭与土层间的交互作用显著（$p<0.05$）（表 5-12）。

5.3.8 毛竹根系对生物质炭—土壤互作激发效应的贡献

生物质炭添加 1 年后对照土壤 $\delta^{13}C$ 是 –33.9‰，B_1、B_2 和 B_3 处理则分别是 –33.7‰、–34.0‰ 和 –35.7‰，但差异不显著（图 5-30）；断根处理降低 $\delta^{13}C$，对照 B_0 处理是 –42.7‰，B_1、B_2 和 B_3 断根处理则分别是 –42.8‰、–42.3‰ 和 –44.6‰。生物质炭添加 1 年后，B_0 处理夏季土壤 $\delta^{13}C$ 是 –21.1‰，B_1、B_2 和 B_3 处理则分别是 –23.0‰、–22.5‰ 和 –20.8‰，但差异不显著；断根处理降低 $\delta^{13}C$，B_0 断根处理是 –20.0‰，B_1、B_2 和 B_3 断根处理则分别是 –21.3‰、–21.9‰ 和 –21.3‰。生物质炭自身分解对土壤碳矿化贡献为 0.8%~1.1%，生物质炭添加下根系贡献为 3.1%~4.0%。

生物质炭添加对土壤 $\delta^{13}C$ 差异显著，季节间 $\delta^{13}C$ 差异显著，且生物质炭添加与季节动态交互作用显著（表 5-13）；生物质炭添加＋断根处理对土壤 $\delta^{13}C$ 的影响不显著，仅季节动态差异显著。与 B_0 相比，B_1、B_2 和 B_3 处理对土壤碳矿化年均值的贡献分别是 0.8%、1.1% 和 –4.0%，B_0、B_1、B_2 和 B_3 处理根系贡献分别是 5.4%、8.6%、9.4% 和 5.9%。

表 5-9 生物质炭添加对毛竹林土壤团聚体分布的影响

Tab. 5-9 Effect of biochar addition on soil aggregate size of Phyllostachys edulis plantations

团聚体 Aggregation (μm)	对照 CK B_0 (%)		低生物质炭添加 Low biochar addition B_1 (%)		中生物质炭添加 Medium biochar addition B_2 (%)		高生物质炭添加 High biochar addition B_3 (%)	
	正常 Normal	断根 Cut root	正常 Normal	断根 Cut root	正常 Normal	断根 Cut root	正常 Normal	断根 Cut root
0~10 cm								
<53	6.34 ± 1.39	6.49 ± 0.62	6.83 ± 1.34	6.29 ± 1.33	7.72 ± 0.99	6.03 ± 1.08	7.18 ± 1.39	5.74 ± 1.90
53~250	10.14 ± 2.18	10.78 ± 0.72	12.85 ± 1.88	10.54 ± 1.99	14.84 ± 1.87	11.59 ± 3.41	13.93 ± 1.95	12.53 ± 2.04
250~2000	29.72 ± 2.97	26.30 ± 2.48	31.59 ± 2.89	28.61 ± 4.11	32.11 ± 3.81	29.28 ± 2.21	30.42 ± 2.56	31.08 ± 1.64
>2000	53.81 ± 5.57	56.43 ± 1.25	48.73 ± 4.63	54.56 ± 3.87	45.33 ± 4.75	53.09 ± 6.61	48.47 ± 2.56	50.65 ± 3.55
10~20cm								
<53	6.46 ± 0.97	6.46 ± 0.98	7.52 ± 1.84	7.36 ± 1.65	8.83 ± 3.17	7.16 ± 1.27	8.07 ± 1.87	7.37 ± 0.66
53~250	14.13 ± 1.31	13.78 ± 2.16	11.69 ± 2.58	14.42 ± 0.62	19.47 ± 2.31	15.04 ± 2.57	15.34 ± 0.62	14.94 ± 0.92
250~2000	32.57 ± 2.00	25.32 ± 5.12	34.08 ± 2.72	27.74 ± 6.49	29.33 ± 2.82	30.28 ± 5.42	30.36 ± 1.94	29.29 ± 3.63
>2000	46.84 ± 1.76	54.45 ± 3.26	46.71 ± 3.85	50.48 ± 7.90	42.37 ± 5.17	47.53 ± 8.20	46.22 ± 4.10	48.40 ± 2.35

表 5-10 生物质炭添加对毛竹林土壤团聚体有机碳的影响

Tab. 5-10 Effect of biochar addition on soil organic carbon in different aggregate of *Phyllostachys edulis* plantations

团聚体 Aggregation (μm)	对照 CK B$_0$ (%)		低生物质炭添加 Low biochar addition B$_1$ (%)		中生物质炭添加 Medium biochar addition B$_2$ (%)		高生物质炭添加 High biochar addition B$_3$ (%)	
	正常 Normal	断根 Cut root	正常 Normal	断根 Cut root	正常 Normal	断根 Cut root	正常 Normal	断根 Cut root
0~10cm								
<53	30.50±4.88	29.27±5.45	28.30±2.49	31.87±6.05	32.97±4.54	26.10±1.81	29.67±3.49	32.80±3.66
53~250	33.83±2.18	31.43±6.47	32.30±4.89	35.47±4.85	38.30±5.39	30.77±2.54	33.13±6.76	35.60±5.92
250~2000	30.20±5.17	27.30±4.51	28.63±5.25	32.77±5.73	34.63±5.26	26.67±1.43	31.17±4.75	38.60±3.77
>2000	25.40±6.30	27.33±5.05	25.10±6.77	28.63±7.55	30.90±6.00	24.00±3.99	28.33±3.98	29.53±7.29
10~20cm								
<53	24.60±3.04	29.33±4.45	22.57±4.86	22.43±7.33	21.97±1.46	24.97±7.46	27.07±3.11	25.20±4.07
53~250	25.13±4.81	33.13±3.10	22.63±4.11	25.07±6.12	23.40±0.36	26.00±5.30	29.07±2.54	28.47±5.31
250~2000	32.57±2.00	28.37±6.58	34.08±2.72	21.57±5.79	29.33±2.82	22.57±5.06	30.36±1.94	27.37±6.57
>2000	21.37±4.74	24.03±3.97	19.90±5.27	19.17±5.76	17.53±4.90	22.83±4.46	25.03±5.46	22.80±4.96

表 5-11　生物质炭添加对毛竹林土壤团聚体百分比影响方差分析

Tab. 5-11 Analysis of variance on effect of biochar addition on different aggregation percentage of *Phyllostachys edulis* plantations

来源 Source	df	均方 Mean square	F	P
生物质炭添加处理 Biochar addition treatments				
生物质炭 Biochar（B）	3	0.00	0.00	1.000
团聚体 Soil aggregate（A）	3	7743.46	864.87	0.000
土层 Soil layer（L）	1	0.00	0.00	1.000
B × A	9	28.97	3.24	0.003
B × L	3	0.00	0.00	1.000
A × L	3	36.78	4.11	0.010
B × A × L	9	9.69	1.083	0.388
生物质炭添加 + 断根处理 Biochar addition + root cutting treatments				
生物质炭 Biochar（B）	3	0.00	0.00	1.000
团聚体 Soil aggregate（A）	3	9773.10	771.07	0.000
土层 Soil layer（L）	1	0.00	0.00	1.000
B × A	9	22.98	1.81	0.083
B × L	3	0.00	0.00	1.000
A × L	3	47.04	3.71	0.016
B × A × L	9	2.55	0.20	0.993

表 5-12　生物质炭添加对毛竹林土壤不同团聚体有机碳的影响方差分析

Tab. 5-12 Analysis of variance on effect of biochar addition on soil organic carbon in different aggregation in *Phyllostachys edulis* plantations

来源 Source	df	均方 Mean square	F	P
生物质炭添加处理 Biochar addition treatments				
生物质炭 Biochar（B）	3	60.25	2.78	0.048
团聚体 Soil aggregate（A）	3	122.7	5.66	0.002
土层 Soil layer（L）	1	1357.51	62.56	0.000
B × A	9	2.23	0.103	1.000

续表

来源 Source	df	均方 Mean square	F	P
B × L	3	112.44	5.18	0.003
A × L	3	12.10	0.56	0.645
B × A × L	9	1.80	0.08	1.00
生物质炭添加 + 断根处理 Biochar addition + root cutting treatments				
生物质炭 Biochar（B）	3	94.32	3.36	0.024
团聚体 Soil aggregate（A）	3	142.53	5.07	0.003
土层 Soil layer（L）	1	674.69	24.01	0.000
B × A	9	9.46	0.337	0.959
B × L	3	129.41	4.61	0.006
A × L	3	3.56	0.13	0.944
B × A × L	9	5.62	0.20	0.993

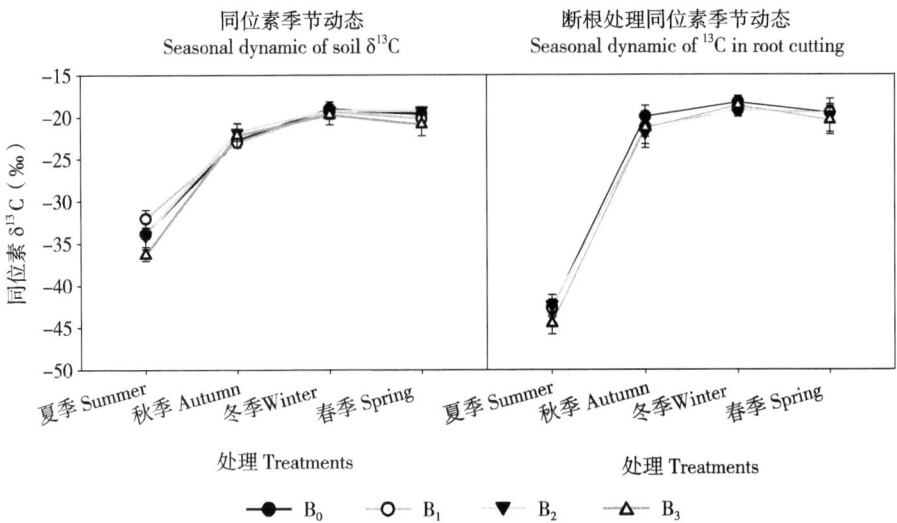

图 5-30　生物质炭添加对毛竹林土壤 $\delta^{13}C$ 稳定性的影响

Fig. 5-30 Effect of biochar addition on soil $\delta^{13}C$ stabilization on *Phyllostachys edulis* plantations

表 5-13 生物质炭添加对毛竹土壤 δ¹³C 的季节动态影响方差分析

Tab. 5-13 Analysis of variance on effect of biochar addition on δ¹³C in different seasons in
Phyllostachys edulis plantations

来源 Source	df	均方 Mean square	F	p
生物质炭添加处理 Biochar addition treatments				
生物质炭 Biochar（B）	3	3.86	4.72	0.008
季节 Season（S）	3	567.42	692.56	0.000
B × S	9	2.73	3.33	0.006
生物质炭添加 + 断根处理 Biochar addition + root cutting treatments				
生物质炭 Biochar（B）	3	2.60	1.66	0.196
季节 Season（S）	3	1618.89	1.033E3	0.000
B × S	9	1.15	0.73	0.678

5.4 讨 论

5.4.1 生物质炭添加对毛竹林土壤呼吸的激发效应和持效性

土壤激发效应是指各种有机质添加等处理引起土壤有机质周转强烈的短期改变（Kuzyakov et al., 2000），土壤中添加生物质炭后激发原位土壤碳排放增加（正激发效应）或降低（负激发效应）。生物质炭添加对土壤的激发效应因土壤类型和养分的不同对土壤呼吸的影响存在着诸多争议，主要包括促进（Luo et al., 2011）、抑制（Jones et al., 2011; Zimmerman et al., 2011）和无影响（Liu et al., 2016）三种观点。生物质炭添加后土壤碳矿化较对照明显增加，这是因为生物质炭快速利用其自身的易溶碳组分，没有激发原位土壤有机质的碳排放（Cross et al., 2011）；降低原位土壤碳矿化可能是因为增强了原位土壤易溶碳库的稳定性。本研究发现生物质炭添加明显降低了毛竹林土壤呼吸速率，与对照相比，B_1 处理降低 2.33%~54.72%，B_2 处理降低 1.28%~44.2%，B_3 处理则是降低了 0.09%~39.22%（图 5-1），均呈现负激发效应，这与 Novak 等（2010）和 Spokas 等（2010）的研究结果一致。生物质炭添加降低毛竹林土壤呼吸速率的原因可能是生物质炭表面孔隙结构吸收了原位土壤有机质，促进原位土壤团聚体的稳定性，同时土壤微生物群落结构因适应环境而发生变化（Herath et al., 2015）；低生物质炭添加因环境改变降低土壤碳矿化明显，高生物质炭添加处理下微生物快速利用生物质炭自身易溶养分而促进碳矿化，同时弥补因适应环境而降低的碳矿化，致使添加剂量与土壤呼吸降低程度呈非线性关系（图 5-12），也可能因为非生物因素（如降水）或生物质炭添加增加水分而使土壤中碳酸盐含量增加（Bruun et al.，2014）。总之，一方面适宜的温度和水分能促进微生物生长和碳排放（Yuste et al.，2003），另一方面土壤中添加生物质炭激发方向和程度随着土壤和生物质炭类型而发生变化（Major et al.，2010）。

　　生物质炭添加对土壤呼吸速率的季节变化影响不同（图 5-2、表 5-2）。本研究中生物质炭添加下土壤呼吸速率均呈单峰模式，土壤呼吸速率均在 6~7 月最高（除林分 1 中 B_1 处理是 8 月份最高外），1 月或 2 月最低；生物质炭添加对生长季土壤呼吸速率的影响较非生长季明显，主要是因为生长季水分适宜（雨季），土壤温度相对适合微生物活性、根系生长和植物的发育（吴君君等，2014）；生长季温度相对较高时，根呼吸和微生物呼吸相对旺盛，生物质炭添加增加了微生物活性、微生物丰度和根系生物量（Mitchell et al.，2015）；在非生长季温度较低时，土壤呼吸速率主要受生化反应限制，生物质炭添加对根系呼吸和微生物活性影响相对较小，因此，生物质炭添加处理下非生长季碳排放对年碳排放的贡献相对较小。

　　生物质炭添加对毛竹林土壤呼吸速率的后续影响与添加剂量相关。研究表明生物质炭添加到土壤后，自身碳矿化随着时间逐渐降低（Ameloot et al.，2013）；生物质炭添加的起始阶段，2%~20% 的生物质炭自身碳在 2~60 天矿化，随后矿化率降低。如 Major 等（2010）研究表明，生物质炭添加第一年对土壤呼吸的影响较第二年大，生物质炭自身易溶碳矿化 75% 集中在第一年且随着时间逐渐降低。本研究中低生物质炭添加处理降低土壤呼吸的程度随着时间略微降低，中、高生物质炭添加处理降低土壤呼吸的程度随时间略微增加，这可能是因为土壤微生物与生物质炭自身易溶养分相互作用或适应环境程度与生物质炭添加剂量有关。因此，生物质炭—土壤互作对土壤碳矿化持久性的影响因素需要进一步深入研究。

5.4.2　生物质炭添加对毛竹林土壤温度、湿度及温度敏感性的影响

　　土壤温度、湿度是影响土壤 CO_2 通量的主导因子，它们通过影响凋落物分解过程、微生物活性、根系生长及光合作用调节而影响土壤呼吸速率

（Lellei-Kovács et al., 2016）。本研究中，生物质炭添加增加了土壤湿度（图5-3），可能是因为生物质炭添加通过增加田间持水量（30μm）和永久萎蔫点间的孔隙比重（0.2μm）增加土壤有效水分（Hardie et al., 2014）。对照和生物质炭处理下土壤呼吸与温度呈显著的指数函数关系（图5-5），因为土壤温度通过影响微生物呼吸、根系生长和养分矿化等影响土壤呼吸；土壤呼吸与土壤湿度均无显著相关关系，可能是因为毛竹林土壤湿度相对适宜，土壤湿度不是土壤呼吸的限制因子，高浓度生物质炭添加虽增加了土壤湿度，但对土壤呼吸的解释量较小（He et al., 2016）。土壤呼吸速率与温度、湿度加和效应呈显著相关关系（表5-3），说明土壤湿度间接通过土壤温度影响土壤呼吸速率；生物质炭添加明显增加了土壤湿度，尤其是增加土壤有效水分容量的 0.3%~1.3% 时，生物质炭添加增加的土壤湿度引起传导性和电解质损失而形成一个相对高温，间接影响土壤呼吸速率（Ulyett et al., 2014）。

温度和湿度等环境因子通过土壤生物和底物间接影响土壤呼吸的温度敏感性（杨庆朋等，2011），通常土壤湿度增加会提高土壤呼吸的温度敏感性，在一定范围内，随着土壤湿度的增加，土壤呼吸对温度的响应会更为剧烈（Almagro et al., 2009）。本研究中生物质炭添加增加了土壤湿度，改变了土壤呼吸底物等引起的土壤呼吸温度敏感性系数（图5-5），这可能是因为：①环境因子变化，生物质炭添加后土壤湿度增加，直接影响温度敏感性；②土壤呼吸底物变化，生物质炭自身养分含量或生物质炭表面物质抑制原位土壤有机碳和根系分解，或生物质炭添加引起温度变化（He et al., 2016）；③土壤根系（生物）变化，生物质炭添加使土壤根系增加，而根呼吸是土壤呼吸的主要组成部分且具有较高的温度敏感性（Saiz et al., 2006）。He 等（2016）研究表明生物质炭自身孔隙吸收 CO_2，生物质炭添加降低了土壤温度变动，在一定程度上解释了土壤温度敏感性变化。Suseela 等（2012）研究表明，春、秋季 Q_{10} 与年平均土壤温度和湿度呈正相关关系；夏季 Q_{10} 与土壤温度和湿度不相关。本研究中，Q_{10} 与土壤年平均温度和湿度不相关（图5-6），可能是因为土壤湿度变化没有超出毛竹林温度敏感性响应的阈值（刘殿军，2016）；当土壤湿度低于 $0.11 m^3 \cdot m^{-3}$ 或大于田间持水量时，Q_{10} 降低，土壤水分胁迫影响土壤温度敏感性（Jassal et al., 2008）。总之，土壤湿度相对适宜的时候温度敏感性最高，而土壤温度敏感性在湿度较低或较高时都会发生变化，变化方向和幅度与土壤类型紧密相关（杨庆朋等，2011）。

5.4.3　生物质炭配施氮肥对毛竹林土壤呼吸动态的影响

本研究发现生物质炭配施氮肥对土壤呼吸速率呈负激发效应（图 5-8）。本研究中，低生物质炭添加（B_1N_0）显著降低了土壤呼吸速率，平均降低了 19.9%（图 5-8、图 5-9）。亦有研究表明生物质炭添加后在增加土壤微生物活性（Herath et al., 2015）、稳定土壤团聚体（Zheng et al., 2018）、增加土壤碳氮比（Ding et al., 2018）中起重要作用。研究结果支持 Chen 等（2017）的发现，即生物质炭添加显著降低了土壤碳排放，与对照相比，排放量减少了 15%~56%。同样，Zhou 等（2017）的研究表明，添加毛竹生物质炭降低了土壤平均呼吸速率，即 2.06μmol·m^{-2}·s^{-1}（10t·hm^{-2} 处理）<2.15μmol·m^{-2}·s^{-1}（30t·hm^{-2} 处理）<2.37μmol·m^{-2}·s^{-1}（B_0）。相比之下，Mitchell 等（2015）表明，与对照相比，添加糖枫木质生物质炭提高了总二氧化碳排放，由于微生物的适应和活性增强，5t·hm^{-2} 生物质炭添加处理产生的二氧化碳量最大。本研究发现，生物质炭激发效应引起的土壤呼吸变化与土壤表面有效养分的变化和表层土壤微生物迁移（Ge et al., 2019）有关（图 5-9、图 5-23）。此外，Li 等（2018）研究表明，生长季土壤呼吸速率显著降低可能与土壤呼吸组分变化有关，生物质竹炭添加下土壤异养呼吸速率降低可能与土壤顽固性碳组分和 β–葡萄糖苷酶活性的增加有关。

在本研究中，氮肥单施对土壤呼吸速率和年土壤碳排放量没有显著影响（图 5-8、图 5-9、表 5-4、图 5-12），这可能是因为施氮促进植物生长引起的自养呼吸增加和形成顽固性化合物（如木质素、烷基和芳香碳）导致的异养呼吸减少（Wang et al., 2019）。Guo 等（2017）研究发现长期施氮会降低土壤呼吸速率和土壤累积 CO_2 排放量。相比之下，Gao 等（2014）研究表明，与对照相比，施氮使亚热带常绿森林的土壤呼吸速率增加了 20%~40%；这些差异可能与林分类型和土壤氮的可利用性有关。添加氮肥降低了养分贫瘠的土壤呼吸速率，而不影响养分含量高的土壤呼吸（Kang et al., 2016; Santos et al., 2012）。在本研究中，由于每年的木材采伐和竹笋的去除，竹林土壤的养分相对较低（Song et al., 2013; Song et al., 2016），因此，在本研究中，单独添加氮肥对土壤呼吸速率没有明显影响。

本研究结果显示，在生长季节生物质炭和氮肥添加对土壤呼吸速率的交互效应显著（图 5-9、表 5-4）。与 B_0N_0 处理相比，B_1N_1 和 B_2N_1 处理显著降低了土壤呼吸速率和年土壤碳排放量，而 B_0N_1 和 B_2N_0 处理则没有明显影响（图 5-9、图 5-12）。这一结果表明，生物质炭与氮肥配施至少可以部分抵消生物质炭添加对土壤呼吸和 CO_2 排放的负效应。Sigua 等（2016）研究表明，生物质炭配施氮肥处理的累积 CO_2-C 排放量（66mg CO_2-Cg^{-1}）比生物质炭处理（51mg CO_2-Cg^{-1}）高约 30%。这些结果可能表明，氮添加对土壤不稳定的碳组分或土壤团聚体（Marks et al., 2016）或土壤呼吸组分（Sigua et al., 2016; Rey et al., 2002）的影响更大。此外，生物质炭配施氮肥可能通过影响 Q_{10}（图 5-11）、土壤有效水分或地下碳供应和分配来改变土壤呼吸速率（Zhang et al., 2014）。

5.4.4 生物质炭配施氮肥对毛竹林土壤呼吸温度敏感性的影响

本研究结果表明，与对照组相比，只有低生物质炭添加增加了土壤呼吸的 Q_{10}（图 5-11 a-f），这与 Zhou 等（2017）研究结果一致，即添加生物质炭后土壤呼吸 Q_{10} 显著增加。本研究结果证实，低剂量的生物质炭添加使 Q_{10} 增加，土壤呼吸速率降低，支持我们的假设。Q_{10} 增加的原因在于生物质炭的特殊物理和化学性质（He et al., 2016）。本研究中，添加低剂量的生物质炭提高了 Q_{10}，这可能是由于生物质炭自身的有效养分及生物质炭特定孔隙结构中底物与胞外酶的接触位点增加（He et al., 2016）。另一方面，本研究结果也可能与生物质炭自身碳含量随时间减少有关；与新生物质炭添加相比，添加老化生物质炭会导致更高的温度敏感性（Fang et al., 2017）。根据酶动力学理论（Davidson and Janssens, 2006），不稳定碳的温度敏感性弱于顽固性碳，因为顽固性碳的分解需要更多的活化能和时间。相比之下，Fang 等（2014）、Pei 等（2017）和 He 等（2016）的研究表明，添加生物质炭降低了 Q_{10} 和土壤碳矿化率，这与土壤基质质量降低有关（Fang et al., 2017; Luan et al., 2013）。因此，本研究中较低生物质炭处理下 Q_{10} 的增加可能与有限的碳稳定性有关，因为低生物质炭处理补充了有限的不稳定碳和营养物质，但同时也补充了高度顽固性碳。

在本研究中，与对照相比，B_1 处理土壤呼吸速率降低 7.34%~41.26%，B_2 处理土壤呼吸速率降低 2.59%~28.45%，B_3 处理土壤呼吸速率降低 0.23%~15.39%（图 5-8），表明添加生物质炭降低了亚热带毛竹林土壤呼吸速率（即负激发效应）。这一结果与研究假设一致，这可能是由于土壤颗粒稳定性的提高（Zimmerman et al., 2011）、芳香碳含量的增加（Li et al., 2018）和生物质炭颗粒对 CO_2 的吸收（Bruun et al., 2014）造成的，其他研究也表明生物质炭添加的负激发效应（Zimmerman et al., 2011; Jones et al., 2011; Li et al., 2018）。本研究中，负激发效应的主要机制是生物质炭颗粒对 CO_2 的部分吸收，碳酸盐浓度和土壤 pH 值的增加（缓解土壤酸化）（Bruun et al., 2014）。此外，植物—土壤—生物质炭相互作用对竹林生长的影响可能会改变自养和异养呼吸的比例，在 5t·hm^{-2} 和 15t·hm^{-2} 竹叶生物质炭添加时产生负影响（Li et al., 2018），即生物质炭添加对异养呼吸速率的影响大于对自养呼吸速率的影响。在本研究中，与 B_0 处理相比，只有 B_1 处理导致土壤呼吸速率显著降低，而 B_2 或 B_3 处理则差异不显著（图5-8），这表明较低的生物质炭用量有更大的负激发效应。原因如下：首先，土壤环境的变化可能与生物质炭的剂量有关。例如，Peake 等（2014）认为，土壤容重和有效水分的变化主要与生物质炭用量的增加有关（生物质炭添加率是 0.1%、0.5% 和 2.5%）。在本研究中，土壤湿度的月动态随着生物质炭的添加而显著不同（图 5-3），这表明添加生物质炭通过影响土壤表面积和孔隙体积来提高土壤湿度或改善土壤容重（Du et al., 2017）。其次，增加生物质炭的用量可以为土壤微生物提供适宜的生存环境。Gomez 等（2014）发现，在 4 种温带土壤中，按比例添加生物质炭（按质量百分数为 0%、1%、5%、10% 和 20% 计算）提高了土壤微生物生物量，并改变了群落组成。最后，随着生物质炭添加量的增加，生物质炭本身的分解可以增加土壤呼吸速率，说明生物质炭添加量越高负激发效应越小。

土壤呼吸温度敏感性与生物质炭添加剂量有关。本研究中，B_2 处理土壤呼吸速率的温度敏感性与 B_1 处理相似，但明显高于 B_0 和 B_3 处理（图5-5），这表明生物质炭添加剂量可能会导致土壤微生物在新的有效底物和顽固碳降解期间随着时间的推移而重新平衡（Chen et al., 2019; Lellei-Kovács et al., 2011），或者促进根和相关根际微生物的活动（He et al., 2016）。Zhou 等（2017）研究表明，添加生物质炭增加了亚热带人工林土壤微生物呼吸速率，从而增强了土壤呼吸的温度敏感性。此外，由于土壤水分增加，B_3 处理中生物质炭的物理结皮可能会阻碍土壤通气性，进而影响微生物活性和根系生长，从而导致分离土壤呼吸温度敏感性的变化（He et al., 2016）。土壤呼吸速率与土壤温度和土壤湿度之间存在显著的关系（表5-5），本研究表明土壤湿度和土壤温度对土壤呼吸具有共线性关系，添加生物质炭可以使微生物在中等湿度条件下与活性碳基质充分接触而不产生扩散阻力（Jassal et al., 2008）。然而，这种关系并不局限于基于高剂量生物质炭添加的土壤碳矿化。

另外，氮肥添加促进了土壤呼吸敏感性，B_0N_1（2.83）、B_1N_1（2.92）和 B_2N_1（2.77）的 Q_{10} 高于 B_0N_0（2.72）、B_1N_0（2.80）和 B_2N_0（2.72）（图 5-11 a~f）。Guo 等（2017）的研究结果表明，氮肥添加显著提高了 Q_{10}，说明氮添加下底物碳质量的变化可能是 Q_{10} 提高的原因。此外，Zhang 等（2014）研究发现，氮处理会降低非生长季的 Q_{10}，但对生长季没有影响。异养生物呼吸对氮添加的反应比根呼吸速率更敏感，这与我们的研究中添加生物炭后难分解有机碳增加是一致的。

5.4.5 生物质炭添加对毛竹林土壤微生物群落结构的影响

生物质炭添加明显影响 10~20cm 土壤微生物群落结构。与 B_0 处理相比，B_2 和 B_3 处理显著增加了土壤 10~20cm 的微生物生物量（图 5-23），但生物质炭处理第二年（2015—2016 年）的微生物生物量与第一年（2014—2015 年）相比有所下降（10~20cm 的 B_3 处理除外）（图 5-23），这与我们的假设不一致。与 0~10cm 土壤相比，添加生物质炭对 10~20cm 土壤微生物生物量的显著影响表明：复杂的环境因素（如土壤水分、土壤团聚体）可能部分抵消了生物质炭对表层土壤微生物繁殖的促进作用（Du ct al., 2017）。由于顽固底物的固定化和可降解的部分生物质炭随着降水向下迁移，表层土壤中的微生物也在不断向下移动。B_2（2016 年 4 月 0~10cm 除外）和 B_3 处理在 0~20cm 土壤层（图 5-23）的微生物总生物量增加（相对于 B_0 处理增加 15.6%~62.6%）是由于生物质炭中新的不稳定的碳组分促进了微生物的生长（Steiner et al., 2008），这表明中剂量或高剂量的生物质炭可以为微生物提供更多的营养物质，并且生物质炭孔隙可以容纳大量的空气（Jiang et al., 2016）。此外，本研究中，在 0~10cm 土壤添加生物质炭各处理之间微生物生物量的动态变化不一致（图 5-23），这表明在添加生物质炭所造成的新环境中，微生物具有不同的养分吸收效率（Jiang et al., 2016; Luo et al., 2017）。

生物质炭添加 24 个月后显著改变了土壤 10~20cm 微生物群落的组成，并且生物质炭对微生物总生物量的影响有剂量依赖性（图 5-23）。与 B_0 处理相比，B_2 和 B_3 处理中微生物组分（即 Gram⁻ 和 Gram⁺）的生物量显著增加，这表明添加高剂量生物质炭与土壤微生物之间具有很强的相互作用。可能因为 B_2 和 B_3 处理增加了土壤 pH 值，有利于细菌的生长和繁殖（Cole et al., 2019）。本研究结果支持了早期研究（Watzinger et al., 2014），即由于土壤营养和物理条件的改善，添加生物质炭似乎在两年后 10~20cm 土壤层中刺激 Gram$^-$。然而，本研究没有发现生物质炭对真菌的显著刺激。本研究结果支持细菌比真菌群落对生物质炭添加更敏感（Ameloot et al., 2014; Jiang et al., 2016）。更重要的是，在本研究中，10~20cm 土层的细菌和真菌生物量较高（图 5-23d），这表明添加生物质炭诱导细菌随水分从表层土壤向下迁移到地下土壤，而真菌在土层之间没有变化（图 5-23）。这种变化可能会导致土壤中顽固性有机物的优先分解，对应于新的养分利用和循环模式（Anderson et al., 2011）。

微生物群落组成随着生物质炭添加剂量变化而变化。研究表明生物质炭添加有益于 Gram$^+$ 细菌（Mitchell et al., 2015）和 Gram$^-$ 细菌（Ameloot et al., 2013）。然而这些研究均是生物质炭添加量在 1%~5%，低的生物质炭添加量（1%~5%）刺激微生物的生长，包括 Gram$^+$、Gram$^-$ 和丛植菌根真菌。然而，高的添加量（10%~20%）仅使 Gram$^-$ 和丛植菌根真菌受到刺激，表明两种微生物更适合较高的生物质炭添加。较低的生物质炭添加量仅增加土壤微生物生物量但不刺激微生物群落结构的改变；较高的添加量明显刺激群落组成的改变。土壤微生物群落组成的改变影响有机质的分解，因为土壤微生物是土壤有机质的主要分解者。高生物质炭添加诱发微生物群落组成改变有利于细菌繁殖，这可能促使土壤中顽固有机质优先降解。总之，研究证实生物质炭添加促进森林根际土壤微生物群落发生变化，有利于刺激植物生长和诱发植物抵抗力的有益微生物的繁殖。生物质炭增加磷酸盐溶解细菌活性，通过增加更多降解顽固性碳水化合物的细菌家族丰度来改变碳通量，这有可能减少细菌病原菌（Anderson et al., 2011）。

5.4.6　生物质炭添加对毛竹林土壤理化性质的影响

生物质炭添加对土壤物理性状的影响与土壤的 3 个重要功能相关，即养分释放、水分固持和碳库。生物质炭添加通过土壤机械阻力影响土壤团聚体的稳定性、土壤电导率和土壤 pH 值，同时土壤导电性的增加反过来调节高水平渗透性吸力。

生物质炭对土壤容重的影响与土壤质地、生物质炭颗粒大小等有关，主要取决于生物质炭和土壤容重之差。生物质炭添加时间越长，降低土壤容重的效果越弱，甚至增加容重；生物质炭添加降低土壤容重，提高土壤团聚体的稳定性，增加田间持水量和土壤有效水分。本研究中，生物质炭添加均增加 0~10cm 和 10~20cm 土壤容重，与对照相比，0~10cm 土层 B_1、B_2、B_3 处理分别增加 12.3%、7.9%、7.2%，10~20cm 土层分别增加 21.5%、17.8%、16.8%（图 5-13）。可能因为本研究位于亚热带区域，降雨较多，再者添加的生物质炭粒径相对较小，生物质炭添加后形成了物理结皮，从而引起容重增加。本研究还发现，生物质炭添加均显著降低 0~10cm 土层土壤持水量，B_1、B_2、B_3 处理最大持水量则分别降低 20.4%、5.8%、8.8%，10~20cm 最大持水量则分别降低 24.5%、20.8%、20.1%；10~20cm 最小持水量则分别降低 13.3%、6.2% 和 15.1%；毛管持水量 0~10cm 增加 3.7%~10.9%，10~20cm 则增加 1.1%~12.5%。该研究结果证实了生物质炭添加改变土壤团聚体结构、土壤孔隙结构，导致土壤最大持水量、最小持水量和毛管持水量发生变化。Obia 等（2016）研究表明生物质炭添加 2 年后玉米地和豆类地土壤团聚体稳定性分别增加 7%~9% 和 17%~20%，土壤总孔隙度和有效水分分别增加 2% 和 3%，而容重降低 3%~5%。本研究发现，生物质炭添加降低 0~10cm 和 10~20cm 土壤非毛管孔隙度和总孔隙度（除 0~10cm 土层 B_2 处理外）（图 5-13），0~10cm 土层 B_1、B_2、B_3 处理下总孔隙度分别降低 10.8%、+1.8%（表示增加）、2.1%，10~20cm 土层分别降低 8.4%、7.1%、6.7%；非毛管孔隙度 0~10cm 土层 B_1、B_2、B_3 处理分别降低 42.7%、17.9%、20.1%，10~20cm 土层分别降低 25.4%、42.1%、20.5%；毛管孔隙度 0~10cm 土层 B_1、B_2、B_3 处理分别增加 3.9%、10.8%、6.2%，10~20cm 土层分别降低 0.8%、11.8%、0.7%；说明生物质炭添加通过结皮作用和垂直迁移，改变了土壤环境。Chen 等（2017b）在土壤中添加 3 种颗粒大小（<0.05mm、0.05~1.0mm、1.0~2.0mm）生物质炭，以 0%、3% 和 9%（w/w）添加量到毛竹林土壤中，发现生物质炭添加明显影响电导率且小粒径生物质炭添加相对明显。总之，生物质炭受土壤物理性质的影响主要归因于其较大的比表面积和土壤孔隙度，生物质炭与土壤矿质颗粒结合，通过土壤微生物活性和植物根系生长间接影响土壤物理性质（董心亮和林启美，2018）。

生物质炭添加显著影响毛竹林土壤养分。本研究发现，生物质炭添加 1 年后，0~10cm 土层 B_1、B_2、B_3 处理下土壤总氮分别增加 3.4%、-1.8%

（表示降低）、8.9%，10~20cm 土层，B_1、B_2、B_3 处理下分别增加 4.4%、12.3%、13.7%；添加第 2 年后土壤总氮均降低，0~10cm 土层 B_1、B_2、B_3 处理分别降低 9.7%、9.6%、4.7%，10~20cm 土层，B_1、B_2、B_3 处理下分别增加 24.4%、5.6%、4.5%（图 5-14）。可能因为生物质炭表面的阳离子吸附了土壤的有效氮，减少养分流失；随着生物质炭添加时间的延长生物质炭对土壤养分的影响降低，增加了土壤微生物养分利用效率，因此随着时间的进行土壤总氮含量较对照下降。Prendergast-Miller 等（2014）研究表明生物质炭添加处理降低了根际土壤 NH_4^+–N，表明更多的 NH_4^+–N 被吸收或较少的氮被矿化。本研究发现，与对照相比，添加 1 年后，0~10cm B_1、B_2、B_3 处理下土壤总磷分别降低 10.6%、1.8%、12.7%，添加 2 年后，0~10cm 土层 B_1、B_2、B_3 处理分别降低 13.6%、8.7%、10.8%，10~20cm 土层 B_1、B_2、B_3 处理分别降低 16.1%、7.5%、10.5%。可能因为含磷较高的生物质炭在土壤中相当于缓释肥，生物质炭添加增加了土壤微生物活性，增加了土壤有效磷的利用效率；大多数磷以钙结合的形式存在，在水溶液中发生碱性反应，如果在酸性土壤中，可能会释放出更多的内在磷到土壤中（Schneider and Haderlein, 2016）。生物质炭添加使土壤平均 pH 值增加约 0.1~0.2 个单位，对根际土壤 pH 值影响更大，根际土壤较非根际土壤增加 5.7%（Anderson et al., 2011）。Chen 等（2017b）在竹林土壤中添加 3 种颗粒大小（<0.05mm、0.05~1.0mm、1.0~2.0mm）生物质炭，以 0%、3% 和 9%（*w/w*）培育 80 天后发现生物质炭添加使土壤 pH 值、土壤有机碳、碳氮比、有效磷、有效钾含量分别显著增加 8%~48%、47%~280%、38%~214%、8%~27% 和 75%~364%（*p*<0.001），水溶性碳则降低 13%~38%，对土壤总氮则无显著影响。Palviainen 等（2018）在北方森林中添加生物质炭研究表明，添加 10t·hm^{-2} 生物质炭使有机层土壤 pH 值增加 0.4，5t·hm^{-2} 和 10t·hm^{-2} 生物质炭添加使有机层氮矿化率分别较对照高 1.35μg N g C^{-1}·d^{-1} 和 1.83μg N g C^{-1}·d^{-1}。Warnock 等（2010）研究表明野外原位添加 23.2t C·hm^{-2} 和 116.1t C·hm^{-2} 红树林（*Plantago lanceolata*）生物质炭后土壤有效磷较对照分别增加 163% 和 208.0%，可能生物质炭添加通过土壤 pH 值调节改变土壤有效磷。因为磷含量丰富的生物质炭通过磷分解微生物分泌有机酸，产生一种促使矿质磷降解的物质（Gul and Whalen, 2016）。

土壤有机质含量影响土壤阳离子交换量。Basso 等（2013）研究表明砂土中添加 3% 和 6%（*w/w*）的生物质炭培养 90 天后，阳离子交换量没有变化，可能因为低有机质含量土壤通常阳离子交换量也较低。总之，生物质炭添加对土壤物理化学性质变化解释 33.7%，其中生物质炭碳氮比贡献 6.2%、生物质炭氮含量贡献 5.5%、炭化时间贡献 5.1%、生物质炭 pH 值贡献 4.5%（Ding et al., 2018）。通常，生物质炭自身碳含量对土壤总氮含量影响明显，生物质炭自身氮含量 <3.8% 对土壤氮含量呈负激发效应，生物质炭自身氮含量 >3.8% 对土壤氮含量呈正激发效应（Ding et al., 2018）。生物质炭添加时间长短对土壤物理性质的研究很重要，生物质炭对土壤物理性质的短期影响（1~6 个月）取决于团聚体、pH 值、负电荷与正电荷之比、添加剂量及其相互作用；与土壤质地、pH 值和土壤有机质含量关系密切；生物质炭添加对土壤物理性质的长期影响（>3 年）取决于生物质炭裂解温度、原材料和土壤生物过程的早期影响，这些随着时间如何变化很关键。

5.4.7 生物质炭添加对毛竹林土壤团聚体结构及其有机碳含量的影响

土壤团聚体的形成和稳定与土壤孔隙结构密切相关，影响土壤微生物多样性和土壤酶活性，并在生物地球化学过程中起着关键作用。土壤中添加生物质炭通过团聚体不仅减少原位有机质的分解，而且可以降低生物质炭颗粒堵塞土壤孔隙的可能性（Du et al., 2017）。研究表明生物质炭可促进土壤矿物质颗粒团聚作用，尤其是促进大团聚体的形成，增强团聚体的稳定性（Zhang et al., 2015；董心亮和林启美，2018）。生物质炭性状，如特殊的表面积和 O：C 对有机矿化复合物的结合非常重要，是团聚体聚合物形成和稳定的关键因素（Warnock et al., 2010）。生物质炭促进土壤团聚体形成的机理包括直接作用和间接作用。直接作用：土壤有机质在土壤团聚体形成过程中发挥着重要作用，生物质炭可以提高土壤阳离子的交换量，从而促进土壤团聚体的形成；生物质炭表面的羟基和羧基通过静电引力直接与矿物质颗粒表面的金属离子结合，将矿物质土粒团聚在一起，形成具有水稳定性的团聚体。

生物质炭添加对团聚体结构和比重影响明显。本研究中，无论断根与否，所有处理均是 >2000μm 比重最大，250~2000μm、53~250μm 次之，<53μm 最小，且不同大小团聚体间差异显著（表 5-11），可能生物质炭颗粒在降雨的条件下大团聚体更容易结合；不同土层间团聚体百分比差异不

显著（$p>0.05$），但生物质炭与团聚体间交互作用显著（$p<0.05$），团聚体与土层间交互作用显著（$p<0.05$）。本研究与当前很多学者研究结论一致。Obia 等（2016）研究表明生物质炭添加增加砂土团聚体的稳定性，豆科植物生物质炭添加处理下 0.6~2mm 和 2~6mm 团聚体分别增加 $4.6 \pm 1.9\%$ 和 $6.8 \pm 1.9\%$；玉米秸秆生物质炭添加处理下 0.6~2 和 2~6mm 团聚体分别增加 $2.6 \pm 1.9\%$ 和 $2.9 \pm 1.9\%$。Koide 等（2015）将柳枝稷秆生物质炭以 1% 的干重量添加到不同质地的四种土壤中发现，生物质炭添加导致 0.8~2.7 天的蒸腾量增加，生物质炭添加后土壤有效水分含量增加了 $0.0551g \cdot cm^{-3}$；如果在野外把生物质炭埋在 15cm 深处（耕种常见深度），15cm 处土壤水分含量将增加 $8270g \cdot m^{-2}$（$0.0551g \cdot cm^{-3} \times 150000cm^3 \cdot m^{-2}$）。Du 等（2017）在野外添加生物质炭 6 年的结果表明：与对照相比，$4.5t \cdot hm^{-2}$ 和 $9.0t \cdot hm^{-2}$ 生物质炭添加明显增加大团聚体（250~2000μm）、平均团聚体直径和团聚体率；团聚体率分别较对照增加 85.9% 和 182.7%。本研究结果证实生物质炭添加增加大团聚体（>250μm）的比重，与 Du 等（2017）研究结果一致。可能因为生物质炭改良土壤后土壤有机碳是土壤聚集的主要因素，生物质炭特性（如巨大的表面积和 O/C 率）对生物质炭与有机矿物复合物的结合非常重要，这是团聚体形成和稳定的重要过程。

生物质炭添加对土壤团聚体有机碳含量及养分影响明显。本研究发现 0~10cm 土层中，生物质炭添加处理均是 53~250μm 有机碳含量最高，>2000μm 中有机碳含量最低；10~20cm 土层中，250~2000μm 有机碳含量最高，>2000μm 中有机碳含量最低。可能因为颗粒小的团聚体孔隙结构相对较小，没有为微生物繁殖提供合适栖息地，在一定程度上降低了有机碳的矿化，结果表明生物质炭通过固持较大团聚体提高对自身的保护，降低矿化率。Tian 等（2016）研究表明，生物质炭添加分别使总土壤有机碳和颗粒有机碳增加 47.4%~50.4% 和 63.7~74.6%。Fernández-Ugalde 等（2017）在西班牙大西洋区域酸性肥沃土壤中添加辐射松（*Pinus radiata*）生物质炭研究表明：生物质炭添加 1 年后 51% 的生物质炭中碳出现在 <20μm 团聚体中；生物质炭中的碳存在黏土大小部分（0.2~2μm，0.05~0.2μm，<0.05μm）中仅 14%，因为生物质炭颗粒会吸收 <0.05μm 的溶解有机碳。相反，Dong 等（2016）在冬小麦和夏季玉米轮作田地中添加生物质炭（$90t \cdot hm^{-2}$）3 年后研究表明，生物质炭明显增加土壤大团聚体（>250μm）和轻组部分中土壤有机碳、总氮含量，生物质炭剂量与大团聚体（>250μm）和轻组部分中的有机碳、总氮和碳氮比呈明显的正相关。Du 等（2017）在野外添加生物质炭 6 年的结果表明，与对照相比，生物质炭添加处理增加大团聚体（>2000μm，250~2000μm，53~250μm）中土壤有机碳含量，说明桉树生物质炭添加提高了对原位土壤有机碳和生物质炭的物理保护。可能不同的林分类型土壤团聚体—微生物互作对生物质炭添加处理的响应不同。Weng 等（2018）用 ^{13}C 标记法在种植黑麦草铁铝土中添加桉树生物质炭（450℃，30t·hm^{-2}）12 个月研究发现，生物质炭添加降低游离颗粒有机质（free particulate organic matter）35.5%，增加截留颗粒有机质（occluded particulate organic matter）、矿物保护有机质（mineral-protected soil organic matter）分别为 84.3% 和 40.0%。通过光谱分析土壤容重发现生物质炭诱发碳矿化负激发效应机制的证据，即有机矿质（如受保护的团聚体和泥沙／黏土）在根际沉降物累积，说明生物质炭修复土壤能增加有机物矿化的相互作用，物理保护原位土壤有机碳（Weng et al.，2018）。另外，生物质炭添加后土壤团聚体中土壤微生物量增加并导致较低的呼吸代谢率，说明生物质炭修复后土壤的团聚体有利于土壤生物量碳形成（Zheng et al.，2018）。

总之，生物质炭添加刺激土壤团聚体有助于生物质炭表面直接结合土壤颗粒或吸收土壤有机质形成大的团聚体。土壤团聚体变化被认为是减少土壤有机碳周转和提高土壤碳固存的策略之一。长期生物质炭添加可能增加土壤团聚体的稳定性，导致易溶碳复合物通过物理或化学作用被吸收在团聚体或生物质炭内部孔隙中，不被微生物分解，保持有机碳相对稳定（Ding et al.，2018）。

5.4.8 生物质炭添加对毛竹林土壤碳排放的影响

生物质炭对土壤碳排放（土壤呼吸）的影响因素包括微生物的生物降解和环境的非有机碳部分的非生物因素（Jones et al.，2011）；土壤中生物质炭添加能改变物理化学性质和微生物繁殖环境，并影响土壤微生物活性和群落结构（Liu et al.，2016）。本研究中生物质炭添加剂量对土壤碳排放的影响显著（图 5-7），与 Chen 等（2017）和 Bamminger 等（2014）的研究吻合，即生物质炭添加后土壤年碳排放量与对照相比降低了 2%~56%，且随着添加量的增加而下降，因为生物质炭添加对土壤碳排放的生物因子影响明显，尤其生物质炭添加明显增加了根系分布范围，生物质炭自身养分或增加的水分促进植物根系生长；同时可能因其降低根系新陈代谢活动而降低根系呼吸（Prendergast-Miller et al., 2014）。因此，大规模野外试验之前有必要粗略地评估生物质炭添加效果，尤其是土壤养分状况、生物质炭类型和森林经营措施（Kammann et al., 2011）。

生物质炭添加对土壤碳排放的影响与非生物因子关系密切，生物质炭添加的负激发效应与土壤碳酸盐含量紧密相关（Verheijen et al., 2014）。用 ^{14}C 标记的生物质炭研究表明在培养中碳酸盐含量与底物总 CO_2 排放紧密相关（Bruun et al., 2014）。试验条件也是生物质炭添加对土壤呼吸影响的一个重要因素：在野外，生物质炭添加增加了土壤团聚体的稳定性（Hardie et al., 2014），有机物质被大团聚体保护，或被土壤矿化颗粒束缚，不易被土壤微生物直接利用（Liang et al., 2010）。本研究中野外原位土壤添加生物质炭后通过土壤有机质吸收过程和物理保护提高土壤碳库吸存，降低土壤碳排放。有研究表明早期培养阶段的碳释放明显来自碳酸盐；尽管碳酸盐能解释 CO_2 的非生物释放，其他的非生物过程如生物质炭表面的非生物氧化作用也很重要（Bruun et al., 2014）。

土壤呼吸除受到非生物因子影响外，还受到土壤微生物、植被类型等生物因子的影响。生物质炭添加通过改变底物有效性和 pH 值而改变微生物群落组成（Fierer et al., 2012）。本研究中，生物质炭添加明显改变了微生物群落结构，中、高生物质炭添加处理增加了细菌和微生物总生物量。生物质炭与根系相互作用关系显著，增加了根系生物量和根长密度，但植物根系对生物质炭添加的响应程度因水分含量而不同（Verheijen et al., 2014）。

5.4.9　生物质炭配施氮肥对毛竹林土壤理化性质的影响

生物质炭添加有利于提高土壤物理性状并促进林木生长，生物质炭添加通常提高土壤通气度和持水量，其作用机制涉及水分—空气界面微生物活动及其养分供应。生物质炭添加后土壤中增加的氮含量与生物质炭自身氮含量呈正比，生物质炭氮含量越高，土壤中氮含量增加越多（Tan et al., 2018）。生物质炭对土壤氮循环的影响分直接作用和间接作用（Gul and Whalen, 2016）：生物质炭为微生物直接提供生态位机会；生物质炭间接为新鲜生物质炭提供易溶底物，土壤 pH、水分改变和信号分子的吸附。

生物质炭配施氮肥明显影响土壤物理性质。本研究发现，生物质炭配施氮肥各处理均使 0~20cm 土壤容重增加，且对 10~20cm 的影响大于 0~10cm（图 5-15 a）；氮肥单施、低生物质炭添加、低生物质炭配施氮肥、高生物质炭、高生物质炭配施氮肥分别使 0~10cm 土壤容重增加 5.00%、12.33%、1.75%、7.21%、5.78%；氮肥单施、低生物质炭添加、低生物质炭配施氮肥、高生物质炭、高生物质炭配施氮肥分别使 10~20cm 土壤容重增加 11.16%、21.49%、21.91%、16.78%、7.82%。可能因为生物质炭配施氮肥对土壤孔隙度等因素作用明显，进而影响土壤容重。Tan 等（2018）研究表明，生物质炭中的氮含量对提高土壤肥力很重要，将在 400~800℃下炭化的生物质炭放置在空气和土壤中，^{15}N 的固持随着炭化温度的增加分别降低 45.23% 和 20.09%；生物质炭添加至土壤后，39.99% 的氮保存在生物质炭残基中，4.55% 释放到土壤中。Xu 等（2016）研究表明，将生物质炭以 2%、4% 和 8% 配施尿素（250kg N hm^{-2}）至土壤后，电导率分别增加 46.7%、48.8% 和 79.5%。Li 等（2018）在亚热带竹林土壤中通过 5t·hm^{-2} 和 15t·hm^{-2} 生物质炭配施氮肥（200kg N hm^{-2}），使土壤水分含量分别增加 3.46% 和 7.04%。Backer 等（2017）在玉米土壤中通过生物质炭（20t·hm^{-2} 或 1.34% w/w）配施氮肥（75kg N hm^{-2}、150kg N hm^{-2}、225kg N hm^{-2} 或 300kg N hm^{-2}），使土壤阳离子交换量增加 2.9%，但生物质炭配施氮肥对阳离子交换量的影响差异不显著。此外，本研究发现，氮肥添加可增加 0~20cm 土壤通气度，生物质炭配施氮肥各处理均使 0~20cm 土壤通气度降低（图 5-15 b）；氮肥单施对 0~10cm 土壤通气度几乎没有影响；低生物质炭添加、低生物质炭配施氮肥、高生物质炭、高生物质炭配施氮肥分别使 0~10cm 土壤通气度降低 26.99%、5.23%、6.67%、16.30%；氮肥单施、低生物质炭添加、低生物质炭配施氮肥、高生物质炭、高生物质炭配施氮肥分别使 10~20cm 土壤通气度降低 10.12%、19.12%、41.72%、19.61%、10.65%。总之，生物质炭配施氮肥后自身物理性状与土壤颗粒作用更显著，从而通过阳离子交换、孔隙结构、巨大的表面积影响土壤物理性状和结构。

生物质炭配施氮肥对土壤有机碳和养分影响明显。本研究发现：在 0~10cm 土层，添加生物质炭对土壤有机碳（$p=0.006$）、NH$_4^+$-N（$p=0.000$）、MBN（$p=00.000$）均有显著影响（表 5-6）；在 10~20cm 土层中，施用生物质炭对土壤有机碳（$p=0.007$）、土壤总氮（$p=0.010$）和微生物量氮（$p=0.002$）有显著影响（表 5-6）；但氮肥对 0~10cm 土层的影响较小，而对 10~20cm 土层的 SOC（$p=0.035$）、STN（$p=0.009$）、NH_4^+-N（$p=0.004$）和 MBN（$p=0.004$）有显著影响（表 5-6）。Woldetsadik 等（2017）在土壤中添加生物质炭（$0t \cdot hm^{-2}$，$10t \cdot hm^{-2}$，$20t \cdot hm^{-2}$，$30t \cdot hm^{-2}$）并完全随机配施氮肥（0kg N hm^{-2}，25kg N hm^{-2}，50kg N hm^{-2}）发现，生物质炭配施氮肥明显提高土壤有机碳和锌。Li 等（2018）在亚热带竹林土壤中通过生物质炭（$5t \cdot hm^{-2}$ 和 $15t \cdot hm^{-2}$）配施氮肥（200kg N hm^{-2}），使水溶性碳含量分别增加 13.9% 和 27.0%，土壤微生物量碳分别增加 12.4% 和 15.1%。此外，生物质炭配施氮肥对土壤易溶养分影响也较大，本研究发现生物质炭配施氮肥第 2 年，与 B_0N_0 处理相比，B_1N_0、B_1N_1 和 B_2N_1 处理显著降低了 0~10cm 土壤 NH_4^+-N 浓度（图 5-16 h）。Xu 等（2016）研究表明，2%、4% 和 8% 生物质炭配施尿素（250kg N hm^{-2}），使土壤总氮累计淋溶量分别降低 18.8%、19.5% 和 20.2%（$p<0.05$）；铵态氮累计淋溶量分别降低 19.1%、26.9% 和 28.1%（$p<0.05$）。Backer 等（2017）在玉米土壤中添加生物质炭（$20t \cdot hm^{-2}$ 或 1.34% w/w）并配施氮肥（75kg N hm^{-2}、150kg N hm^{-2}、225kg N hm^{-2} 或 300kg N hm^{-2}）研究表明，生物质炭添加使土壤 NH_4^+-N 增加 2.9%，但生物质炭配施氮肥对土壤 NH_4^+-N 的影响取决于氮肥添加量。Mandal 等（2016）的生物质炭配施氮肥研究发现，生物质炭添加使氮吸收增加 76.11%，使 NH_3 挥发物降低 64.13%~70.5%。Sigua 等（2016）在玉米地中的柳枝稷（*Panicum virgatum*）生物质炭（$40t \cdot hm^{-2}$）配施氮肥（40kg N hm^{-2}）研究发现，250℃炭化而成的生物质炭和 500℃炭化而成的生物质炭配施氮肥较对照分别使无机氮总量降低 4.2% 和 0.2%，可能因为生物质炭的高离子交换量吸收了更多的铵态氮，降低硝态氮硝化率。

总之，生物质炭添加对土壤 pH 值的改良与其制作温度、原料类型呈正相关，通常以木材为原料的生物质炭往往比以农作物秸秆为原料的生物质炭具有更高的 pH 值；此外，生物质炭自身带负电荷的酚基、羧基和羟基，与土壤溶液中的 H^+ 结合，增加了土壤 pH 值（Gul et al., 2015）。生物质炭添加通过填充扩容、孔隙截留、离子交换、微生物介导等方式改善土壤结构、提高土壤肥力、调节土壤酸碱度和促进养分转化方面。生物质炭配施氮肥提高生物氮固定主要有 6 种机制：①增加土壤 pH 值；②提高生物有效磷；③固持非有机氮；④增加土壤养分吸附；⑤增加根系分支；⑥吸收有害物质（如黄酮类），增加寄主和共生体的化学信号。各种来源的生物质炭对土壤 pH、生物有效磷和非有机氮含量的影响非常显著。

5.4.10 生物质炭配施氮肥对毛竹林土壤碳排放与土壤养分关系的影响

土壤呼吸速率受底物基质质量（稳定性）的影响（Fang et al., 2017）。在本研究中，B_1N_1 和 B_2N_1 处理在 2015 年和 2016 年显著增加了 10~20cm 土层的有机碳（图 5-16 a、b），表明生物质炭配施氮肥对地下有机碳具有迁移作用，生物质炭中的碳化合物可能通过生物（微生物活性）和非生物因子（水渗透）的响应，在垂直方向上诱导更强的启动效应（El-Naggar et al., 2019）。生物质炭中有效碳在早期阶段对微生物 r-策略的诱导可以解释随着时间的推移，复杂有机化合物的增加（Jiang et al., 2016）。在本研究后期，微生物的 k-策略可能被更复杂的土壤有机质和不稳定的生物质炭中的碳激活。另外，生物质炭配施氮肥处理中土壤微生物向大气中转移的土壤碳比单独施用氮肥处理少。生物质炭添加后表层土壤微生物生物量较低可以解释为土壤有效碳有限或微生物适应的土壤环境发生了变化。

在土壤中添加生物质炭可以促进土壤—植物系统中氮的再循环（Gul and Whalen, 2016）。生物质炭在补氮或不补氮的情况下直接释放的有效氮（如 NH_4^+-N、NO_3^--N、N 和 NO_2^--N）会改变土壤氮矿化与固定化的比例（Sigua et al., 2016），直接影响植物对氮的吸收（Tan et al., 2018）。本研究中，B_2N_1 处理下土壤 NH_4^+-N 浓度显著升高，说明较高的生物质炭配施氮肥可能是土壤有效养分增加的原因，特别是在第一年（2015 年）10~20cm 土层（图 5-16 g、h）。结果表明，氮的添加改变了高浓度生物质炭对土壤养分的影响。生物质炭中的少量有效氮可被植物直接有效吸收（Tan et al., 2018）。本研究中发现 MBN 的减少（例如 2015 年 B_1N_1 处理的 0~10cm 土层）可能是因为土壤微生物活性和土壤 NH_4^+-N 浓度的减少（Gul and Whalen, 2016）。随着生物质炭剂量的增加，NH_4^+-N 浓度的降低与硝化速率的降低（Taghizadeh-Toosi et al., 2012）或生物质炭表面积的增大及其对氮离子的吸收能力有关（Gul and Whalen, 2016）。

本研究发现，土壤年碳排放量与 0~10cm 土层的 STN（R^2=0.10，p=0.028）、0~10cm 和 10~20cm 土层的 NH_4^+-N（R^2=0.404，p=0.000）和 MBC（R^2=0.342，p=0.000）均呈显著正相关（图 5-17、图 5-18）。这一结果与本研究假设一致，即添加生物质炭自身的碳和氮输入导致了土壤活性碳和氮库碳氮含量的增加（Wang et al., 2016）。Dong 等（2016）研究表明，生物质炭添加量与土壤有机碳和 STN 呈显著正相关。有研究表明，生物质炭添加可以通过减少磷淋溶来提高土壤有效磷（Ameloot et al., 2013），但在本研究中，未发现土壤年碳排放量与 STP 相关（$p<0.05$）。添加氮可以通过"离子桥"增加土壤磷与生物质炭表面的相互作用，并进一步通过可溶性阳离子、阴离子和离子交换竞争影响磷的迁移（Qian et al., 2013）。土壤年碳排放量与 0~10cm 土壤养分的相关性强于 10~20cm（图 5-19），这可能是由于生物质炭添加与土壤有效碳含量和微生物活动相关的激发效应大小有关（Luo et al., 2018）。

　　生物质炭添加对土壤化学性质的影响可能会随着时间的推移而减弱（图 5-19），生物质炭的氧化可能会产生酸度，降低生物质炭颗粒周围的土壤 pH 值（Cayuela et al., 2014）。尽管本研究发现生物质炭添加对减少土壤碳排放的总体起积极作用（即负激发效应）（图 5-17 和图 5-18），但生物质炭添加对与微生物相关的碳排放的净效应难以精确估计（Quilliam et al., 2012）。生物质炭添加引起的土壤孔隙度和水力特性的变化直接影响土壤团聚体的稳定性（Cayuela et al., 2014）。El-Naggar 等（2018）证实，土壤中生物质炭的老化增加了 250~2000μm 土壤团聚体与生物质炭表面氧化官能团的相互作用。这些似乎表明，生物质炭和土壤养分之间的关系取决于生物质炭和土壤类型，以及生物质炭中养分随时间的释放率（Mukherjee and Zimmerman, 2013）。

5.4.11 生物质炭配施氮肥对毛竹林土壤碳排放与土壤微生物关系的影响

　　本研究中，添加生物质炭后，微生物总量对土壤年碳释放量的影响大于对照（图 5-25 h），表明添加生物质炭增强了土壤微生物在减少土壤 CO_2 方面的作用。然而，B_2 和 B_3 处理中微生物生物量的增加导致土壤年碳排放量的减少，这表明添加生物质炭通过改变微生物群落组成和活性来减少异养呼吸，从而提高了土壤碳的利用效率（Li et al., 2018）。本研究中，与 B_2 或 B_3 处理相比，B_1 处理的年碳排放量显著减少（图 5-19 c），表明在较高剂量下，生物质炭与土壤年碳排放量之间的相互作用可能会随着土壤团聚体的破坏而增强（Du et al., 2017）。在较高生物质炭浓度处理下（B_2 和 B_3）发现土壤年碳排放量的减少可能是由土壤微生物群落组成的变化改变土壤有机质降解速率引起（Farrell et al., 2013）。这种可能性得到了 B_2 和 B_3

处理中碳排放量略有下降的支持（图 5-25 c），这表明高剂量的生物质炭添加可能会影响一些土壤微生物功能群（Lehmann et al., 2011）和驱动土壤呼吸速率的关键微生物类群（Liu et al., 2018）。

在本研究中，0~10cm 土层 PLFAs 组分与年累积土壤呼吸量呈正相关（图 5-28 b、f、h），表明生物质炭添加对微生物活性具有负激发效应。尤其是 Gram$^+$ 在 B$_1$ 处理下降低，而在 B$_2$ 和 B$_3$ 处理下增加，与土壤呼吸速率的动态变化一致，这表明生物质炭可能直接影响凋落物分解相关的细菌活性，从而间接影响土壤呼吸速率，导致土壤呼吸降低（Anderson et al., 2011）。这些结果表明，细菌生物量的增加可以通过生物质炭相关的物理性质的改变和对细菌的物理保护来刺激生态位的划分（Kolton et al., 2017），因为 Gram$^-$ 通常更依赖生态位，对土壤条件更敏感（Schimel et al., 2007）。总体而言，微生物总生物量与土壤负激发效应的变化一致，表明低剂量生物质炭对微生物群落组成的负面影响不大，而高剂量生物质炭可以使土壤中丰富的碳基质和生物质炭更容易被微生物利用，从而大大提高土壤微生物生物量。为了评估添加生物质炭是否会影响微生物群落在养分循环中的功能，需要进行长期的跟踪研究。

微生物活动的增加通常会导致土壤有机质的快速降解，从而导致更多的土壤 CO_2 释放（Chen et al., 2017）。然而，室内培养试验（Zimmermann et al., 2011; Ameloot et al., 2013）和包括本研究在内的野外原位添加试验（Li et al., 2018）表明，生物质炭添加会导致微生物生物量增加，但碳排放减少。可能原因如下：首先，添加生物质炭后，土壤有机质的分解减少，这是由于进入生物质炭孔隙的不稳定组分被吸收（Cross and Sohi, 2011）。其次，生物质炭添加的其他非生物过程在减少土壤碳排放方面具有更重要的作用，例如 CO_2 与水分作用时产生的碳酸盐依附在生物质炭表面（Bruun et al., 2014）。在本研究中，土壤年碳排放量与生物质炭用量和土壤湿度呈正相关，表明土壤湿度与生物质炭添加剂量有关，土壤湿度越大，土壤年碳排放量越高（Rittl et al., 2018）。此外，添加生物质炭对土壤微生物活性（图 5-27）和土壤呼吸速率（图 5-8、图 5-9）的影响都随着时间的推移而下降（B$_1$），这表明生物质炭添加导致土壤微生物活性下降，伴随着可溶性碳的消耗和结构的变化，可能会限制土壤呼吸（Chen et al., 2019）。随着时间的推移，土壤微生物生物量的下降可能会降低底物分解速率，部分原因是不活跃的微生物通过死亡或萎缩改变其生存策略，降低了底物的利用效率（Birge et al., 2015）。此外，土壤性质改变的间接影响，如更高的纳米孔隙度和更大的表面积，这些变化也可以通过降水和土壤 pH 值的增加导致土壤结皮形成（Yao et al., 2017）。

5.4.12　生物质炭自身碳矿化率及其影响因素

生物质炭自身炭化率明显受材料类型、炭化温度、加热率、颗粒大小和土壤类型等因素影响（Singh et al., 2012）。Jiang 等（2016）研究表明生物质炭自身碳矿化率明显与生物质炭添加率有关。也有研究表明土壤 pH 值较高时，影响生物质炭自身碳矿化速率。

生物质炭中的易溶碳部分可能会在短期内对土壤有机碳分解产生积极的促进作用；生物质炭长期添加后可能诱发原位土壤有机碳的物理保护起到负激发作用（Ventura et al., 2015）。本研究中，生物质炭自身分解对土壤碳矿化贡献为 0.8%~1.1%，生物质炭添加下根系贡献为 3.1%~4.0%，说明毛竹林原位土壤生物质炭对土壤碳矿化的贡献较小；Verheijen 等（2014）的研究结果与本研究一致，即生物质炭自身碳第一年矿化率在 0.30%~2.71%，之后生物质炭矿化率明显降低 1.4%~3.0%。虞竹韵（2017）室内培养 80 天试验表明，生物质炭矿化量占土壤有机质总量的 1.97%~6.63%。Jiang 等（2015）研究表明，生物质炭添加 30 个月后生物质炭自身碳矿化 10%。Farrell 等（2013）研究表明，经过 74 天的培养，小麦秸秆生物质炭和桉树杆生物质炭自身碳分别分解 0.295% ± 0.057% 和 0.244% ± 0.016%，99.7%的生物质炭中的碳留在土壤中。另外，本研究表明：与 B_0 处理相比，B_1、B_2 和 B_3 处理对土壤碳矿化年均值的贡献分别是 0.8%、1.1% 和 –4.0%，B_0、B_1、B_2 和 B_3 处理根系贡献分别是 5.4%、8.6%、9.4% 和 5.9%。因此，根系—生物质炭互作效果相对显著。研究结果充分说明生物质炭中一些不稳定形态的碳通过微生物碳源利用影响根系生长，这一部分不稳定的碳占生物质炭较小的比重，在短期内被分解；而生物质炭中含量高比重大的烷基碳和芳香碳，具有较高的化学和生物学稳定性，这也是生物质炭矿化率及根系贡献降低的原因。

植物根系对生物质炭激发作用影响生物质炭自身的稳定性。Wang 等（2016）研究表明，生物质炭易溶碳库和顽固碳库分解剩余时间分别是 108 天和 556 天，分别占 3% 和 97%。Ventura 等（2015）研究表明植物根系促进生物质炭自身碳矿化，没有根系参与时，在意大利和英国土壤中玉米生物质炭分解 245 天和 164 天后分别仅 7% 和 3% 的生物质炭中的碳被分解；有根系参与时，生物质炭自身碳矿化率分别增至 9% 和 8%。Jiang 等（2016）在美国密歇根州塞基诺市和明尼苏达州农场土壤中添加生物质炭（1%、5%、10% 和 20%）研究表明，生物质炭自身分解常数第 1 年分别是 4.20×10^{-2} 和 5.48×10^{-2}，第 2 年分别是 1.37×10^{-2} 和 5.58×10^{-4}，第 3 年分别是 4.53×10^{-2} 和 7.67×10^{-2}。

总之，生物质炭添加至土壤后自身炭化不稳定碳部分可能是生物质炭中不稳定易挥发部分，也有可能是生物质在热解过程中未完全转化的纤维素和半纤维素。被生物质炭吸附的物质多为苯、甲苯、苯酚、醇类、乙酸等。此外，生物质炭自身理化性质也影响其在土壤中的矿化行为，与炭化原材料、生产方式、生产过程（生热率）、最终炭化温度、停留时间及后续处理方法密切相关。生物质炭加入土壤后通过溶解沉淀作用在表面形成薄层覆盖物，加上孔隙结构成为一些微生物的栖息地，生物质炭为微生物提供庇护场所和养分，生物质炭—微生物互作促进了土壤微生物的生长和新陈代谢，也加速了生物质炭易分解部分的矿化。

5.5 结 论

通过为期两年的毛竹林原位试验，发现生物质炭添加剂量影响土壤呼吸速率及其温度敏感性、土壤理化性质、土壤微生物活性等，且土壤碳排放与土壤微生物群落组成呈显著的正线性关系。高剂量生物质炭添加对土壤有机碳固存和碳减排的积极作用并未得到亚热带竹林研究结果的支持，具体结论如下：

（1）生物质炭添加对毛竹林土壤碳排放产生负激发效应，低浓度生物质炭添加明显降低土壤碳排放，且随着剂量的增加，负激发效应变小；

（2）生物质炭添加对 0~10cm 土壤微生物群落结构影响不显著，明显增加 10~20cm 土壤微生物生物量并改变其群落结构，且这种影响随着剂量的增加而增加；土壤微生物生物量在垂直方向上降低，但对土壤碳排放没有促进作用，说明 10~20cm 土壤微生物对土壤碳释放的贡献有限。

（3）生物质炭添加没有显著影响土壤微生物多样性，增加了 0~10cm 土壤多酚氧化酶活性、脲酶和蔗糖酶活性，降低了 0~10cm 纤维素酶活性。生物质炭添加显著增加了土壤容重，降低了土壤通气度，增加了土壤有机碳，降低了土壤总氮、总磷含量。

（4）土壤碳排放和土壤微生物生物量时效性一致，均降低；0~10cm土壤微生物群落结构和生物量的变化与土壤碳排放呈正比，10~20cm土壤微生物群落结构的变化与土壤碳排放关系不显著。

（5）生物质炭与氮肥配施增加了毛竹林土壤 Q_{10}，但仍降低了毛竹林土壤呼吸速率和土壤年碳排放量。说明氮的添加至少部分抵消了生物质炭的负激发效应。氮添加对土壤呼吸的抵消效应可能是由于氮输入导致土壤肥力的改善，土壤 STN、NH_4^+–N 和 MBC 有效性增加，这与土壤自养呼吸增加导致的年碳排放量呈正相关。

因此，本研究表明，在土壤氮含量有限的亚热带森林生态系统中，生物质炭与氮肥配施可以提高土壤肥力，同时减少土壤碳排放，因此可以广泛应用。本研究的一个局限性是试验时间相对较短，只有两年。因此，需要在不同的森林生态系统中进行相对长期的试验，以更好地了解生物质炭与氮肥配施对包括地上地下耦合在内的整个森林生态系统的长期影响。

第6章

总结及展望

6.1 主要研究结论

生物质炭含碳量高，呈碱性，具多微孔结构，比表面积大，表面具丰富官能团，具有较强的阳离子交换能力，添加到土壤后可以增加土壤容重、增加土壤持水量、改变土壤团聚体分布和养分吸附等，最终改善土壤环境从而间接影响林木生长。本研究通过竹林原位生物质炭添加和马尾松、杉木盆栽试验探讨了生物质炭对森林土壤理化性质、林木生长、土壤微生物群落结构、土壤微生物多样性、土壤酶活性的影响，并进一步研究了生物质炭—根系互作对土壤碳稳定性的影响机制及增汇减排效应。通过生物质炭配施氮肥添加试验，探讨了生物质炭对土壤垂直方向上的养分迁移和土壤微生物活性的影响，主要研究结论如下：

6.1.1 原位生物质炭添加和盆栽控制试验对林木生长的影响

生物质炭添加对不同林木生长的影响不同。与对照相比，添加生物质炭对毛竹幼苗叶和枝生物量无显著影响（$p>0.05$），而添加氮肥处理显著提高了毛竹幼苗叶和枝生物量（$p<0.05$）。与单施氮肥处理相比，生物质炭配施氮肥处理提高了毛竹幼苗叶和枝生物量。与对照相比，生物质炭添加各处理均使马尾松的高度生长增加，但只有低生物质炭添加量可显著增加马

尾松高度增长（40.3%），高生物质炭添加量可使杉木高度增长 78.4%，但低生物质炭添加和中生物质炭添加均使高度的增长降低。

生物质炭添加显著影响马尾松和杉木幼苗根系生长和根系构型。生物质炭添加使马尾松根系生物量增加 19.9%~30.7%（$p<0.05$），高生物质炭添加抑制杉木根系生物量但不显著（4.8%~16.0%，$p>0.05$）。高浓度生物质炭添加使马尾松 1.0~2.0mm 根长增加 31.3%~78.2%（$p<0.05$），低浓度生物质炭添加使杉木 0~0.5mm 细根长增加 15.1%~35.7%（$p<0.05$）。高浓度生物质炭添加较对照使马尾松 1.0~2.0mm 细根表面积增加 29.3%~75.0%，细根体积增加 27.1%~71.3%（$p<0.05$），使杉木 1.0~2.0mm 细根表面积和细根体积分别降低 3.1%~28.4% 和 3.3%~27.5%。生物质炭添加均促进马尾松粗根生长，但仅高生物质炭浓度促进作用显著，而中生物质炭浓度抑制杉木粗根生长。与对照相比，生物质炭添加分别使马尾松粗根长增加 13.9%~35.3%，表面积增加 18.5%~29.0%、体积增加 16.5%~33.7%、根尖数增加 23.7%~71.4%；中、高生物质炭浓度分别使杉木细根长降低 29.8% 和 9.1%，表面积降低 27.9% 和 9.7%，细根体积降低 24.9% 和 16.6%，根尖数降低 16.7% 和 8.3%。

6.1.2 原位生物质炭添加和盆栽控制试验添加对森林土壤碳含量的影响

生物质炭添加使竹林土壤有机碳含量显著增加，且随添加剂量的增加而增加。生物质炭添加 1 年后，所有处理在垂直方向上土壤有机碳含量均降低。在水平方向上，生物质炭添加处理分别使毛竹 0~10cm 和 10~20cm 土层有机碳含量增加 0.9%~15.6% 和 12.0%~20.8%；添加 2 年后 0~10cm 和 10~20cm 土层土壤有机碳含量分别降低 5.7%~7.0% 和 0.7%~22.6%。与对照相比，雷竹林 0~15cm 土壤层有机碳含量，低、高生物质炭添加分别较对照增加 91.2% 和 124.43%；10~30cm 土层土壤有机碳含量，低、高生物质炭添加分别较对照增加 17.11% 和 35.95%；30~50cm 土壤层有机碳含量，低、高生物质炭添加分别较对照增加 20.57% 和 27.09%。

生物质炭配施氮肥使雷竹林 0~50cm 土层土壤有机碳储量增加，且随着生物质炭剂量和氮肥的增加交互作用更明显。0~50cm 土层有机碳含量，低和高生物质炭添加分别较对照增加 33.53% 和 50.53%。低生物质炭配施低、高氮肥时 0~50cm 土层土壤有机碳含量分别较对照增加 36.15% 和

42.72%。高生物质炭配施低、高氮肥时 0~50cm 土层土壤有机碳含量分别较对照增加 71.46% 和 42.53%。说明高生物质炭配施氮肥对土壤有机碳影响更显著。

生物质炭添加对盆栽毛竹、马尾松、杉木土壤有机碳影响显著。生物质炭添加对马尾松、杉木盆栽土壤有机碳有明显影响（$p<0.001$）。与对照组相比，生物质炭添加（马尾松的中等生物质炭添加量除外）使马尾松的土壤有机碳显著增加 26.6%~45.8%，杉木的土壤有机碳显著增加 37.8%~65.0%（$p \leqslant 0.05$）。添加生物质炭使毛竹幼苗土壤有机碳含量增加，高生物质炭添加及其配施氮肥使土壤有机碳含量明显增加（23.53g·kg^{-1}）。

6.1.3　原位生物质炭添加和盆栽控制试验对林木土壤养分的影响

生物质炭添加对竹林土壤总氮影响显著。生物质炭添加 1 年后毛竹林 0~10cm 和 10~20cm 土层土壤总氮分别增加 3.4%~8.9% 和 4.4%~13.7%；添加第二年后毛竹林土壤总氮均降低，0~10cm 和 10~20cm 土层分别降低 4.7%~9.7% 和 4.5%~24.4%。生物质炭添加处理使雷竹林 0~30cm 土层土壤总氮降低 50.52%。

生物质炭添加使竹林土壤总磷含量显著降低。与对照相比，添加 1 年后毛竹林 0~10cm 土层土壤总磷含量降低 1.8%~12.7%，添加 2 年后 0~10cm 和 10~20cm 土层土壤总磷含量分别降低 8.7%~13.6% 和 7.5%~16.1%。生物质炭添加处理使雷竹林 0~30cm 土壤总磷含量降低 54.46%

在盆栽试验处理中马尾松（仅高生物质炭处理）和杉木盆栽苗土壤总氮和土壤总磷含量均增加（$p \leqslant 0.05$）。可能因为原位添加生物质炭和盆栽添加生物质炭养分利用效率、养分竞争机制等均不同。

6.1.4　原位生物质炭添加和盆栽控制试验添加对森林土壤微生物的影响

低、中生物质炭添加处理使毛竹林土壤中细菌序列数降低，高生物质炭添加处理则使细菌序列数增加；高生物质炭添加处理使 Chao 丰度明显降低，细菌的 Shannon's 指数降低，细菌的 Simpson's 指数明显增加；对照和生物质炭添加处理的优势菌群主要有 Proteobactera、Acidobacteria、Actinobacteria、Chloroflexi、Planctomycetes、Firmicutes、Verrucomicrobia、Gemmatimonadetes、Unclassified_k_norank 等 8 个。

生物质炭添加明显影响竹林土壤微生物群落结构。生物质炭添加明显增加 10~20cm 土壤微生物群落总生物量及其组分生物量。生物质炭添加 1 年和 2 年后毛竹林 10~20cm 土壤 Gram$^+$ 分别增加 2.9%~16.0% 和 32.5%~61.2%，Gram$^-$ 分别增加 2.2%~17.5% 和 55.4%~106.9%，微生物总生物量分别增加 3.4%~19.0% 和 30.9%~62.6%。生物质炭添加对微生物总生物量的影响在垂直方向上均降低，且第二年的降幅大于第一年，生物质炭添加减缓在垂直方向上的降低幅度。

生物质炭添加使马尾松和杉木土壤微生物生物量增加，并使微生物群落结构改变。低生物质炭浓度均增加马尾松和杉木幼苗土壤微生物总生物量（$p<0.05$），高生物质炭浓度均抑制土壤微生物总生物量但不显著（$p>0.05$）。低生物质炭浓度添加分别使马尾松和杉木土壤微生物总生物量增加 28.9% 和 51.8%（$p<0.05$）、Gram$^+$ 增加 28.6% 和 52.6%（$p<0.05$）、ACT 增加 29.1% 和 27.3%（$p<0.05$）。高生物质炭浓度添加分别使马尾松和杉木土壤微生物总生物量降低 4.5% 和 10.1%、Gram$^+$ 降低 3.9% 和 9.6%、细菌降低 7.3% 和 5.2%、真菌降低 6.5% 和 6.6%、放线菌降低 4.9% 和 24.7%，但不显著（$p>0.05$）。生物质炭添加对马尾松和杉木微生物群落结构影响明显且对细菌的影响大于真菌。马尾松土壤中生物质炭添加处理使 Gram$^+$ 细菌中 i15:0（B_1）和 a15:0（B_1 和 B_2）、Gram$^-$ 中 16:1w7c（B_2）、18:1w6c（B_3）均明显高于对照；杉木土壤中低生物质炭浓度添加处理使 Gram$^+$ 细菌中 i15:0、a15:0 和 i16:0、Gram$^-$ 中 16:1w7c、18:1w7c 均明显高于对照。低生物质炭浓度添加均使马尾松和杉木土壤中 Me16:0 的生物量显著增加。

6.1.5 原位生物质炭添加和盆栽控制试验添加对森林土壤酶活性的影响

生物质炭添加对竹林土壤氧化还原酶影响明显。生物质炭添加均使毛竹林 0~10cm 土层多酚氧化酶活性增加，10~20cm 土层多酚氧化酶活性降低；低和中生物质炭添加处理使 0~10cm 土层过氧化物酶活性增加，高生物质炭处理使过氧化物酶活性降低且差异显著，在垂直方向上均呈降低趋势。雷竹林土壤中添加生物质炭，0~30cm 土层多酚氧化酶和过氧化物酶活性分别降低 7.5%~24.36% 和 2.6%~8.65%，30~50cm 土层多酚氧化酶最大降幅为 11.35%~19.26%。

生物质炭添加对水解氧化酶活性影响明显。生物质炭添加对毛竹林土壤蔗糖酶和脲酶活性影响类似，在 0~10cm 土层均显著增加，且随着生物质炭剂量的增加均是先增加后降低，在 10~20cm 土层均降低但差异不显著；生物质炭添加使 0~10cm 土层纤维素酶活性降低，中生物质炭添加处理使 10~20cm 土层纤维素酶活性显著增加。生物质炭和氮肥配施 9 种处理在垂直方向上均使 0~30cm 土层中 β-葡萄糖苷酶、β-N-乙酰氨基葡萄糖苷酶和亮氨酸氨基肽酶活性降低，降幅为 18.68%~43.16%；在相同土层中，生物质炭配施氮肥使水解酶活性增加。

生物质炭添加对盆栽苗土壤水解酶和氧化还原酶活性的影响明显。高生物质炭浓度明显促进马尾松土壤蔗糖酶活性（44.9%），中生物质炭浓度添加使马尾松和杉木土壤蔗糖酶活性分别显著降低 47.4% 和 50.9%。低生物质炭浓度促进纤维素酶活性，高生物质炭浓度抑制土壤纤维素酶活性。低生物质炭浓度添加分别使马尾松和杉木土壤纤维酶活性增加 15.9% 和 53.5%（$p<0.05$），中生物质炭浓度和高生物质炭浓度添加分别使马尾松土壤纤维酶活性降低 39.7% 和 59.5%、杉木土壤纤维酶活性降低 15.3% 和 30.6%。生物质炭添加对马尾松和杉木土壤脲酶活性的影响均不显著，随着生物质炭添加量的增加先增加后降低。高生物质炭浓度使马尾松土壤多酚氧化酶活性显著增加 79.3%（$p<0.05$）；高生物质炭浓度分别使马尾松和杉木过氧化酶活性显著降低 50.5% 和 49.7%。

6.2 主要不足和展望

研究初步探讨了生物质炭原位添加对亚热带区域典型林木土壤碳稳定性、养分吸附、土壤微生物活性及其相互作用影响机制，同时结合盆栽试验探讨了生物质炭—根系互作对林木生长、根系构型等方面的影响，阐明了生物质炭—土壤—微生物对林木土壤碳稳定性和养分吸附的影响机制，但受知识积累和时间的限制，今后的研究工作还需要在以下几方面进行深入研究。

（1）生物质炭具有高度的稳定性，在土壤中分解比较缓慢，在土壤中对根系生长、根际微生物、土壤碳稳定性方面影响较为复杂，未来需要开展不同粒径生物质炭原位添加对林木根际微生物、生物质炭自身碳矿化、土壤碳稳定性的持久影响研究工作。

（2）生物质炭自身含有易溶养分，但对土壤有效养分的吸收和转化有限，生物质炭添加配施氮肥、磷肥，结合土壤有机—无机复合体含量变化及形态转化规律，研究生物质炭添加对土壤肥力的长效作用，揭示生物质炭添加对森林土壤有机—无机复合体对养分吸附效率的影响机制。

（3）生物质炭添加于不同森林土壤存在时间和空间差异，利用微域土壤样品采集技术，探讨生物质炭不同组分的根际效应；结合不同的生物质炭处理方式（如酸中和、水洗）模拟生物质炭老化后的残基影响效应，阐述生物质炭不同组分对土壤理化性质的影响。

（4）采用同位素示踪和高通量测序技术，探讨土壤空间异质性对土壤微生物功能响应特性及其对森林土壤氮磷转化过程的驱动机制，从炭际微域梯度效应的角度深入阐明生物质炭—根系—土壤互作的土壤改良生态服务功能提升。

参考文献

安艳，2016. 生物质炭输入对土壤团聚体分布及有机碳组分的影响［D］. 咸阳：西北农林科技大学.

白岚方，2021. 施氮水平对青贮玉米根系空间微生物组成及氮素利用影响机制的研究［D］. 呼和浩特：内蒙古大学.

包骏瑶，赵颖志，严淑娴，等，2018. 不同农林废弃物生物质炭对雷竹林酸化土壤的改良效果［J］. 浙江农林大学学报，35（1）：43–50.

才吉卓玛，2013. 生物炭对不同类型土壤中磷有效性的影响研究［D］. 北京：中国农业科学院.

曹烨，2016. 生物质炭添加对亚热带森林土壤特性及植物养分和生长的影响［D］. 上海：华东师范大学.

岑睿，屈忠义，孙贯芳，等，2016. 秸秆生物炭对黏壤土入渗规律的影响［J］. 水土保持研究，23（6）：284–289.

查全智，卢伟伟，胡嘉欣，2022. 两种温度制备生物质炭在榉树人工林土壤中的原位稳定性［J］. 土壤学报，59（3）：854–863.

陈光升，钟章成，齐代华，2002. 缙云山常绿阔叶林土壤酶活性与土壤肥力的关系［J］. 四川师范学院学报（自然科学版），23（1）：19–23.

陈佳欣，冯静怡，李娟，等，2022. 生物炭与干旱胁迫对冬小麦根际土壤理化性质及细菌群落的影响［J］. 西北农业学报，32（10）：1–11.

陈明亮，2013. 雷竹林分地下鞭系统构型及其细根特征研究［D］. 武汉：华中农业大学.

陈裴裴，2014. 不同施肥对雷竹林养分流失特征的影响［D］. 杭州：浙江农林大学.

陈倩妹，王泽西，刘洋，等，2019. 川西亚高山针叶林土壤酶及其化学计量比对模拟氮沉降的响应［J］. 应用与环境生物学报，25（4）：791–800.

陈强龙，谷洁，高华，等，2009. 秸秆还田对土壤脱氢酶和多酚氧化酶活性动态变化的影响［J］. 干旱地区农业研究，27（4）：146–151.

陈闻，2011. 施肥对雷竹林土壤下渗水氮磷含量及土壤养分的影响［D］.

杭州：浙江农林大学.

陈心想，耿增超，王森，等，2014.施用生物炭后塿土土壤微生物及酶活性变化特征［J］.农业环境科学学报，33（4）：751-758.

陈雪冬，刘雪龙，吴孔阳，等，2022.丛枝菌根真菌和生物炭联合施用对土壤有机碳组分及团聚体的影响［J］.江苏农业科学，50（14）：245-249.

陈雨欣，杨卫君，赵红梅，等，2023.氮肥与生物质炭配施对春小麦生长、产量及品质的影响［J］.麦类作物学报，43（10）：1-9.

陈智，于贵瑞，2020.土壤微生物碳素利用效率研究进展［J］.生态学报，40（3）：756-767.

丛孟菲，2022.施用生物质炭对玉米生长调控效果及其长期效应［D］.乌鲁木齐：新疆农业大学.

代文才，钱盛，高明，等，2016.施用生物质灰渣对柑橘园土壤团聚体及有机碳分布的影响［J］.水土保持学报，30（2）：260-265，271.

代银分，李永梅，范茂攀，等，2016.不同原料生物炭对磷的吸附-解吸能力及其对土壤磷吸附解析的影响［J］.山西农业大学学报（自然科学版），36（5）：345-351.

董心亮，林启美，2018.生物质炭对土壤物理性质影响的研究进展［J］.中国生态农业学报，26（12）：1846-1854.

方慧云，2019.生物质炭输入对毛竹林固碳量及土壤温室气体排放的影响［D］.杭州：浙江农林大学.

冯爱青，张民，李成亮，等，2015.秸秆及秸秆黑炭对小麦养分吸收及棕壤酶活性的影响［J］.生态学报，35（15）：5269-5277.

冯雷，2021.减氮配施生物炭对棉花根际土壤环境及根系发育的影响及作用机理研究［D］.咸阳：西北农林科技大学.

符云鹏，刘天，李耀鑫，等，2023.等碳量添加生物炭和秸秆对烟田土壤呼吸及净碳收支的影响［J］.作物学报，49（5）：1386-1396.

付琳琳，蔺海红，李恋卿，等，2013.生物质炭对稻田土壤有机碳组分的持效影响［J］.土壤通报，44（6）：1379-1384.

高海英，何绪生，耿增超，等，2011.生物炭及炭基氮肥对土壤持水性能影响的研究［J］.中国农学通报，27（24）：207-213.

高文翠，杨卫君，贺佳琪，等，2020.生物炭添加对麦田土壤微生物群落代谢的影响［J］.生态学杂志，39（12）：3998-4004.

高雨秋，戴晓琴，王建雷，等，2019. 亚热带人工林下植被根际土壤酶化学计量特征 [J]. 植物生态学报，43（3）：258-272.

葛顺峰，彭玲，任饴华，等，2014. 秸秆和生物质炭对苹果园土壤容重、阳离子交换量和氮素利用的影响 [J]. 中国农业科学，47（2）：366-373.

葛晓改，周本智，肖文发，等，2016. 生物质炭输入对土壤碳排放的激发效应研究进展 [J]. 生态环境学报，25（2）：339-345.

葛晓改，周本智，肖文发，等，2017. 生物质炭添加对毛竹林土壤呼吸动态和温度敏感性的影响 [J]. 植物生态学报，41（11）：1177-1189.

顾美英，葛春辉，马海刚，等，2016. 生物炭对新疆沙土微生物区系及土壤酶活性的影响 [J]. 干旱地区农业研究，34（4）：225-230，273.

顾琪，陈霜霜，彭悦，等，2016. 集约经营模式下毛竹的空间分布格局 [J]. 南京林业大学学报（自然科学版），40（1）：162-168.

郭琴波，王小利，段建军，等，2021. 氮肥减量配施生物炭对稻田有机碳矿化及酶活性影响 [J]. 水土保持学报，35（5）：369-374，383.

郭益昌，2019. 土壤通气对雷竹生长的影响 [D]. 杭州：浙江农林大学.

郭志明，张心昱，李丹丹，等，2017. 温带森林不同海拔土壤有机碳及相关胞外酶活性特征 [J]. 应用生态学报，28（9）：2888-2896.

何传龙，马友华，于红梅，等，2010. 减量施肥对保护地土壤养分淋失及番茄产量的影响 [J]. 植物营养与肥料学报，16（4）：846-851.

何玉友，陈双林，郭子武，等，2021. 不同弃管年限毛竹林立竹叶片功能性状的变化特征 [J]. 福建农林大学学报（自然科学版），50（5）：641-648.

侯建伟，索全义，梁桓，等，2015. 炭化条件对黑沙蒿生物炭产率的影响 [J]. 西北农林科技大学学报（自然科学版），43（1）：169-174.

侯建伟，邢存芳，邓晓梅，等，2020. 花椒林下土壤微生物数量和酶活性对生物质炭的响应 [J]. 西北农林科技大学学报（自然科学版），48（4）：89-96.

胡华英，殷丹阳，曹升，等，2019. 生物炭对杉木人工林土壤养分、酶活性及细菌性质的影响 [J]. 生态学报，39（11）：4138-4148.

黄超，刘丽君，章明奎，2011. 生物质炭对红壤性质和黑麦草生长的影响 [J]. 浙江大学学报（农业与生命科学版），37（4）：439-445.

黄剑，2012. 生物炭对土壤微生物量及土壤酶的影响研究 [D]. 北京：中国农业科学院.

黄凯平, 2021. 氮沉降和施生物质炭对毛竹林土壤呼吸组分的影响 [D].
　　杭州: 浙江农林大学.

黄思远, 余林, 曾庆南, 等, 2020. 雷竹林林分直径分布研究 [J]. 南方林
　　业科学, 48 (5): 49-51、56.

姬强, 马媛媛, 刘永刚, 等, 2019. 秸秆生物质炭对土壤结构体与活性碳
　　分布、转化酶动力学参数及小麦生长的影响 [J]. 生态学报, 39 (12):
　　4366-4375.

贾明方, 王辉, 高玉录, 等, 2018. 生物炭对'赤霞珠'葡萄根域环境及根
　　系构型的影响 [J]. 中外葡萄与葡萄酒, 47 (6): 39-43.

简秀梅, 陈学濡, 刘富豪, 等, 2020. 不同灰分生物质炭对红壤理化特性与
　　微生物特性的影响 [J]. 农业机械学报, 51 (6): 282-291.

姜培坤, 徐秋芳, 罗煦钦, 等, 2004. 雷竹笋重金属含量及其与施肥的关系
　　[J]. 浙江林学院学报, 21 (4): 66-69.

姜培坤, 徐秋芳, 钱新标, 1999. 雷竹林地覆盖增温过程中土壤酶活性的动
　　态变化 [J]. 林业科学研究, 12 (5): 548-551.

姜培坤, 俞益武, 2000. 雷竹叶营养元素含量与土壤养分的关系 [J]. 浙江
　　林学院学报, 17 (4): 18-21.

金冬霞, 王凯军, 2002. 规模化畜禽养殖场污染防治综合对策 [J]. 环境保
　　护, 29 (12): 18-20.

靳泽文, 2019. 生物质炭与氮肥配施对旱地红壤土壤肥力主控因素及作物产
　　量的持续影响 [D]. 南京: 南京农业大学.

匡崇婷, 2011. 生物质炭对红壤水稻土有机碳分解和重金属形态的影响 [D].
　　南京: 南京农业大学.

郎印海, 王慧, 刘伟, 2015. 柚皮生物炭对土壤中磷吸附能力的影响 [J].
　　中国海洋大学学报 (自然科学版), 45 (4): 78-84.

雷赵枫, 2019. 模拟氮沉降和添加生物炭对毛竹林土壤可溶性有机碳、氮的
　　影响 [D]. 杭州: 浙江农林大学.

李昌娟, 杨文浩, 周碧青, 等, 2021. 生物炭基肥对酸化茶园土壤养分及茶
　　叶产质量的影响 [J]. 土壤通报, 52 (2): 387-397.

李大伟, 2015. 生物质炭基肥对番茄和辣椒产量、品质和氮素农学利用率的
　　影响 [D]. 南京: 南京农业大学.

李飞跃，汪建飞，谢越，等，2015. 热解温度对生物质炭碳保留量及稳定性的影响［J］. 农业工程学报，31（4）：266-271.

李佳轶，2019. 不同粒径生物炭对植烟土壤性状及烟株生长的影响［D］. 郑州：河南农业大学.

李静静，丁松爽，李艳平，等，2016. 生物炭与氮肥配施对烤烟干物质积累及土壤生物学特性的影响［J］. 浙江农业学报，28（1）：96-103.

李磊，2019. 烟秆生物质炭浸提液对土壤养分及黄瓜生长的影响［D］. 南京：南京农业大学.

李明，胡云，黄修梅，等，2016. 生物炭对设施黄瓜根际土壤养分和菌群的影响［J］. 农业机械学报，47（11）：172-178.

李明，李忠佩，刘明，等，2015. 不同秸秆生物炭对红壤性水稻土养分及微生物群落结构的影响［J］. 中国农业科学，48（7）：1361-1369.

李秋霞，2015. 生物质炭与氮肥配施对旱地红壤团聚体组成及微生物碳氮与作物产量的影响研究［D］. 南京：南京农业大学.

李亚森，丁松爽，殷全玉，等，2019. 多年施用生物炭对河南烤烟种植区土壤呼吸的影响［J］. 环境科学，40（2）：915-923.

李艳梅，张兴昌，廖上强，等，2017. 生物炭基肥增效技术与制备工艺研究进展分析［J］. 农业机械学报，48（10）：1-14.

李怡安，胡华英，周垂帆，2019. 浅析生物炭对土壤碳循环的影响［J］. 内蒙古林业调查设计，42（5）：102-104.

李莹，2018. 杉木生物质炭特性及其对土壤碳稳定性影响的研究［D］. 福州：福建农林大学.

李玉敏，冯鹏飞，2019. 基于第九次全国森林资源清查的中国竹资源分析［J］. 世界竹藤通讯，17（6）：45-48.

李越，王颖，熊子怡，等，2023. 有机肥配施生物质炭对根际/非根际土壤氮赋存形态的影响［J］. 土壤学报，60（5）：1-12.

李正才，杨校生，蔡晓郡，等，2010. 竹林培育对生态系统碳储量的影响［J］. 南京林业大学学报（自然科学版），34（1）：24-28.

林海萍，姜培坤，范良敏，2004. 不同经营措施对雷竹笋的营养品质效应［J］. 竹子研究汇刊，23（1）：21-23，27.

刘殿君，张金鑫，卢琦，等，2016. 极端干旱区增雨对泡泡刺（*Nitraria sphaerocarpa*）群落土壤呼吸温度敏感性的影响［J］. 生态学杂志，35

（3）：584-590.

刘广路，2009.毛竹林长期生产力保持机制研究［D］.北京：中国林业科学研究院.

刘广路，范少辉，官凤英，等，2010.不同年龄毛竹营养器官主要养分元素分布及与土壤环境的关系［J］.林业科学研究，23（2）：252-258.

刘金霞，2022.生物炭对土壤肥力提升影响的研究进展［J］.农业与技术，42（19）：121-124.

刘丽，2009.林地覆盖雷竹林退化特征及土壤改良研究［D］.北京：中国林业科学研究院.

刘效东，乔玉娜，周国逸，2011.土壤有机质对土壤水分保持及其有效性的控制作用［J］.植物生态学报，35（12）：1209-1218.

刘秀清，章铁，孙晓莉，2007.沿江丘陵区土壤酶活性与土壤肥力的关系［J］.中国农学通报，23（7）：341-344.

刘远，朱继荣，吴雨晨，等，2017.施用生物质炭对采煤塌陷区土壤氨氧化微生物丰度和群落结构的影响［J］.应用生态学报，28（10）：3417-3423.

楼一平，吴良如，邵大方，等，1997.毛竹纯林长期经营对林地土壤肥力的影响［J］.林业科学研究，10（2）：18-22.

卢伟伟，耿慧丽，张伊蕊，等，2020.生物质炭对杨树人工林土壤微生物群落的影响［J］.南京林业大学学报（自然科学版），44（4）：143-150.

卢焱焱，2015.生物质炭与氮肥配施对红壤线虫及土壤酶活性的影响［D］.南京：南京农业大学.

陆人方，葛晓改，王灵玲，等，2020.生物质炭添加对马尾松和杉木根系及土壤微生物结构的影响［J］.生态环境学报，29（11）：2153-2162.

吕伟波，2012.生物炭对土壤微生物生态特征的影响［D］.杭州：浙江大学.

罗来聪，白健，高宇，等，2022.油茶壳及凋落叶生物质炭对土壤温室气体排放的影响［J］.江西农业大学学报，44（5）：1177-1187.

马锋锋，赵保卫，刁静茹，等，2015.牛粪生物炭对水中氨氮的吸附特性［J］.环境科学，36（5）：1678-1685.

马琳，2019.土壤微生物多样性影响因素及研究方法综述［J］.乡村科技，15（3）：112-113.

孟赐福，沈菁，姜培坤，等，2009.不同施肥处理对雷竹林土壤养分平衡和竹笋产量的影响［J］. 竹子研究汇刊, 28（4）：11–17.

孟李群, 2014. 施用生物炭对杉木人工林生态系统的影响研究［D］. 福州：福建农林大学.

南学军, 2017. N 肥配施生物质炭和秸秆还田对土壤和小麦氮磷含量及其 N：P 的影响［D］. 兰州：甘肃农业大学.

潘陆荣, 亢亚超, 潘虹, 等, 2021. 生物质炭对铝胁迫下观光木幼苗生长生理特性的影响［J］. 西南林业大学学报（自然科学）, 41（5）：18–26.

潘少彤, 2019. 含生物质炭土壤中底物矿化过程及其物理与生物学机理［D］. 杭州：浙江大学.

彭文龙, 2014. 生物质炭表面物质对微生物的影响研究［D］. 重庆：重庆大学.

彭映平, 和文祥, 王紫泉, 等, 2015. 黄土高原旱区绿肥定位试验土壤化学性质及酶活性特征研究［J］. 西北农林科技大学学报（自然科学版）, 43（9）：131–138, 149.

漆良华, 刘广路, 范少辉, 等, 2009. 不同抚育措施对闽西毛竹林碳密度、碳贮量与碳格局的影响［J］. 生态学杂志, 28（8）：1482–1488.

秦国峰, 周志春, 2012. 中国马尾松优良种质资源［M］. 北京：中国林业出版社.

钱九盛, 谢文逸, 何中华, 等, 2023. 施用生物质炭对桃园土壤肥力及黄桃产量和品质的影响［J］. 农业资源与环境学报, 40（3）：680–688.

石丽红, 李超, 唐海明, 等, 2021. 长期不同施肥措施对双季稻田土壤活性有机碳组分和水解酶活性的影响［J］. 应用生态学报, 32（3）：921–930.

时薇, 2020. 生物质炭可溶性组分对作物生长和品质的影响机制研究［D］. 南京：南京农业大学.

史登林, 王小利, 段建军, 等, 2020. 氮肥减量配施生物炭对黄壤稻田土壤有机碳活性组分和矿化的影响［J］. 应用生态学报, 31（12）：4117–4124.

史军义, 周德群, 马丽莎, 等, 2022. 中国竹类多样性、地理区划及发展趋势［J］. 世界竹藤通讯, 20（4）：5–10.

宋海燕, 李传荣, 许景伟, 等, 2007. 滨海盐碱地枣园土壤酶活性与土壤养分、微生物的关系［J］. 林业科学, 43（S1）：28–32.

孙娇，周涛，郭鑫年，等，2021.添加秸秆及生物质炭对风沙土有机碳及其活性组分的影响［J］.土壤，53（4）：802-808.

陶朋闯，2017.生物质炭与氮肥配施对旱地红壤微生物量和养分含量的长期影响［D］.南京：南京农业大学.

涂超，2020.生物质炭对土壤理化性质及水分养分吸附运移特性的影响［D］.咸阳：西北农林科技大学.

汪勇，吕茹洁，黎星，等，2021.生物炭与氮肥施用对双季稻田温室气体排放的影响［J］.中国稻米，27（1）：20-26.

汪振国，2021.改性生物质炭对土壤结构和枸杞品质的影响［D］.银川：宁夏大学.

王大庆，孟颖，孙泰朋，等，2016.生物黑炭对黑土根际土壤氮素转化强度及无机氮的影响［J］.水土保持研究，23（5）：85-89，94.

王丹丹，郑纪勇，颜永毫，等，2013.生物炭对宁南山区土壤持水性能影响的定位研究［J］.水土保持学报，27（2）：101-104，109.

王峰，吴志丹，陈玉真，等，2018.生物质炭配施氮肥对茶树生长及氮素利用率的影响［J］.茶叶科学，38（4）：331-341.

王国兵，王瑞，徐瑾，等，2019.生物炭对杨树人工林土壤微生物生物量碳、氮、磷及其化学计量特征的影响［J］.南京林业大学学报（自然科学版），43（2）：1-6.

王翰琨，吴永波，刘俊萍，等，2022.生物炭对土壤氮循环及其功能微生物的影响研究进展［J］.生态与农村环境学报，38（6）：689-701.

王欢欢，任天宝，张志浩，等，2017.生物质炭对烤烟旺长期根系发育及光合特性的影响［J］.水土保持学报，31（2）：287-292.

王佳盟，2020.生物质炭施用对稻田深层土壤有机碳的组分及其稳定性的影响［D］.南京：南京农业大学.

王丽，赵惠丽，赵英，2022.生物质炭配施木灰对石灰性土壤固碳和微生物群落的影响［J］.土壤，54（2）：320-328.

王战磊，李永夫，姜培坤，等，2014.施用竹叶生物质炭对板栗林土壤 CO_2 通量和活性有机碳库的影响［J］.应用生态学报，25（11）：3152-3160.

王祖华，李瑞霞，关庆伟，2013.间伐对杉木不同根序细根形态、生物量和氮含量的影响［J］.应用生态学报，24（6）：1487-1493.

韦继光，贾明云，蒋佳峰，等，2023.不同生物质炭对蓝莓幼苗叶片光合性能和生长的影响［J］.植物资源与环境学报，32（1）：69-76.

文曼，郑纪勇，2012.生物炭不同粒径及不同添加量对土壤收缩特征的影响［J］.水土保持研究，19（1）：46-50，55.

邬奇峰，徐巧凤，秦华，等，2014.杀菌剂氰氨化钙对集约经营雷竹林土壤生物学性质的影响［J］.浙江农林大学学报，31（3）：352-357.

吴崇书，邱志腾，章明奎，2014.施用生物质炭对不同类型土壤物理性状的影响［J］.浙江农业科学，10（10）：1617-1619，1623.

吴君君，杨智杰，刘小飞，等，2014.米槠和杉木人工林土壤呼吸及其组分分析［J］.植物生态学报，38（1）：45-53.

吴强建，胡梦蝶，侯松峰，等，2022.减氮配施生物炭基肥对蜜柚土壤理化性质及酶活性的影响［J］.河南农业大学学报，56（5）：732-741.

吴涛，冯歌林，曾珍，等，2017.生物质炭对盆栽黑麦草生长的影响及机理［J］.土壤学报，54（2）：525-534.

吴志庄，王道金，厉月桥，等，2015.施用生物质炭肥对黄连木生长及光合特性的影响［J］.生态环境学报，24（6）：992-997.

吴小芹，孙民琴，2006.七株外生菌根真菌与三种松苗菌根的形成能力［J］.生态学报，26（12）：4186-4191.

肖永恒，2016.不同用量生物质炭输入对板栗林土壤温室气体排放的影响［D］.杭州：浙江农林大学.

谢国雄，章明奎，2014.施用生物质炭对红壤有机碳矿化及其组分的影响［J］.土壤通报，45（2）：413-419.

徐德福，李振威，李映雪，等，2018.不同粒径生物炭和泥鳅对人工湿地植物根系形态及基质硝化与反硝化能力的影响［J］.环境工程学报，12（7）：1917-1925.

徐福利，梁银丽，张成娥，等，2004.施肥对日光温室黄瓜生长和土壤生物学特性的影响［J］.应用生态学报，15（7）：1227-1230.

徐民民，黄莹，李波，等，2021.生物炭对小麦根际和根内微生物群落结构的影响［J］.浙江农业学报，33（3）：516-525.

徐涌，2012.毛竹林群落结构与碳积累规律研究［D］.杭州：浙江大学.

许欣，陈晨，熊正琴，2016.生物炭与氮肥对稻田甲烷产生与氧化菌数量和潜在活性的影响［J］.土壤学报，53（6）：1517-1527.

杨放，李心清，王兵，等，2012.生物炭在农业增产和污染治理中的应用

［J］. 地球与环境，40（1）：100–107.

杨萌，2017. 不同用量生物质炭输入对毛竹林土壤呼吸组分的影响［D］. 杭州：浙江农林大学.

杨庆朋，徐明，刘洪升，等，2011. 土壤呼吸温度敏感性的影响因素和不确定性［J］. 生态学报，31（8）：2301–2311.

杨文彬，耿玉清，王冬梅，2015. 漓江水陆交错带不同植被类型的土壤酶活性［J］. 生态学报，35（14）：4604–4612.

杨阳，吴左娜，张宏坤，等，2013. 不同培肥方式对盐碱土脲酶和过氧化氢酶活性的影响［J］. 中国农学通报，29（15）：84–88.

姚怡先，2021. 生物质炭与氮肥添加对土壤温室气体排放的影响及调控机制［D］. 上海：华东师范大学.

叶合英，2016. 雷竹笋品种特性及高产栽培技术［J］. 山西农经，33（7）：65–67.

易倩倩，2020. 稻田入土生物质炭理化特性及其稳定性研究［D］. 杭州：浙江大学.

尹显宝，2017. 不同来源的生物质炭对土壤腐殖质和黑碳的影响［D］. 长春：吉林农业大学.

尹艳，刘岩，尹云锋，等，2018. 生物质炭添加对杉木人工林土壤原有有机碳矿化的影响［J］. 应用生态学报，29（5）：1389–1396.

袁琴琴，2016. 生物炭对农田土壤微生物生态的影响［J］. 中国农业信息，195（8）：80.

袁颖红，芮绍云，周际海，等，2019. 生物质炭及过氧化钙对旱地红壤酶活性和微生物群落结构的影响［J］. 中国土壤与肥料，55（1）：93–101.

曾冬萍，2015. 外源物质施加对福州平原水稻田温室气体排放的影响［D］. 福州：福建师范大学.

曾艳，周柳强，黄美福，等，2014. 不同施氮量对桑园红壤耕层酶活性的影响［J］. 生态学报，34（18）：5306–5310.

张闰，邹洪涛，张心昱，等，2016. 氮添加对湿地松林土壤水解酶和氧化酶活性的影响［J］. 应用生态学报，27（11）：3427–3434.

张鼎华，林开淼，李宝福，2011. 杉木、马尾松及其混交林根际土壤磷素特征［J］. 应用生态学报，22（11）：2815–2821.

张红雪，朱巧莲，郭力铭，等，2022. 烟秆生物质炭与化肥配施对植烟土壤有机碳组分及微生物的影响［J］.土壤，54（6）：1149-1156.

张明发，张胜，滕凯，等，2022.湖南花垣烟区秸秆生物炭配施量对土壤pH及烤烟根系的影响［J］.作物杂志，213（6）：193-200.

张千丰，王光华，2012.生物炭理化性质及对土壤改良效果的研究进展［J］.土壤与作物，1（4）：219-226.

张伟明，孟军，王嘉宇，等，2013.生物炭对水稻根系形态与生理特性及产量的影响［J］.作物学报，39（8）：1445-1451.

张玮，2019.不同水分状态下雷竹生理生化及其叶片反射光谱特征［D］.北京：中国林业科学研究院.

张小国，2018.覆盖和施硒肥对雷竹地下鞭根养分及竹笋富硒作用的影响［D］.雅安：四川农业大学.

张瑄文，2018.生物质炭对苦草发芽和生长的影响［D］.南京：南京大学.

张燕，强薇，罗如熠，等，2022.氮磷添加对土壤微生物生长、周转及碳利用效率的影响研究进展［J］.应用与环境生物学报，28（2）：526-534.

张哲，2019.不同物料生物质炭-有机肥堆肥对旱地红壤温室气体排放的影响［D］.南昌：南昌工程学院.

张志龙，2020.生物质炭与减量施肥对连作土壤理化性质及养分利用率的影响［D］.南京：南京农业大学.

章明奎，顾国平，王阳，2012.生物质炭在土壤中的降解特征［J］.浙江大学学报（农业与生命科学版），38（3）：329-335.

章明奎，Walelign D Bayou，唐红娟，2012.生物质炭对土壤有机质活性的影响［J］.水土保持学报，26（2）：127-131、137.

赵军，2016.生物质炭基氮肥对土壤微生物量碳氮、土壤酶及作物产量的影响研究［D］.咸阳：西北农林科技大学.

赵军，耿增超，尚杰，等，2016.生物炭及炭基硝酸铵对土壤微生物量碳、氮及酶活性的影响［J］.生态学报，36（8）：2355-2362.

赵铭，2022.不同施肥处理对杉木人工林幼林的影响研究［D］.长沙：中南林业科技大学.

赵牧秋，金凡莉，孙照炜，等，2014.制炭条件对生物炭碱性基团含量及酸性土壤改良效果的影响［J］.水土保持学报，28（4）：299-303，309.

赵睿宇，李正才，王斌，等，2019.毛竹林地覆盖和翻耕对土壤酶活性及土壤养分含量的影响［J］.林业科学研究，32（5）：67-73.

赵闪闪，2017. 生物质炭对黑土中磷素迁移淋失的影响及作用机理［D］. 长春：吉林农业大学．

赵艳泽，2018. 生物炭配施氮肥对水稻生长发育和产量的影响［D］. 沈阳：沈阳农业大学．

郑慧芬，吴红慧，翁伯琦，等，2019. 施用生物炭提高酸性红壤茶园土壤的微生物特征及酶活性［J］. 中国土壤与肥料，55（2）：68-74.

郑世慧，刘广路，岳祥华，等，2022. 中国竹资源培育现状与增产潜力［J］. 世界竹藤通讯，20（5）：75-80.

钟哲科，李伟成，刘玉学，等，2009. 竹炭的土壤环境修复功能［J］. 竹子研究汇刊，28（3）：5-9.

周本智，2006. 基于小观察窗技术的竹林地下系统动态研究［D］. 北京：中国林业科学研究院．

周国模，2006. 毛竹林生态系统中碳储量、固定及其分配与分布的研究［D］. 杭州：浙江大学．

周菊敏，杨虹，邵香君，等，2017. 退化雷竹林改造方式转变的一种新模式［J］. 世界竹藤通讯，15（6）：27-29，48.

周蓉，2021. 稻壳及其生物质炭添加对雷竹林土壤氮素淋失及 N_2O 排放的影响［D］. 杭州：浙江农林大学．

朱丛飞，2019. 生物质炭和氮、磷添加对樟树生长及 N_2O 排放的影响研究［D］. 南昌：江西农业大学．

朱令，2022. 竖管通气对覆盖雷竹林土壤理化性质及其生长的影响［D］. 杭州：浙江农林大学．

朱孟涛，2019. 生物质炭施用对水稻土不同稳定有机碳组分及微生物群落结构的影响［D］. 南京：南京农业大学．

朱自洋，段文焱，陈芳媛，等，2022. 干旱土壤中生物炭对黑麦草生长的促进机制［J］. 水土保持学报，36（1）：352-359.

卓亚鲁，2017. 生物质炭浸提液对大蒜、草莓生长及品质的影响［D］. 南京：南京农业大学．

Aaron F, Witold K, Griffiths B S, et al., 2015. The role of sulfur-and phosphorus-mobilizing bacteria in biochar-induced growth promotion of Lolium perenne [J]. Fems Microbiology Ecology, 90 (1): 78-91.

Abbas T, Rizwan M, Ali S, et al., 2018. Biochar application increased the growth and yield and reduced cadmium in drought stressed wheat grown in an aged contaminated soil [J]. Ecotoxicology and Environmental Safety,148,825–833.

Abujabhah I S,Doyle R,Bound S A,et al.,2016. The effect of biochar loading rates on soilfertility,soil biomass,potential nitrification,and soil community metabolic profiles in three different soils [J]. Journal of Soils and Sediments,16:2211–2222.

Ágren G I,2004. The C:N:P stoichiometry of autotrophs-theory and observations [J]. Ecology Letter,7:185–191.

Aller D,Mazur R,Moore K,et al.,2017. Biochar age and crop rotation impacts on soil quality [J]. Soil Science Society of America Journal,81:1157–1167.

Ameloot N,De Neve S,Jegajeevagan K,et al.,2013. Short-term CO_2 and N_2O emissions and microbial properties of biochar amended sandy loam soils [J]. Soil Biology and Biochemistry,57:401–410.

Ameloot N,Graber E R,Verheijen F G A,et al.,2013. Interactions between biochar stability and soil organisms:review and research needs [J]. European Journal of Soil Science,64:379–390.

Ameloot N,Sleutel S,Case S D C,et al.,2014. C mineralization and microbial activity in four biochar field experiments several years after incorporation[J]. Soil Biology and Biochemistry,78:195–203.

Amendola C,Montagnoli A,Terzaghi M,et al.,2017. Short-term effects of biochar on grapevine fine root dynamics and arbuscular mycorrhizae production [J]. Agriculture,Ecosystems Environment,239:236–245.

André H,Katja H,Christian S,et al.,2009. Mineralisation and structural changes during the initial phase of microbial degradation of pyrogenic plant residues in soil [J]. Organic Geochemistry,40:332–342.

Anderson C R,Condron L M,Clough T J,et al.,2011. Biochar induced soil microbial community change:Implications for biogeochemical cycling of carbon,nitrogen and phosphorus [J]. Pedobiologia,54:309–320.

Aponte H,Meli P,Butler B,et al.,2020. Meta Analysis of Heavy Metal Effects on Soil Enzyme Activities [J]. Science of Total Environment,737:139744.

Archontoulis S V,Huber I,Miguez F E,et al.,2015. A model for mechanistic and system assessments of biochar effects on soils and crops and trade-offs [J]. GCB Bioenergy, 8:1028–1045.

Arezoo T T, Clough T J, Sherlock R R, et al., 2012. Biochar adsorbed ammonia is bioavailable [J]. Plant and Soil, 350:57–69.

Arnosti C, Bell C, Moorhead D L, et al., 2014. Extracellular enzymes in terrestrial, freshwater, and marine environments:perspectives on system variability and common research needs [J]. Biogeochemistry, 117:5–21.

Asai H, Samson B K, Stephan H M, et al., 2009. Biochar amendment techniques for upland rice production in Northern Laos 1. Soil physical properties, leaf SPAD and grain yield [J]. Field Crop Research, 111:81–84.

Atkinson C J, Fitzgerald J D, Hipps N A, 2010. Potential mechanisms for achieving agricultural benefits from biochar application to temperate soils:a review [J]. Plant and Soil, 337:1–18.

Awad Y M, Blagodatsjaya E, Yong S O, et al., 2012. Effects of polyacrylamide, biopolymer, and biochar on decomposition of soil organic matter and plant residues as determined by ^{14}C and enzyme activities [J]. European Journal of Soil Biology, 48:1–10.

Ayuso S V, Carmen G M, Montes C, et al., 2011. Regulation and spatiotemporal patterns of extracellular enzyme activities in a coastal, sandy aquifer system [J]. Microbial ecology, 62:162–176.

Bååth E, Anderson T-H, 2003. Comparison of soil fungal/bacterial ratios in a pH gradient using physiological and PLFA-based techniques [J]. Soil Biology and Biochemistry, 35:955–963.

Backer R G M, Saeed W, Seguin P, et al., 2017. Root traits and nitrogen fertilizer recovery efficiency of corn grown in biochar-amended soil under greenhouse conditions [J]. Plant and Soil, 415:465–477.

Baddeley J A, Watson C A, 2005. Influence of root diameter, tree age, soil depth and season on fine root survivorship in Prunus avium [J]. Plant and Soil, 276:15–22.

Bailey V L, Fansler S J, Smith J L, et al., 2011. Reconciling apparent variability in effects of biochar amendment on soil enzyme activities by assay optimization [J]. Soil Biology and Biochemistry, 43:296–301.

Bai S, Reverchon F, Xu C, et al., 2015. Wood biochar increases nitrogen retention in field settings mainly through abiotic processes [J]. Soil Biology and Biochemistry, 90:232-240.

Balwant S, Bhupinder P S, Cowie A L, 2010. Characterisation and evaluation of biochars for their application as a soil amendment [J]. Soil Research, 48: 516-525.

Bamminger C, Marschner B, Jüschke E, 2014. An incubation study on the stability and biological effects of pyrogenic and hydrothermal biochar in two soils: biological effects of different biochars in two soils [J]. European Journal of Soil Science, 65:72-82.

Bamminger C, Poll C, Marhan S, 2018. Offsetting global warming-induced elevated greenhouse gas emissions from an arable soil by biochar application [J]. Global Change Biology, 24:e318-334.

Basso A S, Miguez F E, Laird D A, et al., 2013. Assessing potential of biochar for increasing water-holding capacity of sandy soils [J]. GCB Bioenergy, 5: 132-143.

Bell C, Carrillo Y, Boot CM, et al., 2014. Rhizosphere stoichiometry: are C:N:P ratios of plants, soils, and enzymes conserved at the plant species-level [J]. New Phytologist, 201:505-517.

Berglund L M, Deluca T H, Zackrisson O, 2004. Activated carbon amendments to soil alters nitrification rates in Scots pine forests [J]. Soil Biology and Biochemistry, 36:2067-2073.

Birge H E, Conant R T, Follett R F, et al., 2015. Soil respiration is not limited by reductions in microbial biomass during long-term soil incubations [J]. Soil Biology and Biochemistry, 81:304-310.

Bolan N, Hoang S A, Beiyuan J Z, et al., 2022. Multifunctional applications of biochar beyond carbon storage [J]. International Materials Reviews, 67: 150-200.

Bosatta D A, Argren G I, 1994. Theoretical analysis of microbial biomass dynamics in soils [J]. Soil Biology and Biochemistry, 26:143-148.

Bosatta E, Ågren G I, 1999. Soil organic matter quality interpreted thermodynamically [J]. Soil Biology and Biochemistry, 31:1889-1891.

Bowles T M, Acosta-Martínez V, Calderón F, et al., 2014. Soil enzyme activities, microbial communities, and carbon and nitrogen availability in organic agroecosystems across an intensively-managed agricultural landscape [J]. Soil Biology and Biochemistry, 68:252-262.

Brockhoff S R, Christians N E, Killorn R J, et al., 2010. Physical and mineral-nutrition properties of sand-based turfgrass root zones amended with biochar [J]. Agronomy Journal, 102:1627-1631.

Bruun E W, Ambus P, Egsgaard H, et al., 2012. Effects of slow and fast pyrolysis biochar on soil C and N turnover dynamics [J]. Soil Biology and Biochemostry, 46:73-79

Bruun S, Clauson-Kaas S, Bobuľská L, et al., 2014. Carbon dioxide emissions from biochar in soil:role of clay, microorganisms and carbonates:CO_2 emissions from biochar in soil [J]. European Journal of Soil Science, 65:52-59.

Bruun E W, Hauggaard-Nielsen H, Ibrahim N, et al., 2011. Influence of fast pyrolysis temperature on biochar labile fraction and short-term carbon loss in a loamy soil [J]. Biomass and Bioenergy, 35:1182-1189.

Bryanin S, Abramova E, Makoto K, 2018. Fire-derived charcoal might promote fine root decomposition in boreal forests [J]. Soil Biology and Biochemistry, 116:1-3.

Buckingham K, Jepson P, Wu L, et al., 2011. The potential of bamboo is constrained by outmoded policy frames [J]. Ambio, 40:544-548.

Burns R G, Dick R P, 2002. Enzymes in the Environment:Ecology, Activity and Applications [M]. New York:Marcel Dkker, 342.

Case S D C, McNamara N P, Reay D S, et al., 2014. Can biochar reduce soil greenhouse gas emissions from a miscanthus bioenergy crop [J]? GCB Bioenergy, 6:76-89.

Castellanos A E, Lilano-Sotelo J M, Machado-Encinas L I, et al., 2018. Folia C, N, and P stoichiometry characterize successful plant ecological strategies in the Sonoran Desert [J]. Plant Ecology, 219:775-788.

Cayuela M L, Van Zwieten L, Singh B P, et al., 2014. Biochar's role in mitigating soil nitrous oxide emissions:A review and meta-analysis [J].

Agriculture Ecosystems & Environment, 191: 5-16.

Chan K Y, Van Zwieten L, Meszaros I, et al., 2008. Agronomic values of greenwaste biochar as a soil amendment [J]. Soil Research, 45: 629-634.

Chen C R, Phillips I R, Condron L M, et al., 2013. Impacts of greenwaste biochar on ammonia volatilisation from bauxite processing residue sand [J]. Plant and Soil, 367: 301-312.

Chen G, Wang X, Zhang R, 2019. Decomposition temperature sensitivity of biochars with different stabilities affected by organic carbon fractions and soil microbes [J]. Soil and Tillage Research, 186: 322-332.

Chen H, Li D, Zhao J, et al., 2018. Effects of nitrogen addition on activities of soil nitrogen acquisition enzymes: A meta-analysis [J]. Agriculture, Ecosystems and Environment, 252: 126-131.

Chen J H, Sun X, Zheng J F, et al., 2018. Biochar amendment changes temperature sensitivity of soil respiration and composition of microbial communities 3 years after incorporation in an organic carbon-poor dry cropland soil [J]. Biology and Fertility of Soils, 54: 175-188.

Chen J, Li S, Liang C, et al., 2017. Response of microbial community structure and function to short-term biochar amendment in an intensively managed bamboo (*Phyllostachys praecox*) plantation soil: Effect of particle size and addition rate [J]. Science of The Total Environment, 574: 24-33.

Chen J, Sun X., Li L., et al., 2016. Change in active microbial community structure, abundance and carbon cycling in an acid rice paddy soil with the addition of biochar [J]. European Journal of Soil Science, 67: 857-867.

Cheng C H, Lehmann J, Engelhard M H, 2008. Natural oxidation of black carbon in soils: Changes in molecular form and surface charge along a climosequence [J]. Geochimica Et Cosmochimica Acta, 72: 1598-1610.

Cleveland C C, Liptzin D, 2007. C: N. P stoichiometry in soil: is there a "Redfield ratio" for the microbial biomass [J]? Biogeochemistry, 85: 235-252.

Clough T J, Condron L M, 2010. Biochar and the nitrogen cycle: introduction [J]. Journal of Environmental Quality, 39: 1218-1223.

Cole E J, Zandvakili O R, Blanchard J, et al., 2019. Investigating responses of soil bacterial community composition to hardwood biochar amendment using high-throughput PCR sequencing [J]. Applied Soil Ecology, 136: 80–85.

Craine J M, Morrow C, Fierer N, 2007. Microbial nitrogen limitation increases decomposition [J]. Ecology, 88: 2105–2113.

Cross A, Sohi S P, 2011. The priming potential of biochar products in relation to labile carbon contents and soil organic matter status [J]. Soil Biology and Biochemistry, 43: 2127–2134.

Crowther T W, Hoogen J, Wan J, et al., 2019. The Global soil community and its influence on biogeochemistry [J]. Science, 365: 6455.

Curiel Yuste J, Baldocchi D D, Gershenson A, et al., 2007. Microbial soil respiration and its dependency on carbon inputs, soil temperature and moisture [J]. Global Change Biology, 13: 2018–2035.

Czimczik C I, Masiello C, 2007. Controls on black carbon storage in soils [J]. Global Biogeochemical Cycles, 21: 113.

Davidson E A, Janssens I A, 2006. Temperature sensitivity of soil carbon decomposition and feedbacks to climate change [J]. Nature, 440: 165–173.

Davidson E A, Janssens I A, Luo Y, 2006. On the variability of respiration in terrestrial ecosystems: moving beyond Q_{10}: on the variability of respiration in terrestrial ecosystems [J]. Global Change Biology, 12: 154–164.

Davidson E A, Belk E, Boone R D, 1998. Soil water content and temperature as independent or confounded factors controlling soil respiration in a temperate mixed hardwood forest [J]. Global Change Biology, 4: 217–227.

Delgado-Baquerizo P, Thomas N, Freitag T E, et al., 2017. It is elemental: soil nutrient stoichiometry drives bacterial diversity [J]. Environ Microbiol, 19: 1176–1188.

Deluca T H, MacKenzie M D, Gundale M J, et al., 2006. Wildfire-produced charcoal directly Influences nitrogen cycling in ponderosa pine forests [J]. Soil Science Society of America Journal, 70: 448–453.

Demisie W, Liu Z, Zhang M, 2014. Effect of biochar on carbon fractions and enzyme activity of red soil [J]. Catena, 121: 214–221.

Dempster D N, Gleeson D B, Solaiman Z M, et al., 2012. Decreased soil microbial biomass and nitrogen mineralisation with Eucalyptus biochar addition to a coarse textured soil [J]. Plant and Soil, 354: 311–324.

Ding F, Van Zwieten L, Zhang W, et al., 2018. A meta-analysis and critical evaluation of influencing factors on soil carbon priming following biochar amendment [J]. Journal of Soils and Sediments, 18:1507–1517.

Ding Y, Liu Y, Liu S, et al., 2016. Biochar to improve soil fertility: A review [J]. Agronomy for Sustainable Development, 36:36.

Ding Y, Liu Y, Wu W, et al., 2010. Evaluation of biochar effects on nitrogen retention and leaching in multi-layered soil columns [J]. Water Air and Soil Pollution, 213:47–55.

Domeignoz-Horta L A, Pold G, Liu X A, et al., 2020. Microbial diversity drives carbon use efficiency in a model soil [J]. Nature Communication, 11:192–210.

Domene X, Mattana S, Hanley K, et al., 2014. Medium-term effects of corn biochar addition on soil biota activities and functions in a temperate soil cropped to corn [J]. Soil Biology Biochemistry, 72:152–162.

Dong X, Guan T, Li G, et al., 2016. Long-term effects of biochar amount on the content and composition of organic matter in soil aggregates under field conditions [J]. Journal of Soils and Sediments, 16:1481–1497.

Dong X, Singh B P, Li G, et al., 2018. Biochar application constrained native soil organic carbon accumulation from wheat residue inputs in a long-term wheat-maize cropping system [J]. Soil and tillage research, 252:200–207.

Du Z L, Zhao J K, Wang Y D, et al., 2016. Biochar addition drives soil aggregation and carbon sequestration in aggregate fractions from an intensive agricultural system [J]. Journal of Soils and Sediments, 17:581–589.

Egamberdieva D, Wirth S, Behrendt U, et al., 2016. Biochar treatment resulted in a combined effect on soybean growth promotion and a shift in plant growth promoting rhizobacteria [J]. Frontiers in Microbiology, 7:1–11.

El-Naggar A, Lee M-H, Hur J, et al., 2020. Biochar-induced metal immobilization and soil biogeochemical process: an integrated mechanistic approach [J]. Science of The Total Environment, 698:134112.

El-Naggar A, Lee S S, Awad Y M, et al., 2018. Influence of soil properties and feedstocks on biochar potential for carbon mineralization and improvement of infertile soils [J]. Geoderma, 332:100–108.

El-Naggar A, Lee S S, Rinklebe J, et al., 2019. Biochar application to low fertility soils: A review of current status, and future prospects [J]. Geoderma, 337: 536–554.

Elzobair K A, Stromberger M E, Ippolito J A, et al., 2016. Contrasting effects of biochar versus manure on soil microbial communities and enzyme activities in an Aridisol [J]. Chemosphere, 142: 145–152.

Eyles A, Bound S A, Oliver G, et al., 2015. Impact of biochar amendment on the growth, physiology and fruit of a young commercial apple orchard [J]. Trees, 29: 1817–1826.

Fan H, Wu J, Liu W, et al., 2015. Linkages of plant and soil C:N:P stoichiometry and their relationships to forest growth in subtropical plantations [J]. Plant and Soil, 392: 127–138.

Fang Y, Singh B P, Matta P, et al., 2017. Temperature sensitivity and priming of organic matter with different stabilities in a Vertisol with aged biochar [J]. Soil Biology and Biochemistry, 115: 346–356.

Fang Y, Singh B, Singh B P, 2015. Effect of temperature on biochar priming effects and its stability in soils [J]. Soil Biology and Biochemistry, 80: 136–145.

Fang Y, Singh B P, Singh B, 2014. Temperature sensitivity of biochar and native carbon mineralisation in biochar-amended soils [J]. Agriculture, Ecosystems and Environment, 191: 158–167.

FAO, 2016. Global forest resources assessment 2015: how are the world's forests changing? Second edition [M]. Rome: Food and Agriculture Organization of the United Nations.

Farrell M, Kuhn T K, Macdonald L M, et al., 2013. Microbial utilisation of biochar-derived carbon [J]. Science of The Total Environment, 465: 288–297.

Fernández-Ugalde O, Gartzia-Bengoetxea N, Arostegi J, et al., 2017. Storage and stability of biochar-derived carbon and total organic carbon in relation to minerals in an acid forest soil of the Spanish Atlantic area [J]. Science of The Total Environment, 587–588: 204–213.

Fierer N, Strickland M S, Liptzin D, et al., 2009. Global patterns in belowground communities [J]. Ecology Letters,12:1238–1249.

Forbes M S,Raison R J,Skjemstad J O,2006. Formation,transformation and transport of black carbon(charcoal)in terrestrial and aquatic ecosystems [J]. Science of The Total Environment,370:190–206.

Frey S D,Knorr M,Parrent J L,et al.,2004. Chronic nitrogen enrichment affects the structure and function of the soil microbial community in temperate hardwood and pine forests [J]. Forest Ecology and Management,196:159–171.

Frostegård A,Bååth E,1996. The use of phospholipid fatty acid analysis to estimate bacterial and fungal biomass in soil [J]. Biology and Fertility of Soils,22:59–65.

Gale N V,Thomas S C,2019. Dose-dependence of growth and ecophysiological responses of plants to biochar [J]. Science of Total Environment,658:1344–1354.

Gallo M,Amonette R,Lauber C,et al.,2004. Microbial community structure and oxidative enzyme activity in nitrogen-amended north temperate forest soils [J]. Microbial Ecology,48:218–229.

Gao H,Zhang Z,Wan X,2012. Influences of charcoal and bamboo charcoal amendment on soil-fluoride fractions and bioaccumulation of fluoride in tea plants [J]. Environmental Geochemistry and Health,34:551–562.

Gao S,DeLuca T H,Cleveland C C,2019. Biochar additions alter phosphorus and nitrogen availability in agricultural ecosystems:A meta-analysis [J]. Science of The Total Environment,654:463–472.

Gaskin J W,Speir R A,Harris K,et al.,2010. Effect of peanut hull and pine chip biochar on soil nutrients,corn nutrient status,and yield [J]. Agronomy Journal,102:623–633.

Gaskin J W,Steiner C,Harris K,et al.,2008. Effect of low-temperature pyrolysis conditions on biochar for agricultural use [J]. Transactions of the ASABE,51:2061–2069.

Geisseler D,Horwath W,2009. Relationship between carbon and nitrogen availability and extracellular enzyme activities in soil [J]. Pedobiologia,53:87–98.

German D P, Weintraub M N, Grandy A S, et al., 2011. Optimization of hydrolytic and oxidative enzyme methods for ecosystem studies [J]. Soil Biology and Biochemistry, 43: 1387-1397.

Ge X, Cao Y, Zhou B, et al., 2019. Biochar addition increases subsurface soil microbial biomass but has limited effects on soil CO_2 emissions in subtropical *Phyllostachys edulis* plantations [J]. Applied Soil Ecology, 142: 155-165.

Ge X, Cao Y, Zhou B, et al., 2020. Combined application of biochar and N increased temperature sensitivity of soil respiration but still decreased the soil CO_2 emissions in *Phyllostachys edulis* plantations [J]. Science of the Total Environment, 730: 139003.

Ge X, Xiao W, Zeng L, et al., 2013. The link between litterfall, substrate quality, decomposition rate and soil nutrient supply in 30-year-old *Pinus massoniana* forests in the Three Gorges Reservoir Area, China [J]. Soil Science, 78: 442-451.

Ge X, Yang Z, Zhou B, et al., 2009. Biochar fertilization significantly increases nutrient levels in plants and soil but has no effect on biomass of *Pinus massoniana* (Lamb.) and *Cunninghamia lanceolata* (Lamb.) Hook saplings during the first growing season [J]. Forests, 10: 612.

Ge X, Zhou B, Wang X, et al., 2018. Imposed drought effects on carbon storage of *Phyllostachys edulis* ecosystem in southeast China: results from a field experiment [J]. Ecological Research, 33: 393-402.

Githinji L, 2014. Effect of biochar application rate on soil physical and hydraulic properties of a sandy loam [J]. Archives of Agronomy and Soil Science, 60: 457-470.

Glaser B, Lehmann J, Zech W, 2002. Ameliorating physical and chemical properties of highly weathered soils in the tropics with charcoal-a review [J]. Biology and Fertility of Soils, 35: 219-230.

Gomez J D, Denef K, Stewart C E, et al., 2014. Biochar addition rate influences soil microbial abundance and activity in temperate soils [J]. European Journal of Soil Science, 65: 28-39.

Graber E R, Meller Harel Y, Kolton M, et al., 2010. Biochar impact on development and productivity of pepper and tomato grown in fertigated soilless media [J]. Plant and Soil, 337:481–496.

Graaff A D, Jastrow J D, Gillette S, et al., 2014. Differential priming of soil carbon driven by soil depth and root impacts on carbon availability [J]. Soil Biology and Biochemistry, 69:147–156.

Gregory S J, Anderson C W N, Arbestain M C, et al., 2014. Response of plant and soil microbes to biochar amendment of an arsenic-contaminated soil [J]. Agriculture Ecosystems and Environment, 191:133–141.

Gul S, Whalen J K, 2016. Biochemical cycling of nitrogen and phosphorus in biochar-amended soils [J]. Soil Biology and Biochemistry, 103:1–15.

Gul S, Whalen J K, Thomas B W, et al., 2015. Physico-chemical properties and microbial responses in biochar-amended soils: mechanisms and future directions [J]. Agriculture Ecosystems and Environment, 206:46–59.

Guo H, Ye C, Zhang H, et al., 2017. Long-term nitrogen and phosphorus additions reduce soil microbial respiration but increase its temperature sensitivity in a Tibetan alpine meadow [J]. Soil Biology and Biochemistry, 113:26–34.

Güsewell S, 2004. N:P ratios in terrestrial plants: variation and functional significance [J]. New Phytologist, 164:243–266.

Hagner M, Kemppainen R, Jauhiainen L, et al., 2016. The effects of birch (Betula spp.) biochar and pyrolysis temperature on soil properties and plant growth [J]. Soil and Tillage Research, 163:224–234.

Haider G, Steffens D, Moser G, et al., 2017. Biochar reduced nitrate leaching and improved soil moisture content without yield improvements in a four-year field study [J]. Agriculture Ecosystems and Environment, 237:80–94.

Hamer U, Marschner B, Brodowski S, et al., 2004. Interactive priming of black carbon and mineralization [J]. Organic Geochemistry, 35:823–830.

Hardie M, Clothier B, Bound S, et al., 2014. Does biochar influence soil physical properties and soil water availability [J]. Plant and Soil, 376:347–361.

Hashimoto S, Carvalhais N, Ito A, et al., 2015. Global spatiotemporal distribution of soil respiration modeled using a global database [J]. Biogeosciences, 12: 4121–4132.

Hawthorne I, Johnson M S, Jassal R S, et al., 2017. Application of biochar and nitrogen influences fluxes of CO_2, CH_4 and N_2O in a forest soil [J]. Journal of Environmental Management, 192: 203–214.

Herath H M S K, Camps-Arbestain M, Hedley M, 2013. Effect of biochar on soil physical properties in two contrasting soils: An Alfisol and an Andisol [J]. Geoderma, 209–210: 188–197.

Herath H M S K, Camps-Arbestain M, Hedley M J, et al., 2015. Experimental evidence for sequestering C with biochar by avoidance of CO_2 emissions from original feedstock and protection of native soil organic matter [J]. GCB Bioenergy, 7: 512–526.

He X, Du Z, Wang Y, et al., 2016. Sensitivity of soil respiration to soil temperature decreased under deep biochar amended soils in temperate croplands [J]. Applied Soil Ecology, 108: 204–210.

He Y, Yao Y, Ji Y, et al., 2020. Biochar amendment boosts photosynthesis and biomass in C3 but not C4 plants: a global synthesis [J]. GCB Bioenergy, 2020, 12: 605–617.

Hill B H, Elonen C M, Jicha T M, et al., 2020. Sediment microbial enzyme activity as an indicator of nutrient limitation in Great Lakes coastal wetlands [J]. Freshwater Biology, 51: 1670–1683.

Hilscher A, Knicker H, 2011. Carbon and nitrogen degradation on molecular scale of grass-derived pyrogenic organic material during 28 months of incubation in soil [J]. Soil Biology and Biochemistry, 43: 261–270.

Hol W H G, Vestergård M, Hooven F T, et al., 2017. Transient negative biochar effects on plant growth are strongest after microbial species loss [J]. Soil Biology and Biochemistry, 115: 442–451.

Hoshi T, 2001. Growth promotion of tea trees by putting bamboo charcoal in soil [C]. Proceeding of 2001 International Conference on O-cha (Tea) Culture and Science.

Hua L, Chen Y X, Wu W X, et al., 2011. Microorganism communities and chemical characteristics in sludge-bamboo charcoal composting system [J]. Environmental technology, 32: 663–672.

Hughes R F, Kauffman J B, Jaramillo V J, 1999. Biomass, carbon, and nutrient dynamics of secondary forests in a humid tropical region of Mexico [J].

Ecology, 80:1892–1907.

Humberto B C, 2017. Biochar and soil physical properties [J]. Soil Science Society of America Journal, 81:687–711.

Ippolito J A, Laird D A, Busscher W J, 2012. Environmental benefits of biochar [J]. Journal of Environmental Quality, 41:967–972.

Jaafar N M, Clode P L, Abbott L K, 2015. Soil microbial responses to biochars varying in particle size, surface and pore properties [J]. Pedosphere, 25: 770–780.

Jabborova D, Ma H, Bellingrath-Kimura S D, et al., 2021. Impacts of biochar on basil (*Ocimum basilicum*) growth, root morphological traits, plant biochemical and physiological properties and soil enzymatic activities [J]. Scientia Horticulturae, 290:110518.

Jassal R S, Black T A, Novak M D, et al., 2008. Effect of soil water stress on soil respiration and its temperature sensitivity in an 18-year-old temperate Douglas-fir stand: effect of water stress on soil respiration [J]. Global Change Biology, 14:1305–1318.

Jeffery S, Bezemer T M, Cornelissen G, et al., 2015. The way forward in biochar research: targeting trade-offs between the potential wins [J]. GCB Bioenergy, 7:1–13.

Jeffery S, Verheijen F G, van der Velde M, et al., 2011. A quantitative review of the effects of biochar application to soils on crop productivity using meta-analysis [J]. Agriculture, Ecosystems and Environment, 144:175–187.

Jiang X, Denef K, Stewart C E, et al., 2016. Controls and dynamics of biochar decomposition and soil microbial abundance, composition, and carbon use efficiency during long-term biochar-amended soil incubations [J]. Biology and Fertility of Soils, 52:1–14.

Ji Cheng, Jin Yaguo, Li Chen, et al., 2018. Variation in soil methane release or uptake responses to biochar amendment: a separate meta-analysis [J]. Ecosystems, 21:1692–1705.

Jindo K, Sánchez-Monedero M A, Hernández T, et al., 2012. Biochar influences the microbial community structure during manure composting with agricultural wastes [J]. Science of the Total Environment, 416:476–481.

Jin Z, Chen C, Chen X, et al., 2019. The crucial factors of soil fertility and rapeseed yield—A five year field trial with biochar addition in upland red soil, China [J]. Science of the Total Environemnt, 649: 1467–1480.

Jones D L, Murphy D V, Khalid M, et al., 2011. Short-term biochar-induced increase in soil CO_2 release is both biotically and abiotically mediated [J]. Soil Biology and Biochemistry, 43: 1723–1731.

Jones D L, Rousk J, Edwards-Jones G, et al., 2012. Biochar-mediated changes in soil quality and plant growth in a three year field trial [J]. Soil Biology and Biochemistry, 45: 113–124.

Kammann C I, Linsel S, Gößling J W, et al., 2011. Influence of biochar on drought tolerance of Chenopodium quinoa Willd and on soil-plant relations [J]. Plant and Soil, 345: 195–210.

Kang H, Fahey T J, Bae K, et al., 2016. Response of forest soil respiration to nutrient addition depends on site fertility [J]. Biogeochemistry, 127: 113–124.

Keiblinger K M, Hall E K, Wanek W, et al., 2010. The effect of resource quantity and resource stoichiometry on microbial carbon use efficiency [J]. FEMS Microbiology Ecology, 73: 430–440.

Kelly C N, Calderón F C, Acosta-Martínez V, et al., 2015. Switchgrass biochar effects on plant biomass and microbial dynamics in two soils from different regions [J]. Pedosphere, 25: 329–342.

Khadem A, Raiesi F, 2017. Influence of biochar on potential enzyme activities in two calcareous soils of contrasting texture. Geoderma, 308: 149–158.

Kimetu J M, Lehmann J, 2010. Stability and stabilisation of biochar and green manure in soil with different organic carbon contents [J]. Soil Research, 48: 577–585.

Kinney T J, Masiello C A, Dugan B, et al., 2012. Hydrologic properties of biochars produced at different temperatures [J]. Biomass and Bioenergy, 41: 34–43.

Kivlin S N, Treseder K K, 2014. Soil extracellular enzyme activities correspond with abiotic factors more than fungal community composition [J]. Biogeochemistry, 117: 23–37.

Knicker H,2010. "Black nitrogen" -An important fraction in determining the recalcitrance of charcoal [J]. Organic Geochemistry,41:947–950.

Koide R T,Nguyen B T,Skinner R H,et al.,2015. Biochar amendment of soil improves resilience to climate change [J]. GCB Bioenergy,7:1084–1091.

Kolton M,Graber E R,Tsehansky L,et al.,2017. Biochar-stimulated plant performance is strongly linked to microbial diversity and metabolic potential in the rhizosphere [J]. New Phytologist,213:1393–1404.

Kookana R S,Sarmah A K,Van Zwieten L V,et al.,2011. Biochar application to soil:agronomic and environmental benefits and unintended consequences [J]. Advances in agronomy,112:103–143.

Kuzyakov Y,Bol R,2006. Sources and mechanisms of priming effect induced in two grassland soils amended with slurry and sugar [J]. Soil Biology and Biochemistry,38:747–758.

Kuzyakov Y,Friedel J K,Stahr K,2000. Review of mechanisms and quantification of priming effects [J]. Soil Biology and Biochemistry,32: 1485–1498.

Laird D,Fleming P,Wang B,et al.,2010. Biochar impact on nutrient leaching from a Midwestern agricultural soil [J]. Geoderma,158:436–442.

Laird D A,Fleming P,Davis D D,et al.,2010. Impact of biochar amendments on the quality of atypical Midwestern agricultural soil [J]. Geoderma,158: 443–449.

Lal R,Follett R F,Stewart B A,et al.,2007. Soil carbon sequestration to mitigate climate change and advance food security [J]. Soil Science,172:943–956.

Lee J W,Kidder M,Evans B R,et al.,2010. Characterization of biochars produced from cornstovers for soil amendment [J]. Environmental science and technology,44:7970–7974.

Lehmann J,Gaunt J,Rondon M,2006. Bio-char sequestration in terrestrial ecosystems-a review [J]. Mitigation and Adaptation Strategies for Global Change,11:403–427.

Lehmann J,Pereira da Silva J,Steiner C,et al.,2003. Nutrient availability and leaching in an archaeological Anthrosol and a Ferralsol of the Central Amazon basin:fertilizer,manure and charcoal amendments [J]. Plant and Soil,249:

343–357.

Lehmann J, Rillig M C, Thies J, et al., 2011. Biochar effects on soil biota-a review [J]. Soil Biology and Biochemistry, 43: 1812–1836.

Lehmann J, 2007a. A handful of carbon [J]. Nature, 447: 143–144.

Lehmann J, 2007b. Bio-energy in the black [J]. Frontiers in Ecology and the Environment, 5: 381–387.

Lehmann J D, Joseph S, 2009. Biochar for Environmental Management: Science and Technology [J]. Science and Technology, Earthscan, 25: 15801–15811.

Lellei-Kovács E, Botta-Dukát Z, De Dato G, et al., 2016. Temperature Dependence of Soil Respiration Modulated by Thresholds in Soil Water Availability Across European Shrubland Ecosystems [J]. Ecosystems, 19: 1460–1477.

Lellei-Kovács E, Kovács-Láng E, Botta-Dukát Z, et al., 2011. Thresholds and interactive effects of soil moisture on the temperature response of soil respiration [J]. European Journal of Soil Biology, 47: 247–255.

Lemus R, Lal R, 2005. Bioenergy Crops and Carbon Sequestration [J]. Taylor and Francis, 24: 1–21.

Liang B, Lehmann J, Sohi S P, et al., 2010. Black carbon affects the cycling of non-black carbon in soil [J]. Organic Geochemistry, 41: 206–213.

Li J, Sang C, Yang J, et al., 2021. Stoichiometric imbalance and microbial community regulate microbial elements use efficiencies under nitrogen addition [J]. Soil Biology and Biochemistry, 156: 108207.

Li L J, Zhu-Barker X, Ye R, et al., 2018. Soil microbial biomass size and soil carbon influence the priming effect from carbon inputs depending on nitrogen availability [J]. Soil Biology and Biochemistry, 119: 41–49.

Li M H, Xiao W F, Shi P L, et al., 2008. Nitrogen and carbon source-sink relationships in trees at the Himalayan treelines compared with lower elevations [J]. Plant, Cell Environment, 31: 1377–1387.

Li N, He N P, Yu G R, et al., 2016. Leaf non-structural carbohydrates regulated by plant functional groups and climate: Evidences from a tropical to cold-temperate forest transect [J]. Ecology Indicators, 62: 22–31.

Li Q, Song X, Yrjälä K, et al., 2020. Biochar mitigates the effect of nitrogen deposition on soil bacterial community composition and enzyme activities in a Torreya grandis orchard-Science Direct ［J］. Forest Ecology and Management,457:117717.

Li S,Wang S,Fan M,et al.,2020. Interactions between biochar and nitrogen impact soil carbon mineralization and the microbial community ［J］. Soil and Tillage Research,196:104437.

Liu H,Wang X,Song X,et al.,2022. Generalists and specialists decomposing labile and aromatic biochar compounds and sequestering carbon in soil ［J］. Geoderma,428:116176.

Liu W,Qiao C,Yang S,et al.,2018. Microbial carbon use efficiency and priming effect regulate soil carbon storage under nitrogen deposition by slowing soil organic matter decomposition ［J］. Geoderma,332:37–44.

Liu X,Wang J,Zhao X,2015. Effects of simulated nitrogen deposition on the soil enzyme activities in a Pinus tabulaeformis forest at the Taiyue Mountain ［J］. Acta Eclogica Sinica,35:4620–462.

Liu X,Zhang A,Ji C,et al.,2013. Biochar's effect on crop productivity and the dependence on experimental conditions—a meta-analysis of literature data［J］. Plant and Soil,373:583–594.

Liu X,Zheng J,Zhang D,et al.,2016. Biochar has no effect on soil respiration across Chinese agricultural soils ［J］. Science of The Total Environment, 554–555:259–265.

Liu Y,2022. Biochar promotes the growth of apple seedlings by adsorbing phloridzin ［J］. Scientia Horticulturae,303:111187.

Liu Y,Delgado-Baquerizo M,Wang J,et al.,2018. New insights into the role of microbial community composition in driving soil respiration rates ［J］. Soil Biology and Biochemistry,118:35–41.

Liu Z,He T,Cao T,et al.,2017. Effects of biochar application on nitrogen leaching,ammonia volatilization and nitrogen use efficiency in two distinct soils ［J］. Journal of Soil Science and Plant Nutrition,17:515–528.

Li Y,Hu S,Chen J,et al.,2018. Effects of biochar application in forest ecosystems on soil properties and greenhouse gas emissions:a review ［J］. Journal of Soils and Sediments,18:546–563.

Li Y,Li Y,Scott X C,et al.,2018. Biochar reduces soil heterotrophic respiration in a subtropical plantation through increasing soil organic carbon recalcitrancy and decreasing carbondegrading microbial activity [J]. Soil Biology and Biochemistry, 122:173-185.

Li Y, Zhang J, Chang S X, et al., 2013. Long-term intensive management effects on soil organic carbon pools and chemical composition in *Phyllostachys edulis* (*Phyllostachys pubescens*) forests in subtropical China [J]. Forest Ecology and Management, 303:121-130.

Lu H, Wang Y, Liu Y, et al., 2018. Effects of water-washed biochar on soil properties, greenhouse gas emissions, and rice yield [J]. Clean Soil Air Water, 46:1700143.

Lu S G, Sun F F, Zong Y T, 2014. Effect of rice husk biochar and coal fly ash on some physical properties of expansive clayey soil (Vertisol) [J]. Catena, 114:37-44.

Lu W, Ding W, Zhang J, et al., 2014. Biochar suppressed the decomposition of organic carbon in a cultivated sandy loam soil: A negative priming effect [J]. Soil Biology and Biochemistry, 76:12-21.

Lu W, Zhang H, 2015. Response of biochar induced carbon mineralization priming effects to additional nitrogen in a sandy loam soil [J]. Applied Soil Ecology, 96:165-171.

Luan J, Liu S, Wang J, et al., 2013. Factors affecting spatial variation of annual apparent Q_{10} of soil respiration in two warm temperate forests [J]. PLoS ONE, 8:e64167.

Luo Y, Durenkamp M, Nobili D M, et al., 2011. Short term soil priming effects and the mineralization of biochar following its incorporation to soils of different pH [J]. Soil Biology and Biochemistry, 43:2304-2314.

Luo Y, Durenkamp M, Nobili M D, et al., 2013. Microbial biomass growth following incorporation of biochars produced at 350℃ or 700℃, in a silty-clay loam soil of high and low pH [J]. Soil Biology Biochemistry, 57:513-523.

Luo Y, Lin Q, Durenkamp M, et al., 2018. Does repeated biochar incorporation induce further soil priming effect [J]. Journal of Soils and Sediments, 18:128-135.

Luo Y, Zang H, Yu Z, et al., 2017. Priming effects in biochar enriched soils using a three-source-partitioning approach: [14]C labelling and ^{13}C natural abundance [J]. Soil Biology and Biochemistry, 106:28–35.

Mackenzie M D, Deluca T H, 2006. Charcoal and shrubs modify soil processes in ponderosa pine forests of western Montana [J]. Plant and Soil, 287:257–266.

Ma H, Egamberdieva D, Wirth S, et al., 2019. Effect of biochar and irrigation on the interrelationships among soybean growth, root nodulation, plant P uptake, and soil nutrients in a sandy field [J]. Sustainability, 11:6452.

Major J, Lehmann J, Rondon M, et al., 2010. Fate of soil-applied black carbon: downward migration, leaching and soil respiration [J]. Global Change Biology, 16:1366–1379.

Major J, Rondon M, Molina D, et al., 2010. Maize yield and nutrition during 4 years after biochar application to a Colombian savanna oxisol [J]. Plant and Soil, 333:117–128.

Major J, Steiner C, Downie A, et al., 2009. Biochar effects on nutrient leaching [M]//Lehmann J, Joseph S. Biochar for environmental management. Routledge:271–287.

Makoto K, Tamai Y, Kim Y S, et al., 2010. Buried charcoal layer and ectomycorrhizae cooperatively promote the growth of Larix gmelinii seedlings [J]. Plant and Soil, 327:143–152.

Mandal S, Thangarajan R, Bolan N S, et al., 2016. Biochar-induced concomitant decrease in ammonia volatilization and increase in nitrogen use efficiency by wheat [J]. Chemosphere, 142:120–127.

Marks E, Mattana S, Alcañiz J M, et al., 2015. Gasifier biochar effects on nutrient availability, organic matter mineralization, and soil fauna activity in a multi-year Mediterranean trial [J]. Agriculture Ecosystems and Environment, 215:30–39.

Mark S, Rachel O, Clark J M, et al., 2013. Biochar alteration of the sorption of substrates and products in soil enzyme assays [J]. Applied and Environmental Soil Science, 4:1–5.

Marland E, Marland G, 2003. The treatment of long-lived, carbon-containing products in inventories of carbon dioxide emissions to the atmosphere [J]. Environmental Science and Policy, 6:139–152.

Mcelligott K M,2011. Biochar amendments to forest soils:effects on soil properties and tree growth [D]. Idaho:University of Idaho.

McGroddy M E,Daufresne T,Hedin L O,2004. Scaling of C:N:P stoichiometry in forests worldwide:implications of terrestrial red field-type ratios [J]. Ecology,85:2390–2401.

Meyer N,Welp G,Rodionov A,et al.,2018. Nitrogen and phosphorus supply controls soil organic carbon mineralization in tropical topsoil and subsoil [J]. Soil Biology and Biochemistry,119:152–161.

Michel K,Matzner E,2003. Response of enzyme activities to nitrogen addition in forest floors of different C-to-N ratios [J]. Biology and Fertility of Soils, 38:102–109.

Miller R H,Keeney D R,1982. Methods of soil analysis,2nd ed [M]. Madison:American Society of Agronomy,Soil Science Society of America.

Mitchell P J,André J. Simpson,Soong R,et al.,2015. Shifts in microbial community and water-extractable organic matter composition with biochar amendment in a temperate forest soil [J]. Soil Biology & Biochemistry,81: 244–254.

Monreal C M,Bergstrom D W,2000. Soil enzymatic factors expressing the influence of land use,tillage system and texture on soil bio-chemical quality [J]. Canadian Journal of Soil Science,80:419–428.

Mooshammer M,Wanek W,Hämmerle I,et al.,2014. Adjustment of microbial nitrogen use efficiency to carbon:nitrogen imbalances regulates soil nitrogen cycling [J]. Nature Communications,5:3694.

Muhammad N,Dai Z M,Xiao K C,et al.,2014. Changes in microbial community structure due to biochars generated from different feedstocks and their relationships with soil chemical properties [J]. Geoderma,226–227: 270–278.

Mukherjee A,Lal R,2013. Biochar impacts on soil physical properties and greenhouse gas emissions [J]. Agronomy,3:313–339.

Mukherjee A,Zimmerman A R,Harris W,2011. Surface chemistry variations among a series of laboratory-produced biochars [J]. Geoderma,163:247–255.

Mukherjee A, Zimmerman A R, 2013. Organic carbon and nutrient release from a range of laboratory-produced biochars and biochar-soil mixtures [J]. Geoderma, 193-194:122-130.

Mwadalu R, Mochoge B, Danga B, 2021. Assessing the potential of biochar for improving soil physical properties and tree growth [J]. International Journal of Agronomy, 2:1-12.

Nelissen V, Ruysschaert G, Manka'Abusi D, et al., 2015. Impact of a woody biochar on properties of a sandy loam soil and spring barley during a two-year field experiment [J]. European Journal of Agronomy, 62:65-78.

Novak J M, Busscher W J, Laird D L, et al., 2009. Impact of biochar amendment on fertility of a southeastern coastal plain soil [J]. Soil Science, 174:105-112.

Novak J M, Lima I, Xing B, et al., 2009. Characterization of designer biochar produced at different temperatures and their effects on a loamy sand [J]. Annals of Environmental Science, 3:195-206.

Obia A, Mulder J, Martinsen V, et al., 2016. In situ effects of biochar on aggregation, water retention and porosity in light-textured tropical soils [J]. Soil and Tillage Research, 155:35-44.

Oduor M O, Xia X, Nahayo A, et al., 2016. Quantification of biochar effects on soil hydrological properties using meta-analysis of literature data [J]. Geoderma, 274:28-34.

Olma M, Villar R, 2019. Changes in root traits explain the variability of biochar effects on fruit production in eight agronomic species [J]. Organic Agriculture, 9:139-153.

Olmo M, Villar R, Salazar P, et al., 2016. Changes in soil nutrient availability explain biochar's impact on wheat root development [J]. Plant and Soil, 399:333-343.

Ogawa M, Okimori Y, 2010. Pioneering works in biochar research, Japan [J]. Soil Research, 48:489.

Ogawa M, Okimori Y, Takahashi F, 2006. Carbon sequestration by carbonization of biomass and forestation:three case studies [J]. Mitigation and Adaptation Strategies for Global Change, 11:429-444.

Oguntunde P G, Abiodun B J, Ajayi A E, et al., 2008. Effects of charcoal production on soil physical properties in Ghana [J]. Journal of Plant Nutrition and Soil Science, 171:591–596.

Oguntunde P, Fosu M, Ajayi A, et al., 2004. Effects of Charcoal Production on Maize Yield, Chemical Properties and Texture of Soil [J]. Biology and Fertility of Soils, 39:295–299.

Olmo M, Villar R, Salazar P, et al., 2016. Changes in soil nutrient availability explain biochar's impact on wheat root development [J]. Plant and Soil, 399:333–343.

Palansooriya K N, Wong J T F, Hashimoto Y, et al., 2019. Response of microbial communities to biochar amended soils: a critical review[J]. Biochar, 1:3–22.

Palviainen M, Aaltonen H, Ari Laurén, et al., 2020. Biochar amendment increases tree growth in nutrient-poor, young Scots pine stands in Finland[J]. Forest Ecology and Management, 474:118362.

Palviainen M, Berninger F, Bruckman V J, et al., 2018. Effects of biochar on carbon and nitrogen fluxes in boreal forest soil [J]. Plant and Soil, 425:71–85.

Peake L R, Reid B J, Tang X Y, 2014. Quantifying the influence of biochar on the physical and hydrological properties of dissimilar soils [J]. Geoderma, 235-236:182–190.

Pei J, Zhuang S, Cui J, et al., 2017. Biochar decreased the temperature sensitivity of soil carbon decomposition in a paddy field [J]. Agriculture, Ecosystems and Environment, 249:156–164.

Pietikäinen J, Kiikkilä O, Fritze H, 2000. Charcoal as a habitat for microbes and its effect on the microbial community of the underlying humus [J]. Oikos, 89:231–242.

Prendergast-Miller M T, Duvall M, Sohi S P, 2014. Biochar-root interactions are mediated by biochar nutrient content and impacts on soil nutrient availability [J]. European Journal of Soil Science, 65:173–185.

Prendergast-Miller M T, Duvall M, Sohi S P, 2011. Localisation of nitrate in the rhizosphere of biochar-amended soils [J]. Soil Biology and Biochemistry, 43:2243–2246.

Prober S M, Stol J, Piper M, et al., 2014. Enhancing soil biophysical condition for climate-resilient restoration in mesic woodlands [J]. Ecological Engineering, 71:246–255.

Prommer J, Wanek W, Hofhansl F, et al., 2014. Biochar decelerates soil organic nitrogen cycling but stimulates soil nitrification in a temperate arable field trial [J]. PLoS ONE, 9:e86388.

Purakayastha T J, Kumari S, Pathak H, 2015. Characterisation, stability, and microbial effects of four biochars produced from crop residues [J]. Geoderma, 239–240:293–303.

Qian T, Zhang X, Hu J, et al., 2013. Effects of environmental conditions on the release of phosphorus from biochar [J]. Chemosphere, 93:2069–2075.

Quilliam R S, Marsden K A, Gertler C, et al., 2012. Nutrient dynamics, microbial growth and weed emergence in biochar amended soil are influenced by time since application and reapplication rate [J]. Agriculture, Ecosystems and Environment, 158:192–199.

Rao M A, 2008. Interactions between xenobiotics and microbial and enzymatic soil activity [J]. Critical Reviews in Environmental Science and Technology, 38:269–310.

Razaq M, Salahuddin, Shen HL, et al., 2017. Influence of biochar and nitrogen of fine root morphology, physiology, and chemistry of Acer mono [J]. Science Report, 7:5367.

Rees F, Sterckeman T, Morel J L, 2016. Root development of non-accumulating and hyperaccumulating plants in metal-contaminated soils amended with biochar [J]. Chemosphere, 142:48–55.

Reverchon F, Flicker R, Yang H, 2014. Changes in $\delta^{15}N$ in a soil-plant system under different biochar feedstocks and application rates [J]. Biology and Fertillity Soils, 50:275–283.

Rey A, Pegoraro E, Tedeschi V, et al., 2002. Annual variation in soil respiration and its components in a coppice oak forest in Central Italy: annual variation in soil respiration [J]. Global Change Biology, 8:851–866.

Richardson S J, Allen R B, Doherty J E, 2008. Shifts in leaf N : P ratio during resorption reflect soil P in temperate rainforest [J]. Functional Ecology, 22:

738–745.

Rillig M C, Wagner M, Salem M, et al., 2010. Material derived from hydrothermal carbonization: Effects on plant growth and arbuscular mycorrhiza [J]. Applied Soil Ecology, 45: 238–242.

Rittl T F, Butterbach-Bahl K, Basile C M, et al., 2018. Greenhouse gas emissions from soil amended with agricultural residue biochars: Effects of feedstock type, production temperature and soil moisture [J]. Biomass and Bioenergy, 117: 1–9.

Robertson S J, Rutherford P M, López-Gutiérrez J C, et al., 2012. Biochar enhances seedling growth and alters root symbioses and properties of sub-boreal forest soils [J]. Canadoan Journal of Soil Science, 92: 329–340.

Rockwood D L, Ellis M F, Liu R, et al., 2020. Applications of biochar for environmental safety//Forest Trees for Biochar and Carbon Sequestration: Production and Benefits [M]. Intechopen.

Rondon M A, Lehmann J, Juan Ramírez, et al., 2007. Biological nitrogen fixation by common beans (*Phaseolus vulgaris* L.) increases with biochar additions [J]. Biology and Fertility of Soils, 43: 699–708.

Saarnio S, Heimonen K, Kettunen R, 2013. Biochar addition indirectly affects N_2O emissions via soil moisture and plant N uptake [J]. Soil Biology and Biochemistry, 58: 99–106.

Sackett T E, Basiliko N, Noyce G L, et al., 2017. Soil and greenhouse gas responses to biochar additions in a temperature hardwood forest [J]. GCB Bioenergy, 7: 1062–1074.

Sagrilo E, 2014. Soil and plant responses to pyrogenic organic matter: carbon stability and symbiotic patterns [D]. Wageningen: Wagenigen University & Research.

Saiya-Cork K R, Sinsabaugh R L, Zak D R, 2002. The effects of long term nitrogen deposition on extracellular enzyme activity in an Acer saccharum forest soil [J]. Soil Biology and Biochemistry, 34: 1309–1315.

Saiz G, Byrne K A, Butterbach-Bahl K, et al., 2006. Stand age-related effects on soil respiration in a first rotation Sitka spruce chronosequence in central Ireland: stand age-related effects on soil respiration [J]. Global Change

Biology,12:1007-1020.

Santos F,Torn M S,Bird J A,2012. Biological degradation of pyrogenic organic matter in temperate forest soils [J]. Soil Biology and Biochemistry,51:115-124.

Sarfraz R,Yang W,Wang S,et al.,2020. Short term effects of biochar with different particle sizes on phosphorous availability and microbial communities [J]. Chemosphere,256:126862.

Schime J P,Weintraub M N,2003. The implications of exoenzyme activity on microbial carbon and nitrogen limitation in soil:a theoretical model [J]. Soil Biology and Biochemistry,35:549-563.

Schimel J,Balser T C,Wallenstein M,2007. Microbial stress-response physiology and its implications for ecosystem function [J]. Ecology,88:1386-1394.

Schneider F,Haderlein S B,2016. Potential effects of biochar on the availability of phosphorus-mechanistic insights [J]. Geoderma,277:83-90.

Schulz H,Dunst G,Glaser B,2013. Positive effects of composted biochar on plant growth and soil fertility [J]. Agronomy for Sustainable Development,33:817-827.

Schulz H,Glaser B,2012. Effects of biochar compared to organic and inorganic fertilizers on soil quality and plant growth in a greenhouse experiment [J]. Journal of Plant Nutrition and Soil Science,175:410-422.

Sigua G C,Novak J M,Watts D W,et al.,2016. Impact of switchgrass biochars with supplemental nitrogen on carbon-nitrogen mineralization in highly weathered Coastal Plain Ultisols [J]. Chemosphere,145:135-141.

Silva-Sánchez A,Soares M,Rousk J,2019. Testing the dependence of microbial growth and carbon use efficiency on nitrogen availability,pH,and organic matter quality [J]. Soil Biology and Biochemistry,134:25-35.

Singh N,Abiven S,Maestrini B,et al.,2014. Transformation and stabilization of pyrogenic organic matter in a temperate forest field experiment [J]. Global Change Biology,20:1629-1642.

Singh B P,Cowie A L,Smernik R J,2012. Biochar carbon stability in a clayey soil as a function of feedstock and pyrolysis temperature [J]. Environmental

Science and Technology,46:11770-1778.

Singh B P,Cowie A L,2014. Long-term influence of biochar on native organic carbon mineralisation in a low-carbon clayey soil [J]. Scientific Reports,4: 3687.

Singh N,Abiven S,Maestrini B,et al.,2014. Transformation and stabilization of pyrogenic organic matter in a temperate forest field experiment [J]. Global Change Biology,20:1629-1642.

Sinsabaugh R L,Follstad S,Jennifer J,2012. Ecoenzymatic stoichiometry and ecological theory [J]. Annual Review of Ecology Evolution and Systematics,43:313-343.

Sinsabaugh RL,Gallo M E,Laube R C,et al.,2005. Extracellular enzyme activities and soil organic matter dynamics for northern hard-wood forests receiving simulated nitrogen deposition [J]. Biogeochemistry,75:201-215.

Sinsabaugh R L,Hill B H,Shah J J F,2010. Ecoenzymatic stoichiometry of microbial organic nutrient acquisition in soil and sediment [J]. Nature,462: 795.

Sinsabaugh R L,Lauber C L,Weintraub M N,et al.,2008. Stoichiometry of soil enzyme activity at global scale [J]. Ecology Letters,11:1252-1264.

Sinsabaugh R L,Turner B L,Talbot J M,2016. Stoichiometry of microbial carbon use efficiency in soils [J]. Ecological Monographs,86:172-189.

Skjemstad J O,Reicosky D C,Wilts A R,et al.,2002. Charcoal Carbon in U.S [J]. Agricultural Soils. Soil Science Society of America Journal,66:1249-1255.

Smith J L,Collins H P,Bailey V L,2010. The effect of young biochar on soil respiration [J]. Soil Biology and Biochemistry,42:2345-2347.

Sofi J A,Lone A H,Ganie M A,et al.,2016. Soil microbiological activity and carbon dynamics in the current climate scenarios:a review [J]. Pedosphere, 26:577-591.

Sohi S P,Krull E,Lopez-Capel E,et al.,2010. A review of biochar and its use and function in soil [J]. Advances in Agronomy,2010,105,47-82.

Sohi S,Lopez-Capel E,Krull E,et al.,2009. Biochar,climate change and soil:a review to guide future research [J]. CSIRO Land and Water Science Report,

5:17–31.

Solomon D, Lehmann J, Wang J, et al., 2012. Micro-and nano-environments of C sequestration in soil: A multi-elemental STXM-NEXAFS assessment of black C and organomineral associations [J]. Science of the Total Environment, 438:372–388.

Song X, Gu H, Wang M, et al., 2016. Management practices regulate the response of *Phyllostachys edulis* foliar stoichiometry to nitrogen deposition [J]. Scientific Reports, 6:24107.

Song X, Pan G, Zhang C, et al., 2016. Effects of biochar application on fluxes of three biogenic greenhouse gases: a meta-analysis [J]. Ecosystem Health and Sustainability, 2:e1202.

Song X, Yuan H, Kimberley M O, et al., 2013. Soil CO_2 flux dynamics in the two main plantation forest types in subtropical China [J]. Science of The Total Environment, 444:363–368.

Spokas K A, Baker J M, Reicosky D C, 2010. Ethylene: potential key for biochar amendment impacts [J]. Plant and Soil, 333:443–452.

Spokas K A, Novak J M, Venterea R T, 2012. Biochar's role as an alternative N-fertilizer: ammonia capture [J]. Plant and Soil, 350:35–42.

Steiner C, Glaser B, Geraldes Teixeira W, et al., 2008. Nitrogen retention and plant uptake on a highly weathered central Amazonian Ferralsol amended with compost and charcoal [J]. Journal of Plant Nutrition and Soil Science, 171: 893–899.

Steinbeiss S, Gleixner G, Antonietti M, 2009. Effect of biochar amendment on soil carbon balance and soil microbial activity [J]. Soil Biology Biochemistry, 41:1301–1310.

Suseela V, Conant R T, Wallenstein M D, et al., 2012. Effects of soil moisture on the temperature sensitivity of heterotrophic respiration vary seasonally in an old-field climate change experiment [J]. Global Change Biology, 18:336–348.

Taghizadeh-Toosi A, Clough T J, Sherlock R R, et al., 2012. Biochar adsorbed ammonia is bioavailable [J]. Plant and Soil, 350:57–69.

Tammeorg P, Simojoki A, Mäkelä P, et al., 2014. Biochar application to a fertile sandy clay loam in boreal conditions: Effects on soil properties and yield formation of wheat, turnip rape and faba bean [J]. Plant Soil, 374:89–107.

Tammeorg P, Simojoki A, Mäkelä P, et al., 2014. Short-term effects of biochar on soil properties and wheat yield formation with meat bone meal and inorganic fertiliser on a boreal loamy sand [J]. Agriculture, Ecosystems & Environment, 191:108–116.

Tan Z, Ye Z, Zhang L, et al., 2018. Application of the 15N tracer method to study the effect of pyrolysis temperature and atmosphere on the distribution of biochar nitrogen in the biomass-biochar-plant system [J]. Science of The Total Environment, 622–623:79–87.

Thomas S C, Gale N, 2015. Biochar and forest restoration: a review and meta-analysis of tree growth responses [J]. New Forest, 46:931–946.

Tian J, Wang J, Dippold M, et al., 2016. Biochar affects soil organic matter cycling and microbial functions but does not alter microbial community structure in a paddy soil [J]. Science of The Total Environment, 556:89–97.

Turan V, 2021. Arbuscular mycorrhizal fungi and pistachio husk biochar combination reduces Ni distribution in mungbean plant and improves plant antioxidants and soil enzymes [J]. Physiologia Plantarum, 173:418–429.

Turan V, 2022. Calcite in combination with olive pulp biochar reduces Ni mobility in soil and its distribution in chili plant [J]. International Journal of Phytoremediation, 24:166–176.

Turan V, 2020. Potential of pistachio shell biochar and dicalcium phosphate combination to reduce Pb speciation in spinach, improved soil enzymatic activities, plant nutritional quality, and antioxidant defense system [J]. Chemosphere, 245:125611.

Ullah S, Dahlawi S, Naeem A, et al., 2018. Biochar application for the remediation of salt-affected soils: Challenges and opportunities [J]. Science of The Total Environment, 625:320–335.

Ulyett J, Sakrabani R, Kibblewhite M, et al., 2014. Impact of biochar addition on water retention, nitrification and carbon dioxide evolution from two sandy loam soils: biochar impacts on nitrogen and water dynamics [J]. European Journal of Soil Science, 65:96–104.

Uzoma K C, Inoue M, Andry H, et al., 2011. Effect of cow manure biochar on maize productivity under sandy soil condition [J]. Soil Use and Management, 2011, 27:205–212.

Vance E D, Brookes P C, Jenkinson D S, 1987. An extraction method for measuring soil microbial biomass C [J]. Soil Biology and Biochemistry, 19: 703–707.

Van Zwieten L, Kimber S, Morris S, et al., 2010. Effects of biochar from slow pyrolysis of papermill waste on agronomic performance and soil fertility [J]. Plant and Soil, 327:235–246.

Ventura M, Zhang C, Baldi E, et al., 2014. Effect of biochar addition on soil respiration partitioning and root dynamics in an apple orchard: Effect of biochar addition on soil respiration [J]. European Journal of Soil Science, 65:186–195.

Ventura M, Alberti G, Viger M, et al., 2015. Biochar mineralization and priming effect on SOM decomposition in two European short rotation coppices [J]. GCB Bioenergy, 7:1150–1160.

Verheijen F G A, Graber E R, Ameloot N, et al., 2014. Biochars in soils: new insights and emerging research needs Introduction [J]. European Journal of Soil Science, 65:22–27.

Wang B, Alloson S D, 2019. Emergent properties of organic matter decomposition by soil enzymes [J]. Soil Biology and Biochemistry, 136: 107522.

Wang J, Song B, Ma F, et al., 2019. Nitrogen addition reduces soil respiration but increases the relative contribution of heterotrophic component in an alpine meadow [J]. Functional Ecology, 33:2239–2253.

Wang J, Xiong Z, Kuzyakov Y. Biochar stability in soil: meta-analysis of decomposition and priming effects [J]. GCB Bioenergy, 2016, 8:512–523.

Wang Y, Zhang L, Yang H, et al., 2016. Biochar nutrient availability rather than its water holding capacity governs the growth of both C3 and C4 plants [J]. Journal of Soils and Sediments, 16:801–810.

Wardle D A, Nilsson M-C, Zackrisson O, 2008. Fire-derived charcoal causes loss of forest humus [J]. Science, 320:629–629.

Warnock D D,Lehmann J,Kuyper T W,et al.,2007. Mycorrhizal responses to biochar in soil-concepts and mechanisms［J］. Plant Soil,300:9–20.

Warnock D D,Mummey D L,McBride B,et al.,2010. Influences of non-herbaceous biochar on arbuscular mycorrhizal fungal abundances in roots and soils:Results from growth-chamber and field experiments［J］. Applied Soil Ecology,46:450–456.

Watzinger A,Feichtmair S,Kitzler B,et al.,2014. Soil microbial communities responded to biochar application in temperate soils and slowly metabolized ^{13}C-labelled biochar as revealed by ^{13}C PLFA analyses:results from a short-term incubation and pot experiment:Response of soil microbial communities to biochar［J］. European Journal of Soil Science,65:40–51.

Wei Shi,Yanyan Ju,Rongjun Bian,et al.,2020. Biochar bound urea boosts plant growth and reduces nitrogen leaching［J］. Science of the Total Environment, 701:134424.

Weng Z(Han),Van Zwieten L,Singh B P,et al.,2015. Plant-biochar interactions drive the negative priming of soil organic carbon in an annual ryegrass field system［J］. Soil Biology and Biochemistry,90:111–121.

Weng Z(Han),Van Zwieten L,Singh B P,et al.,2018. The accumulation of rhizodeposits in organo-mineral fractions promoted biochar-induced negative priming of native soil organic carbon in Ferralsol［J］. Soil Biology and Biochemistry,118:91–96.

Werner S,Katzl K,Wichern M,et al.,2018. Agronomic benefits of biochar as a soil amendment after its use as waste water fltration medium［J］. Environmental Pollution,233:561–568.

Whitman T,Enders A,Lehmann J,2014. Pyrogenic carbon additions to soil counteract positive priming of soil carbon mineralization by plants［J］. Soil Biology and Biochemistry,73:33–41.

Woldetsadik D,Drechsel P,Marschner B,et al.,2018. Effect of biochar derived from faecal matter on yield and nutrient content of lettuce (*Lactuca sativa*) in two contrasting soils［J］. Environmental Systems Research,6:2.

Woolf D,Amonette J E,Street-Perrott F A,et al.,2010. Sustainable biochar to mitigate global climate change［J］. Nature Communications,1:1–9.

Wu W, Yang M, Feng Q, et al., 2012. Chemical characterization of rice straw-derived biochar for soil amendment [J]. Biomass and Bioenergy, 47: 268–276.

Xiang Y, Deng Q, Duan H, et al., 2017. Effects of biochar application on root traits: A meta-analysis [J]. GCB Bioenergy, 9: 1563–1572.

Xiao Y, Huang Z G, Lu X G, 2015. Changes of soil labile organic carbon fractions and their relation to soil microbial characteristics in four typical wetlands of Sanjiang Plain, Northeast China [J]. Ecological Engineering, 82: 381–389.

Xu N, Tan G, Wang H, et al., 2016. Effect of biochar additions to soil on nitrogen leaching, microbial biomass and bacterial community structure [J]. European Journal of Soil Biology, 74: 1–8.

Xu T, Lou L, Ling L, et al., 2012. Effect of bamboo biochar on pentachlorophenol leachability and bioavailability in agricultural soil [J]. Science of the Total Environment, 414: 727–731.

Yang C, Zhang X, Ni H, et al., 2021. Soil carbon and associated bacterial community shifts driven by fine root traits along a chronosequence of *Phyllostachys edulis* plantations in subtropical China [J]. Science of the Total Environment, 752: 142333.

Yang W, Li C, Wang S, et al., 2021. Influence of biochar and biochar-based fertilizer on yield, quality of tea and microbial community in an acid tea orchard soil [J]. Applied Soil Ecology, 166: 104005.

Yang W, Wang K, 2004. Advances in forest soil enzymology [J]. Scientia Silvae Sinicae, 40(2): 152–159.

Yang Y, Guo J, Chen G, et al., 2004. Litterfall, nutrient return, and leaf-litter decomposition in four plantations compared with a natural forest in subtropical China [J]. Annals of Forest Science, 61: 465–476.

Yao Q, Liu J, Yu Z, et al., 2017. Changes of bacterial community compositions after three years of biochar application in a black soil of northeast China [J]. Applied Soil Ecology, 113: 11–21.

Yao Y, Gao B, Zhang M, et al., 2012. Effect of biochar amendment on sorption and leaching of nitrate, ammonium, and phosphate in a sandy soil [J].

Chemosphere,89,1467–1471.

Yeboah E,Antwi B O,Ekyem S O,et al.,2013. Biochar for soil management: effect on soil available N and soil water storage[J]. Journal of Life Sciences,7: 202–209.

Ye L,Camps-Arbestain M,Shen Q,et al.,2020. Biochar effects on crop yields with and without fertilizer:A meta-analysis of field studies using separate controls [J]. Soil Use Manage,36:2–18.

Yuan J,Xu R,Hong Z,2011. The forms of alkalis in the biochar produced from crop residues at different temperatures [J]. Bioresource Technology,102: 3488–3497.

Yuan J,Xu R,Qian W,et al.,2011. Comparison of the ameliorating effects on an acidic ultisol between four crop straws and their biochars [J]. Journal of Soils and Sediments,11:741–750.

Yuan J H,Xu R K,Wang N,et al.,2011. Amendment of acid soils with crop residues and biochars [J]. Pedosphere,21:302–308.

Yu L,Tang J,Zhang R,et al.,2013. Effects of biochar application on soil methane emission at different soil moisture levels [J]. Biology and Fertility of Soils,49:119–128.

Yu L,Yu M,Lu X,et al.,2018. Combined application of biochar and nitrogen fertilizer benefits nitrogen retention in the rhizosphere of soybean by increasing microbial biomass but not altering microbial community structure [J]. Science of the Total Environment,640–641:1221–1230.

Yuste J C,Janssens I A,Carrara A,et al.,2003. Interactive effects of temperature and precipitation on soil respiration in a temperate maritime pine forest [J]. Tree Physiology,23:1263–1270.

Zhang C,Niu D,Hall S J,et al.,2014. Effects of simulated nitrogen deposition on soil respiration components and their temperature sensitivities in a semiarid grassland [J]. Soil Biology and Biochemistry,75:113–123.

Zhang D,Yan M,Niu Y,et al.,2016. Is current biochar research addressing global soil constraints for sustainable agriculturre [J]. Agriculture Ecosystems and Environment,226:25–32.

Zhang H,Voroney R P,Price G W,2015. Effects of tem perature and processing conditions on biochar chemical properties and their influence on soil C and N transformations [J]. Soil Biology and Biochemistry, 83:19–28.

Zhang J, Zhang S, Niu C, et al., 2022. Positive effects of biochar on the degraded forest soil and tree growth in China: A Systematic Review [J]. Phyton-International Journal of Experimental Botany, 91:1601–1616.

Zhang Q, Du Z L, Lou Y, et al., 2015. A one-year short-term biochar application improved carbon accumulation in large macroaggregate fractions [J]. Catena, 127:26–31.

Zhang Q, Xie J, Lyu M K, et al., 2017. Short-term effects of soil warming and nitrogen addition on the N:P stoichiometry of *Cunninghamia lanceolata* in subtropical regions [J]. Plant and Soil, 411:395–407.

Zhang R, Zhao Y, Lin J, et al., 2019. Biochar application alleviates unbalanced nutrient uptake caused by N deposition in *Torreya grandis* trees and seedlings [J]. Forest Ecology and Management, 432:319–326.

Zhang X, Dong W, Dai Q, et al., 2015. Responses of absolute and specific soil enzyme activities to long term additions of organic and mineral fertilizer [J]. Science of the Total Environment, 536:59–67.

Zhao R, Coles N, Wu J, 2015. Carbon mineralization following additions of fresh and aged biochar to an infertile soil [J]. Catena, 125:183–189.

Zheng H, Wang X, Luo X, et al., 2018. Biochar-induced negative carbon mineralization priming effects in a coastal wetland soil: Roles of soil aggregation and microbial modulation [J]. Science of The Total Environment, 610–611:951–960.

Zhou B, Gu L, Ding Y, et al., 2011. The Great 2008 Chinese Ice Storm: Its Socioeconomic-Ecological Impact and Sustainability Lessons Learned [J]. Bulletin of the American Meteorological Society, 92:47–60.

Zhou G, Zhou X, Zhang T, et al., 2017. Biochar increased soil respiration in temperate forests but had no effects in subtropical forests [J]. Forest Ecology and Management, 405:339–349.

Zimmerman A R, Gao B, Ahn M Y, 2011. Positive and negative carbon mineralization priming effects among a variety of biochar-amended soils [J]. Soil Biology and Biochemistry, 43:1169–1179.

Zimmerman J R, Werner D, Ghosh U, et al., 2010. Effects of dose and particle size on activated carbon treatment to sequester polychlorinated biphenyls and polycyclic aromatic hydrocarbons in marine sediments [J]. Environmental Toxicology Chemistry, 24 : 1594–1601.